地域城乡历史文化聚落研究书系·荆襄
丛书主编　何依

区域城镇聚落景观形态研究

Research on the Spatial Morphology of Regional Urban Settlement Landscape

许广通　著

华中科技大学出版社
http://press.hust.edu.cn
中国·武汉

内容简介

本书面向新时期城乡文化遗产保护要求与实践转向,从历史建成环境到聚落景观、从单体聚落到区域整体,在特定的关联域中,将区域城镇聚落景观视为各聚落与地缘环境长期互动形成的"地域文化集合体",将相关问题的讨论从过去的以"本体形式"为导向转为对其"联系秩序"的重视,提出"关联形态"概念并构建了关联解析框架。以荆襄历史廊道地区为典型区域,遵循"关联机理—关联形态—关联演进—关联建构"的研究理路,分析区域城镇聚落景观空间的内在秩序、空间表征与空间层积规律,并将关联形态作为一种整体时空参照与多元融合框架,将个体要素层面难以统一的新与旧、古与今、表与里、自然与文化、保护与发展等多元对立问题,共同锚定在一元的关系空间中进行统一平衡,探索一种内外相扣、表里统一、古今一脉、前后贯通的聚落景观遗产区域化研究与关联式保护新思路。

图书在版编目(CIP)数据

区域城镇聚落景观形态研究 / 许广通著 . -- 武汉:华中科技大学出版社,2024.12.
ISBN 978-7-5772-1464-1

Ⅰ. TU984.2

中国国家版本馆 CIP 数据核字第 20257D6M20 号

区域城镇聚落景观形态研究   许广通 著
QUYU CHENGZHEN JULUO JINGGUAN XINGTAI YANJIU

策划编辑:易彩萍
责任编辑:易彩萍
责任监印:朱 玢
排版制作:张 靖

出版发行:华中科技大学出版社(中国•武汉)   电 话:(027)81321913
           武汉市东湖新技术开发区华工科技园   邮 编:430223
印 刷:湖北金港彩印有限公司
开 本:787mm×1092mm 1/16
印 张:12.75
字 数:260 千字
版 次:2024 年 12 月第 1 版第 1 次印刷
定 价:98.00 元

本书若有印装质量问题,请向出版社营销中心调换
全国免费服务热线:400-6679-118   竭诚为您服务
版权所有 侵权必究

序言

城乡历史文化聚落的地域性探索

"地域"是"地域城乡历史文化聚落研究书系"的背景概念。城乡历史文化聚落形成和发展于特定的自然地理环境，在文脉形成过程中，"地域"是一个长期性的制约因素，限制并促进着其中的社会与经济发展，成为《威尼斯宪章》中所说的"能够见证某种文明、某种有意义的发展或某种历史事件的城市或乡村环境"。因此，历史文化聚落既是地域环境的适应产物，也是区域历史的物化形式，其中的文脉和地脉与作为背景的"域"关联密切、不可分割。地域城乡历史文化聚落的研究包含三个层面：宏观层面，基于不同地理单元的同构性和文化脉络的同源性，建构各自的历史解说系统；中观层面，着眼于每处地理单元内特定的资源禀赋、文化特色与空间类型，聚焦传统聚落的集成性和关联性；微观层面，研究典型的传统城乡聚落，从营城理念、社会组织、空间结构、聚落景观等方面，探索聚落空间中蕴含的地域文化特征。

荆襄历史廊道，俗称"荆襄走廊"，位于湖北省中部的荆山与大洪山之间，北起襄阳，途经荆门，南抵荆州，既是一个相对独立的地理文化单元，也是我国古代南北大通廊（中线）的重要组成部分。独特的廊道地形及地势环境，对内部城镇聚落起着重要的塑造作用，历史上荆襄古驿道与江汉水道并行，廊道内部城镇聚落地缘相接、文化相似、经济交织、发展关联，是一个典型的"地域文化集合体"，积淀了丰富的荆楚文化，成为中华文明标识的重要部分。其中，军事防御与商贸流通两条相互交织的线索，是认识和理解廊道城镇聚落景观形成演化和空间关系最为重要的区域社会逻辑：一方面，荆襄地区作为古代南北对峙的交锋地带和控扼四方的中枢联卫地区，长期是营城重地，形成了以襄阳古城和荆州古城为代表的众多城池与区域戍防体系；另一方面，廊道在古代国家商贸流通格局中扮演着沟通南北、承东启西的转航枢纽角色，又形成外通四邻、内联全境的商贸体系和大量市镇聚落。

丛书团队对荆襄历史廊道地区进行了长期、持续的跟踪研究及规划设计工作，包括2017年荆门历史文化名城保护规划、2018年荆州古城与沙市老城的城市设计、2019年襄阳古城的保护与展示利用规划、2023年荆州城乡历史文化保护传承体系规划等，从个案到区域整体，逐步奠定了"荆襄历史廊道"地域城乡聚落的研究基础。许广通博士在求学期间投身于荆襄历史廊道地区城乡历史文化遗产保护研究与规划实践，毕业后申请到"国家自然科学基金青年科学基金项目"，继续关注荆襄历史廊道地区城镇聚落景观的遗产体系建构研究。

《区域城镇聚落景观形态研究》是"地域城乡历史文化聚落研究书系"的第五卷，该书的意义在于针对城镇聚落景观的复杂性、多元性和动态演进特征，以聚落景观"关联形态"为总体参照和结构媒介，探索历史文脉规定下城镇聚落景观的区域分析、整体保护与关联建构策略，既填补了荆襄历史廊道地区聚落整体研究的空白，也为当下各层次城乡历史文化保护传承体系规划提供直接的理论指导与方法借鉴。

2024年10月
于华中科技大学喻园

前言

在一个特定的地理关联域中，地方社会结构与地缘环境格局在长期耦合互动中形成了稳固的区域历史文化空间网络。历史城市与传统市镇曾作为区域网络结构中的关键锚点与中枢媒介，其形成、发展及空间营建都与区域地缘环境有着紧密的联系，各聚落长期在与外通四邻、内联全境的双向互动中，形成了内外一体、结构关联的区域聚落形态，呈现出显著的空间关联性与体系层级性。同时，相较于一般的自然村落，个体城镇聚落通常是依托网络节点不断壮大为集生产生活、商贸流通乃至军事防御等功能于一身的聚落类型，其空间形态在内部社会结构基础上还叠加了流通与防御格局等多重架构特征，并与外围地景环境进一步形成"山-水-城、城-关-寨、商-居-野"等内外高度融合的聚落景观形态，呈现出典型的空间多构性与景观整体性。综合相关研究，本书将这种有意义的地域聚落文化综合称为"区域城镇聚落景观"，它包含了区域层面聚落联合体与聚落层面要素集合体两个主要空间范畴；同时，作为一个稳定的"整体"，其内在关联秩序蕴含着地域聚落形态演进的来龙去脉，也是传承地域文化、讲好地方故事的叙事系统。

荆襄历史廊道地区独特的地缘环境奠定了其在古代国家防御与流通格局中的战略中枢地位，廊道内的城镇聚落在历史的长河中地缘相承、文化相似、经济交织、发展关联，"一体化"特征尤为典型。但是，在区域历史结构日渐松散与现代遗产环境碎片式管控等多重现实背景下，这种区域性历史文化空间特征一直是保护工作中的盲点。新时期，在国家历史文化名城保护制度实施40

周年的总结与反思之际，国家提出构建全国、省域、市县等多尺度层级的历史文化保护传承体系，强调从全国"一盘棋"的整体层面来统筹历史文化保护工作与传承中华文明。在此背景下，不同聚落和不同要素之间的关联逻辑、秩序关系及其空间表征是什么？同时，历史秩序关系当下又如何存续，如何将其精准、科学地应用到聚落遗产的体系建构当中？这些都将是相关研究必须直面的关键议题。

鉴于此，本书综合相关学科的理论启示，从个体聚落转向地理单元，从本体对象转向联系秩序，提出"关联形态"概念并尝试构建一套有针对性的理论解析框架，倡导将历史城镇聚落及其文化地景视为一个有机互动的景观综合，将区域地缘环境作为理解个体聚落价值特色的整体时空参照，探索建立一种"立足区域、观照整体、兼及内外"的区域遗产观和结构关联分析方法，进而将遗产价值特色分析与保护利用锚定在有意义的关联结构中，力图超越以往历史城市与传统市镇等个体聚落研究的视野局限。

本书具体以荆襄历史廊道地区为典型区域，依据关联形态空间的整体锚固、历史的连续建构及文化的系统叙事等多维作用，形成理论解析、形态识别、关联演进与关联重构四个主要部分，涉及城镇聚落景观外部联系与内部秩序两个空间层次，以及历史、当下与未来三个时间场景。首先，在理论探索层面，从空间内涵、分析方法与实践应用三个维度构建了区域城镇聚落景观"关联形态"的理论解析框架。然后，在荆襄历史廊道层面，从区域地缘环境特色出发，分系统揭示了城镇聚落的区域关联形态。接着，在廊道的整体秩序中，进一步对城镇聚落个体层面空间要素的关联形态进行研究。随后，基于三大控制要素，回溯城镇聚落景观整体演进过程，揭示了关联形态的控制作用与空间层积特征。最后，面对日渐失序的区域聚落遗产环境，结合国土空间规划与新时期历史文化保护传承要求，一方面，面向制度建设，建议推行本体要素与关联形态共同划定保护底线的"双管控"模式，以弥补过去单一要素管控方式在聚落遗产保护中的局限；另一方面，面向保护实践，在荆襄历史廊道聚落遗产整体价值凝练的基础上，依据关联形态的整体逻辑，从不同空间层次探索了区域历史文化资源的整体保护与关联重构策略。

总体而言，关联形态为揭示区域城镇聚落景观整体价值特色、回溯要素关联演进特征及重塑历史文化空间整体秩序提供了内在逻辑与时空参照，将关联形态一起纳入管控体系并进行适应性建构，对当前"名录式"保护方式有着重要的补缺意义。而荆襄历史廊道地区聚落遗产具有较高的整体价值与保护意义，是构建湖北省域乃至全国历史文化保护传承体系极为重要的一环，对其他区域相关研究同样也具有借鉴价值。

许广通

2024年9月

于福州大学旗山园

目录

第一章　绪论…01

第一节　荆襄历史廊道城镇聚落的关联现象…01
第二节　城乡文化遗产研究的三种转向…04
第三节　区域城镇聚落景观：从单体聚落到地域文化集合体…10
第四节　空间关联形态：作为一种客观存在的遗产间性关系…16
第五节　空间关联形态的相关学科理论启示…17
第六节　研究内容、方法与框架…22

第二章　区域城镇聚落景观关联形态的理论阐释…27

第一节　区域城镇聚落景观的形态关联机理…28
第二节　作为一种空间组织范型的关联形态…33
第三节　作为一种空间分析方法的关联形态…39
第四节　作为一种空间重构逻辑的关联形态…45

第三章　地缘环境塑造的荆襄历史廊道城镇聚落关联形态…51

第一节　自然地理与城镇聚落的"图－底"关联…51
第二节　军事防御与城镇聚落的"极－域"关联…57
第三节　商贸流通与城镇聚落的"点－轴"关联…63
第四节　区域水利与城镇聚落的"亲－疏"关联…71

第四章　廊道秩序传导的城镇聚落空间要素关联形态… 77
  第一节　历史城市：廊道战略区位支配的"城－市"关系… 77
  第二节　传统市镇：交通网络节点生发的"街－市"关系… 91

第五章　关联形态控制的城镇聚落景观演进特征… 107
  第一节　荆襄历史廊道城镇聚落的关联演进… 108
  第二节　城镇聚落空间要素的关联演进… 121

第六章　荆襄历史廊道城镇聚落遗产整体保护策略… 137
  第一节　新时期聚落遗产保护转向的关联形态应对… 137
  第二节　荆襄历史廊道聚落遗产的整体价值与现存特征… 144
  第三节　荆襄历史廊道城镇聚落遗产的关联重构策略… 161

第七章　总结与讨论　… 177
  第一节　总结… 177
  第二节　讨论与展望… 179

参考文献… 181

后记… 191

第一章
绪论

第一节 荆襄历史廊道城镇聚落的关联现象

  2017 年，笔者有幸协助导师何依教授负责湖北荆门历史文化名城保护规划项目，首次涉足荆襄地区城乡历史文化遗产保护研究与实践工作。面对一座历史环境碎片化、历史资源所剩无几的省级历史文化名城，以优质实体遗存为重心的传统保护思路与方法，面临着历史城区保护"无米之炊"的现实困境，一时对如何精准理解"名城"的整体价值特色无从入手。然而，伴随田野调查的深入推进以及历史文本的持续深入挖掘，笔者逐步在新旧交织的城市建成环境中，厘清了历史要素彼此联结所形成的整体关系，使那些孤立零散的遗存要素、新旧并置的历史场所等在系统的相互关联中获得了存在的意义，如"两山对峙、三方设关（隘）、双水绕城、一门一桥"内外钩锁的城池防御体系和"荆襄驿道、穿城而过；南北两关（厢）、内外集街"南北联结的商贸流通格局。其中，区域的自然地理、军事防御与商贸流通等结构关联系统，为古城的空间特色与整体价值辨识提供了史地维度与逻辑框架。自此，区域环境中一处处"历史碎片"的关联逻辑及其保护意义，便开始成为笔者持续关注和思考的问题。

  在 2018 年《荆州环古城综合城市设计》项目实践中，笔者项目团队又跳出了过去对"城墙"的片面认识，在内外关联的城池秩序中，揭示了四座"关厢型"历史街区的整体价值与类型特色。同时，团队发现，在其近郊这一尺度"关联域"中，各要素同样构成了一个有文化意义的空间功能体系。如荆州古城所在地早期为楚都纪南城的"渚宫"与官渡码头，沙市为设在长江边上的"外港"，郢城为设在水口要塞处的"卫城"，万城所在地则是沮漳河入江口的戍防要地，它们之间的河湖水系等地景环境，曾经是城池防洪、商贸与军事水利工程体系的重要组成部分。

2019年，在襄阳古城的保护与利用规划项目实践中，笔者发现"山—水—城—市—关—古道—渡口—航道—堤防—庙宇"关联一体的城郊秩序，同样存在于襄阳古城的历史环境中，成为国家历史文化名城价值特色的重要承载。同时，笔者在对荆襄历史廊道的中段荆门到南段荆州古城，再到北段襄阳的长期规划实践探索过程中，逐步建立起对荆襄历史廊道地区的区域环境、文化价值与聚落体系的整体认知。此后，笔者又多次深入荆襄历史廊道地区，沿着历史交通线路逐段完成了区域历史城镇聚落景观的田野考察与文本资料收集工作。

总体而言，荆襄历史廊道（下文简称廊道）北起襄阳、南抵荆州，位于鄂西山脉与大洪山之间，为纵贯南北的大通廊，俗称"荆襄走廊"或"荆襄通道"[1]。廊道居国家之中，得水陆交通便利，同时，外有山水天险，内有良田沃野。一方面，因为独特的地理环境与战略区位，荆襄历史廊道在冷兵器时代一直为历朝统治者与兵家必争的军事要塞与营城重地[2]，形成了一批以荆州古城与襄阳古城为代表的戍防城池，正所谓："湖广之形胜，在武昌乎？在襄阳乎？抑在荆州乎？曰：以天下之，则重在襄阳；以东南言之，则重在武昌；以湖广言之，则重在荆州。"[3]另一方面，作为我国古代东西、南北流通格局的交汇节点与"转航中枢"，廊道内部也催生了大量传统商贸市镇。作为一个相对独立的地理文化单元，这种独特的走廊式地形对区域历史文化空间秩序的塑造起着长期的关键性作用，荆襄古驿道与江汉古运河等水运交通曾并行其间，外通四邻、内联全境，使得地区历史城市与传统市镇具有内外融通的区域整体关联特色与历史层积价值。时至今日，廊道内尚留有城乡历史聚落近百处，以及历史线路、关隘驿站、水运渡口等众多其他文化遗存，且这些要素曾经地缘相接、文化相似、经济交织、发展关联，是一个典型的"地域文化集合体"（图1-1）。

但是，这种区域聚落的整体价值与关联特征，无论是在以往以个体聚落为重点的地方保护实践中，还是在新时期全国历史文化保护传承格局中，都还是一个"盲点"。加之各城镇聚落的整体形态特色与区域联系秩序日渐由显性存在转为隐匿存在，使得大量历史聚落在棚户改造过程中被成片拆除，同时，中部地区荆襄历史廊道整体保护研究的缺位，也直接造成全国历史文化保护传承格局中几大文化保护区之间存在明显的关系断裂。因此，在城乡遗产环境研究区域性转向的大背景下，本书便以长期关注的荆襄历史廊道地区为典型区域，基于

---

[1] 雷家宏,王瑞明.湖北通史：宋元卷[M].武汉：华中师范大学出版社,2018.
[2] 刘炜,王铭杰,阮建,等.中国古代南北对峙区域城镇防御空间分析——以荆襄地区城镇为例[J].城市规划,2018,42(04):65-74.
[3] 引自顾祖禹（清）《读史方舆纪要》。

图 1-1　荆襄历史廊道及其历史区位关系概况
（图片来源：自绘）

已有的项目实践与研究积累，以城镇聚落为核心抓手和线索，聚焦区域历史文化空间内在秩序关系这一核心问题，从过去的"点"思维转向"域"思维，从聚落个体转向区域整体，从物质表象转向深层结构，在"聚落本体"研究的基础上，进一步将城镇聚落同其所处的文化地景环境视为一个有机整体，加强对空间联系秩序深入而系统的探讨。进而，从更为宏观的史地维度，探索区域城镇聚落景观的内在关联逻辑及其整体空间秩序表征识别，以及它在城市发展演变过程中的层积作用规律，并以此为结构逻辑，提出一种"内外一体、区域关联"的城镇聚落景观形态保护与遗产体系建构的新思路。

第二节　城乡文化遗产研究的三种转向

纵观当前城乡历史文化遗产保护的研究与实践，可以发现三个显著的趋势转向：第一，全域视野与聚落遗产研究的"区域化"转向；第二，整体保护与聚落遗产研究的"景观化"转向；第三，空间关联与聚落遗产研究的"体系化"转向。本书的区域城镇聚落景观形态研究便是在这些趋势转向的背景下展开的，城镇聚落景观为借鉴"景观"概念的综合观点，将区域层面城镇聚落联合体和聚落层面空间要素聚合体视为一个有机整体。"关联形态"则强调对不同聚落或要素之间组合关系与联系秩序的深入分析，进而探索一种内外一体、区域关联的聚落空间分析与保护方法。荆襄历史廊道作为本书研究立足的典型区域，是一个纵跨荆州、荆门、襄阳三个地市行政区范围的线性地理文化单元。

1. 全域视野与聚落遗产研究的"区域化"转向

"区域（region）"通常作为地理学概念被讨论，如一座山脉、一个流域或某个盆地，都是典型的地理区域，强调人地关系维度自然与人文现象自成一体的地域综合，并以区内"中心-边缘"结构分析和区间"地域分异"比较分析为经典范式[1]，至今已衍生出区域地理学[2]、区域社会史[3]和区域形态学[4]等多个学科分野。近年来，伴随着相关学科的发展与交叉融合，越来越多的传统聚落与城乡文化遗产保护研究领域学者将研究目光投向了"区域"，从典型聚落到区域整体，力图以一种更加整体的全域视野来审视聚落形态的地域特色、内在机制、整体价值和保护模式，并逐渐形成特定地理单元内的聚落整体分析、大型文化遗产的跨区域研究与整合及特定聚落景观要素的区域类型谱系三个主要研究旨趣。

（1）特定地理单元内的聚落整体分析方面

如果将区域城镇聚落演进植入一个长时段的历史过程中，那么地理环境对聚落形态则有着难以摆脱的支配性影响[5]。我国幅员辽阔，城镇聚落形态及民居特色地域分异明显，因而，基于聚落地理学对"人地关系"的研究积累，从区域地理环境出发，对某一地理单元内聚落

---

[1] 蔡运龙，WYCKOFF B. 地理学思想经典解读[M]. 北京：商务印书馆，2011.
[2] 吴殿廷，丛东来，杜霞. 区域地理学原理[M]. 南京：东南大学出版社，2016.
[3] 张弛，吴敏. 中国区域社会史的重构与再现——20世纪90年代以来人类学和社会学对社会史研究的影响[J]. 云南师范大学学报（哲学社会科学版），2018,50(03):110-119.
[4] 姚圣，田银生，陈锦棠. 城市形态区域化理论及其在遗产保护中的作用[J]. 城市规划，2013(11):47-53+66.
[5] 布罗代尔. 法兰西的特性：空间和历史[M]. 顾良，张泽乾，译. 北京：商务印书馆，1994.

的整体分布关系、类型特色及内在机制进行研究，逐渐成为一个重要研究热点。陈志华先生的楠溪江古村落研究系列为早期开展此类研究的代表；段进院士团队也较早采用典型案例分析法，开展太湖流域古镇空间形态与结构特征的研究，并提出群结构与序结构两种聚落空间组织模式[1]；史蒂芬·科瓦勒斯基等学者提出了"区域聚落形态"这一整体性空间概念，强调揭示区域聚落形态是进行保护的前提与根本所在[2]。与之相近的是，张兵教授基于聚落的区域性、单元性、系统性和关联性等特征提出"城乡历史文化聚落"这一新概念，建立了区域整体与城乡关联的研究视野，认为这将是城乡文化遗产保护的新类型和新趋势[3]；贾艳飞等学者在此基础上又进一步提出了"区域历史文化聚落"概念[4]；何依教授团队则从山西省域层面对古村镇的区域类型特色及其演化机制进行了系统分析，并提出"集群式"保护理念和技术框架[5]；邵甬教授、李和平教授等团队也分别基于皖南地区和西南山地等区域单元开展了这方面的研究[6][7]，都旨在将某一地域单元中的城乡历史聚落视为一个整体复合型文化遗产，试图探索一种新的聚落保护理论与方法。

（2）大型文化遗产的跨区域研究与整合

伴随着遗产内涵认识深度的不断拓展，其研究视野也在逐渐扩大，如文化线路、遗产廊道及线性文化景观等国际性跨区域遗产保护理念都是近年相关研究热点。其中，从早期的欧洲文化线路（cultural routes of the council of Europe）到作为世界文化遗产的"遗产线路（heritage routes）"[8][9]，再到 2008 年国际古迹遗址理事会（International Council on Monuments and Sites, ICOMOS）第十六届大会正式通过的"文化线路（cultural routes）"概念与宪章[10]，"文化线路"的保护理念终于成型，制度建设也得以完成；与之相近的还有东欧"文化廊道（cultural corridors）"概念；随后在美国，线性遗产保护与"绿道"概念相结合又诞生了更为综合的"遗产廊道（heritage corridors）"保护理念，作为"遗产区域"的

---

[1] 段进，季松，王海宁. 城镇空间解析：太湖流域古镇空间结构与形态[M]. 北京：中国建筑工业出版社，2002.
[2] 科瓦勒斯基，沈辛成. 区域聚落形态研究[J]. 南方文物，2009(04):150-164+172+149.
[3] 张兵. 城乡历史文化聚落——文化遗产区域整体保护的新类型[J]. 城市规划学刊，2015(06):5-11.
[4] 贾艳飞，李励，何依. 区域历史文化聚落的保护研究——以宁波石浦区域历史文化聚落为例[J]. 华中建筑，2019,37(10):141-144.
[5] 何依，邓巍，李锦生，翟顺河. 山西古村镇区域类型与集群式保护策略[J]. 城市规划，2016,40(02):85-93.
[6] 邵甬，胡力骏，赵洁. 区域视角下历史文化资源整体保护与利用研究——以皖南地区为例[J]. 城市规划学刊，2016(03):98-105.
[7] 肖竞. 文化景观视角下我国城乡历史聚落"景观-文化"构成关系解析——以西南地区历史聚落为例[J]. 建筑学报，2014(S2):89-97.
[8] MASSON É, PRÉVOT M. Analysis of the Trail Markers of a Cultural Route of the Council of Europe: the Example of the Via Francigena on Four Sections in Switzerland and Italy[J]. Netcom,2018(32-3/4): 287-304.
[9] UNESCO-WHC. Routes as a Part of Our Cultural Heritage[C]. UNESCO WHC Publications,1994.
[10] MAJDOUB W. Analyzing Cultural Routes from a Multidimensional Perspective[J]. Almatourism,2011,1(2)：29-37.

一种表现形式,它倡导历史文化保护应从孤点走向整体,将遗产与自然环境进行统筹保护与活态利用,而且廊道内可能包括多条跨区域的线性文化遗产[1];林轶南、严国泰借鉴文化景观的整体认识视野又提出"线性文化景观(linear cultural landscape)"这一综合性概念[2]。在此影响之下,国内学者则主要围绕大运河、明长城、南粤古道等著名文化线路或遗产廊道开展相关研究[3][4]。

(3)特定聚落景观要素的区域类型谱系研究

除了上述区域聚落整体研究与大型区域遗产类型保护探讨,针对某一要素类型进行的专类探讨也是区域层面相关研究的一个主流趋势。这类研究主要将文化地理学的文化分区与谱系学相结合,揭示空间要素的区域类型特色和脉络关系。其中,刘沛林教授较早地引入"景观基因"概念,在挖掘、提取传统聚落代表性景观基因的基础上,构建传统聚落景观基因图谱与区系划分[5];常青院士团队依据"语言"的地理分区单元划分风土建筑区系,揭示出地域风土建筑的谱系特征,形成丰硕的系列成果[6];王伟等则从聚落同其所处的区域和民系关联性入手,揭示聚落整体形态背后的"隐秩序"[7]。

这些聚落形态的区域性分析与大型遗产的跨行政区域研究,为本书区域城镇聚落景观形态及相关研究提供了很好的基础和启发。但既有研究分析普遍过度关注实体要素的空间现象,忽视了要素之间内在的整体联系秩序;同时,缺乏一套具有针对性及实操意义的理论方法,尚未形成一以贯之、前后接续的研究分析框架。因此,在聚落遗产研究的"区域化"转向背景下,本书的区域城镇聚落景观形态研究将立足当前聚落遗产保护现状,从"区域"的整体视野出发,从聚落个体到城乡一体,从典型案例到区域全局,将各聚落及其区域环境视为一种相互联系的"地域文化集合体"进行系统讨论。进而,尝试以"关联形态"为整体时空参照和逻辑线索,在多元复杂的"社会-空间"图式中揭示聚落形态整体逻辑,在动态变化中把握稳定不变的关联演进规律,进而在保护与发展中平衡各种复杂关系,希望完善、弥补现有相关研究的不足。

---

[1]MARIA G, JAMIE V. Sustained Change: Design Speculations on the Performance of Fallow-Scapes in Time along the Erie Canal National Heritage Corridor (ECNHC), New York[J]. Sustainability,2022,14(3):1675-1675.
[2]林轶南,严国泰.线性文化景观的保护与发展研究——基于景观性格理论[M].上海:同济大学出版社,2017.
[3]张玉坤,李松洋,李严.明长城内外三关军事聚落整体布局与联防机制[J].城市规划,2021,45(11):72-82.
[4]朱雪梅.基于文化线路的南粤古道、古村、绿道联动发展研究[J].城市发展研究,2018,25(02):48-54.
[5]刘沛林.中国传统聚落景观基因图谱的构建与应用研究[D].北京:北京大学,2011.
[6]常青.我国风土建筑的谱系构成及传承前景概观——基于体系化的标本保存与整体再生目标[J].建筑学报,2016(10):1-9.
[7]王伟,王建国,潘永询.空间隐含的秩序——土楼聚落形态与区域和民系的关联性研究[J].建筑师,2016(01):95-103.

2. 整体保护与聚落遗产研究的"景观化"转向

"完整性"与"整体保护"是文化遗产研究领域的核心问题之一[1]。但在长期的文物保护语境之下，我国的聚落遗产保护长期停留在重点遗存要素的价值评估和被动管控，在荆襄历史廊道地区，这一现象尤为显著。近年来，在文化景观、历史性城镇景观[2]、乡村景观遗产[3]等遗产保护理念影响下，聚落遗产及其更为广阔的区域背景逐渐被视为一个持续演进的活态有机体，"景观"视野、"整体"认识、"层积"意义与"活态"可持续成为关键议题[4]，倡导在遗产对象的静态保存基础上，进一步在发展过程中加强对景观整体及其变化的主动管理，且不排斥采用新要素介入与结构干预等手段来强化聚落的整体秩序关系，在"结构化"与"再结构化"逐渐成为遗产保护讨论议题的背景之下，上述这种整体、主动的聚落遗产保护理念，也逐渐获得国内相关学者的广泛认可与研究响应。

近年来，"景观"概念的内涵得到不断的丰富与拓展，它不再仅仅作为客观存在的对象来被理解，而是逐渐被当作一种理念、方法或工具来进行讨论和使用，相关研究人员试图将景观作为"方法"来促进文化与自然的融合、保护与发展的融合、遗产地与其所处社会环境的融合等[5]。王洲林等提出："景观方法"可以作为新时期空间治理体系中多元主体之间连接、互动、交流的媒介或统一话语体系，也可以作为不同层级空间规划之间的联系桥梁，有着重要的研究价值与应用潜力[6]。此外，"历史性城镇景观"也是在"景观方法"与"可持续发展"两大议题在遗产保护领域相结合的背景下产生的，其作为一种实践方法的内在意义也远超作为物质实体的字面意义[7]。进而，在城乡历史文化遗产保护领域中，越来越多的学者开始意识到景观方法对于平衡保护与发展、连接自然与文化要素、管理复杂变化过程的意义与作用[8]，代表当前一种遗产保护与实践研究的"景观化"转向[9]。孔惟洁等学者认为我国传统聚落亟须从保护

---

[1] 兰伟杰,胡敏,赵中枢.历史文化名城保护制度的回顾、特征与展望[J].城市规划学刊,2019(2): 30-35.

[2]UNESCO. Recommendation on the Historic Urban Landscape[S].2011.

[3]ICOMOS-IFLA. Principles Concerning Rural Landscape as Heritage[S].2017.

[4] 屠李,赵鹏军,胡映洁,等.试论传统村落的层积认知与整体保护——历史性城镇景观方法的引入[J].城市发展研究,2021,28(11):92-97.

[5]PINTOSSI N, KAYA D I, RODERS A P.Identifying Challenges and Solutions in Cultural Heritage Adaptive Reuse through the Historic Urban Landscape Approach in Amsterdam[J]. Sustainability,2021,13(10): 5547.

[6] 王洲林,陈蔚镇.作为空间治理主体互动媒介的景观方法[J].风景园林,2022,29(03):92-97.

[7] 张文卓.城市遗产保护的景观方法——城市历史景观(HUL)发展回顾与反思[C]//中国风景园林学会.中国风景园林学会2018年会论文集.北京：中国建筑工业出版社,2018:438-445.

[8] 吴灈杭.历史性城市（镇）景观理论与方法研究述要[J].城市建筑,2021,18(07):188-193.

[9] 李和平,杨宁.城市历史景观的管理工具——城镇历史景观特征评估方法研究[J].中国园林,2019,35(05):54-58.

策略、治理模式及制度建设等多方面建立"景观式保护"的体系框架[1]。而在具体的实践过程中，冯霁飞等学者以京张铁路遗产为例，提出场地延续特征、重现历史场景、活化遗产功能是景观化保护的三个重要策略[2]；戴靓华等学者则以西安历史文化遗址为例，指出景观化保护模式是超越单纯的被动保护，实现城市社会、文化与经济协调发展的有效路径[3]；王钰凝在对辽沈地区乡土建筑遗产的研究中，认为景观化保护是整体延续乡土环境的重要手段[4]，对过去乡土建筑遗产本体式保护有着重要的启示意义。

新时期的城乡历史文化遗产保护从本体要素走向整体环境乃至区域网络，而基于一种"区域性"视野与"层积性"特征来认识遗产的整体价值，逐渐成为学界共识[5]。景观方法与景观化保护理念以一种整体的视野将"景观"作为弥合各种复杂对立关系的媒介，以一种更加开放和多样的视角来看待城镇聚落遗产，基于遗产的整体特色与层积价值，将历史环境、当代建筑与空间纳入统一的认识框架[6]。这对认识与处理我国历史城镇、乡土聚落在不同情境下的自然与文化、物质和非物质、保护与发展、历史与当代、新与旧等二元关系，具有理念和方法上的指导意义，对城镇聚落遗产整体保护有着重要的进步意义。但现有的研究尚处于理念探讨阶段，缺乏一套行之有效、可推广复制的理论体系和技术方法，且聚落空间解析、价值评估与整体保护等工作也缺乏一脉贯通的逻辑线索和结构媒介。

3. 空间关联与聚落遗产研究的"体系化"转向

我国古代聚落空间营建特别注重对标识节点之间非实体性关系的统筹经营，而城乡聚落遗产研究的关键便是揭示和保护文化现象间的联系秩序[7]。而当前普遍以文物建筑、历史街区及历史城区这类优质遗存为重点的底线管控，一定意义上牺牲了城镇聚落景观的关联秩序、整体价值和系统叙事。在此背景之下，越来越多的学者开始跳出本体形式与价值分析的局限性，从对象本身转向对其联系秩序的关注，强调将个体要素共同归入其所处的背景环境，于一个有意义的"关联域"中，以一种更为全面、系统的视野来分析遗产对象的存在价值与整体特征，

---

[1] 孔惟洁,林晓丹,戴方睿.关于建立中国传统聚落景观式保护体系的思考[J].建筑遗产,2021(03):47-55.
[2] 冯霁飞,杨一帆,李楠,等.城市铁路遗产的景观化保护——京张铁路遗产公园的规划设计[J].工业建筑,2021,51(03):15-21.
[3] 戴靓华,周典,卢李海.基于历史文化遗址保护的景观化模式研究[J].城市建筑,2022,19(03):175-180.
[4] 王钰凝.辽沈地区乡土建筑遗产的景观化保护[D].沈阳:沈阳建筑大学,2013.
[5] 杨涛.国土空间规划视角下的国家文化遗产空间体系构建思考[J].城市规划学刊,2020(03):81-87.
[6] BANDARIN F, VAN OERS R. The Historic Urban Landscape: Managing Heritage in an Urban Century[M]. Chichester: Wiley-Blackwell, 2012.
[7] 李欣鹏,李锦生,侯伟.基于文化景观视角的区域历史遗产空间网络研究——以晋中盆地为例[J].城市发展研究,2020,27(05):101-108.

进而在相互联系中厘清其他具有潜在保护价值的资源和空间节点。

当前对聚落空间关联性的讨论基本呈现出以下三种分野。

第一，将"关联"作为一种理论方法进行实证分析。杨靓辰借鉴关联理论的分析框架，从景观空间语汇选择和语法建构两个维度，探讨本土语境下"中国式"景观的当代认知与表达策略[1]。与之相近的"连接理论"或"关联耦合理论"则有着更为广泛的探索与应用，它们在联系的基础上强调了要素之间的相互作用，其核心在于通过"关系线"在建筑与周围环境或场所等之间建立相互联系且有序的关联系统。这一方法进而作为逐级架构城市空间秩序、塑造空间形态的主要理论与方法[2]，而"连接"也是组织城市活动与增强城市凝聚力的重要手段，在相互孤立的要素之间建立可感知的联系，是规划设计的重要目的之一[3]。

第二，将"关联"作为一种属性特征进行描述解析，聚焦于聚落内部要素之间或不同影响因素之间的"关联性"研究。如李松霞等学者选取丝绸之路这一区域文化现象，对其沿线城市群与城市带的空间关联性进行了测度分析，总结出"一极双核"和"分散组团"等不同空间结构模式[4]；张帆在区域层面探讨了建筑关联性问题，试图进一步推动建筑研究从本体自治向区域关联的转变[5]。

第三，将"关联"作为一种客观存在的空间关系进行研究探讨。如齐昕等学者在城市群尺度层面提出"关联形态"概念，并分析了高铁的修建对城市群的影响和作用[6]；李博提出的"关联结构"[7]及刘合林等学者提出的"关系空间"等概念[8]，也都是将"关联"作为一种客观存在的空间对象来研究，但当前这一新思路还多集中于人文地理与区域规划研究领域。

在城乡文化遗产研究领域，鲜有将"关联形态"作为客观的空间对象进行探讨的研究。何依教授较早在城市层面探索了历史城区的"建构性"保护理念与策略，针对碎片化历史环境，将更新修补作为补充历史环境和揭示遗产格局的重要手段[9]。笔者同样关注到聚落关系空间的稳定意义和空间整合作用，并率先在聚落遗产领域提出将"逻辑空间"作为历史文化名村非整

---

[1] 杨靓辰. 关联理论下中国当代景观设计语用研究[D]. 长沙：中南大学,2013.
[2] 卢峰,刘亚之. 连接理论的起源与发展脉络[J]. 国际城市规划,2016,31(03):29-34.
[3] 特兰西克. 寻找失落的空间：城市设计的理论[M]. 朱子瑜,张播,鹿勤,译. 北京：中国建筑工业出版社,2008.
[4] 李松霞,张军民. 新疆丝绸之路沿线城市空间关联性测度[J]. 城市问题,2016(05):20-26.
[5] 张帆. 区域建筑的关联性研究[D]. 哈尔滨：哈尔滨工业大学,2020.
[6] 齐昕,王立军,张家星,等. 高铁影响下城市群空间关联形态与经济增长效应研究[J]. 地理科学,2021,41(03):416-427.
[7] 李博. 流域空间关联结构研究——以石羊河流域聚落研究为例[D]. 兰州：西北师范大学,2013.
[8] 刘合林,聂晶鑫,罗梅,等. 国土空间规划中的刚性管控与柔性治理——基于领地空间与关系空间双重视角的再审视[J]. 中国土地科学,2021,35(11):10-18.
[9] 何依. 走向"后名城时代"——历史城区的建构性探索[J]. 建筑遗产,2017(03):24-33.

体性问题的整体应对逻辑[1]，并在"结构原型"维度探讨了历史城区的整体保护方法，以及新与旧、古与今、表与里等二元对立问题的统一路径和策略[2]。但区域、省域乃至全国尺度文化遗产空间体系的整体构建工作尚处于起步探索阶段[3]。直到2021年9月，中共中央办公厅、国务院办公厅正式印发《关于在城乡建设中加强历史文化保护传承的意见》，标志着建构"全域、全要素"的遗产保护与传承体系被正式纳入制度建设并加以推广，这对建立中华文明标识体系与讲好中国故事的意义非常重大。可以说，在新时期，构建全国、省域、市县等多尺度层级的历史文化保护传承体系，形成上下"一盘棋"的保护局面来讲好中国故事与传承中华文明，已成为国家政策要求与战略部署。

综上所述，从内外一体、区域关联的视野来研究聚落景观的整体价值与保护方法，已成为城乡文化遗产保护研究的重要转向。但现有研究多聚焦在典型区域案例表层的、静态的关联特征分析，对于其深层结构的整体价值、稳定作用和文化意义还缺乏较为深入而系统的探讨。同时，也很少有以荆襄历史廊道这类遗存状况更为复杂的普通区域为研究对象。鉴于此，本书的研究将在上述城乡文化遗产研究转向的语境下，对相关学科理论启示进行整合与拓展，综合构建区域城镇聚落景观关联形态的理论分析框架与方法体系，并以荆襄历史廊道为典型研究案例，将城镇聚落景观视为一种"地域文化集合体"，通过对其空间形态的图式关系识别，揭示区域遗产环境表象下的深层结构和意义系统，探寻链接和弥合自然与文化、空间与社会、保护与发展等多元复杂关系的结构媒介和底层逻辑，进而为区域聚落遗产体系建构提供理论方法与整体时空参照。

第三节 区域城镇聚落景观：从单体聚落到地域文化集合体

回顾我国文化遗产保护制度的发展历程，从文物保护的启动到名城保护的确立、街区保护的试点、镇村保护的拓展、历史建筑概念的官宣及传统村落保护的推进，再到今天对全域"一

---

[1] 许广通,何依,孙亮.历史文化名村的非整体性问题与整体应对逻辑——基于宁波地区规划实践的启示[J].建筑学报,2020(02):9-15.

[2] 许广通,何依,王振宇.历史城区结构原型的辨识方法与保护策略——基于荆襄地区历史文化名城保护的相关研究[J].城市规划学刊,2021(01):111-118.

[3] 杨涛.国土空间规划视角下的国家文化遗产空间体系构建思考[J].城市规划学刊,2020(03):81-87.

盘棋"保护的探索，基本呈现出由建筑到聚落、由城到乡再到域、由重点到一般的演进概貌。这在一定程度上也说明，以实体遗存为重心的个体聚落保护方式在较长时间内支配着相关研究与实践活动，从而不可避免地存在聚落建成空间与其外围环境割裂等问题（图 1-2）。《关于历史性城镇景观的建议书》与《关于乡村景观遗产的准则》两大国际保护文件的相继引入，分别从城和乡层面指出：聚落景观是人与自然相互作用的整体，并包括更广阔的区域自然和社会背景环境[2]，强调聚落遗产的区域性、整体性及持续演进特点，是对聚落遗产保护领域自然与文化、个体与群体长期二分的有力反思与应对。因此，在城乡聚落遗产区域性研究和景观化保护转向背景下，本书进一步倡导从"点"思维转向"域"思维，建立一种"立足区域、观照整体、兼及内外"的区域聚落遗产观，继而引申提出"区域城镇聚落景观"概念，在特定地理单元依据区域社会空间结构将个体聚落与其地景环境锚定为一个整体，进而在区域全局中透视聚落景观的整体形态及类型特色。

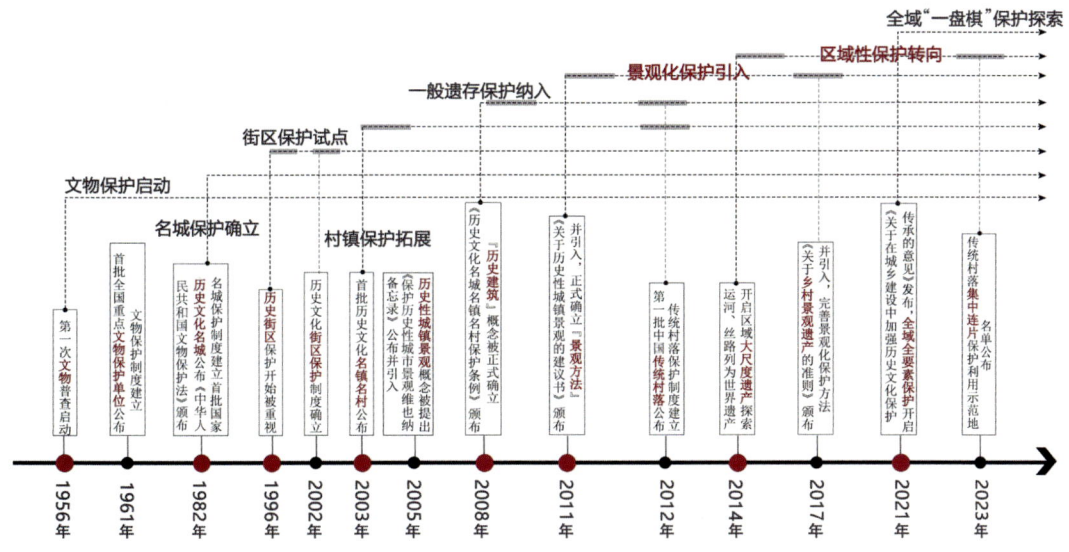

图 1-2 我国文化遗产保护制度的发展历程及阶段特征
（来源：自绘）

---

[1] 斯卡佐西,王溪,李璟昱.国际古迹遗址理事会《关于乡村景观遗产的准则》(2017)产生的语境与概念解读[J].中国园林,2018,34(11):5-9.

(1) 聚落与城镇聚落

"聚落（settlement）"的字面意思是指传统社会中人居活动所聚合形成的整体空间现象[1]，一定意义上与"历史建成区"意思相近，并且有着狭义与广义两种内涵之分。在狭义层面，聚落专指传统村落这一单一类型，是与"城市"相对并行的一个概念；而在广义层面，它包含了村落、市镇和城市三种典型的人居类型，并且不同类型的空间聚合方式也有着明显的差异性[2]。"城镇"一般是指以非农人口或产业为主要聚集特征的居民点[3]，是与"乡村"相对的一个概念。一方面，城镇（a town or a city）可以作为一个笼统的"泛称"来理解，它模糊了城与镇的界限，既可指城，也可指镇；另一方面，城镇（cities and towns）也可以是包含了城与镇两种类型的"集称"，城归城，镇归镇，二者有着明确的旨意。综上所述，本书研究的"城镇聚落"是在"聚落"概念的广义范畴中，并侧重于作为集称理解的"城镇"，包含历史城市和传统市镇两种特定聚落类型。

需要进一步说明的是，参照著名学者施坚雅的市场体系及区域理论，市镇是介于中心市场（城市的商贸港邑）与基层市场（普通的村集）之间的中间市场，在上下双向流通体系中都处于中间地位[4]。因此，传统市镇聚落便主要指那些曾作为中间市场的人居景观，部分市镇虽因兴衰变迁而在当今行政建制中被降为"村"，但也同样应被纳入本研究的讨论对象范畴。从三级市场的吸纳和辐射范围来看，中心市场主要承担城市或区域间的"长线"贸易，基层市场一般承担百姓日常生活的"短线"贸易，而作为中间市场的市镇则更多地承载联结城乡之间的"中线"贸易[5]，三者共同依托水陆通衢构成区域整体流通格局。

(2) 景观与聚落景观

"景观（landscape）"一词具有多元语意，在不同的学科领域当中通常有着不同的理解，如传统的风景园林学将其等同于狭义上的"风景"或"环境"来理解。而在地理学领域中，景观通常被用于描述某种地理现象的综合，即一种自然和文化要素联合形成的事实，可分为自然景观和文化景观两种类型，并由此衍生出人文主义地理学与文化地理学，将"文化"作为研究的关键词。正如现代文化地理学开创学者卡尔·奥特温·索尔（Carl Ortwin Sauer）所

---

[1] 王昀. 传统聚落结构中的空间概念 [M]. 北京：中国建筑工业出版社，2009.
[2] 王鲁民，张帆. 中国传统聚落极域研究 [J]. 华中建筑，2003(04):98-99+109.
[3] 中华人民共和国建设部. 城市规划基本术语标准:GB/T 50280—98 [S]. 北京：中国建筑工业出版社，2008.
[4] 施坚雅. 中国农村的市场和社会结构 [M]. 史建云，徐秀丽，译. 北京：中国社会科学出版社，1998.
[5] 任放. 明清长江中游市镇经济研究 [M]. 武汉：武汉大学出版社，2003.

强调的：文化的兴起或发展，势必会在自然环境中留下痕迹，这种叠加了人工创造痕迹的自然环境便是文化景观[1]，而聚落便是文化景观的一种类型。但随着各学科的发展与融合，景观作为一种研究对象，从人和自然统一的视角，可将其视为一种"主体+客体+主客体互动关系"的统一体，成为不同学科与学术指向之间交流对话的共同基础，即将"景观"理解为自然、社会、文化等多重因素共同塑造的一个目之所及的"整体"，同时也是一个动态累积且持续发展的结果[2]。

目前对于"聚落景观"的研究，学术界也存在着两种分野。一是传统狭义上的"聚落中的景观"，该类研究更多聚焦于聚落当中的风景或环境要素，强调其文化与美学上的特征。另一个则是广义上的"聚落综合体"，是对自然与人文景观共同组成的地理空间实体的一种统称[3]，以一种更为整体的视角，将聚落内部建成环境形态与外部自然环境形态视为一个相互作用形成的空间聚合体来研究[4]，而后者逐渐成为当前城镇聚落形态研究的主流。例如，2011年联合国教科文组织正式通过的"历史性城镇景观（historic urban landscape，HUL）"概念，便认为"历史性城镇景观是文化和自然价值及属性在历史上层层积淀而产生的城市区域，该区域也包括更为广泛的城市背景及地理环境"[5]。另一个遗产领域的国际概念"乡村景观遗产（rural landscapes as heritage，RLAH）"，同样是强调将乡村视为一个包含自然和人类共同历史印记的整体对象及持续演进的活态体系来考察，以消除自然与文化被长期分离对待所产生的矛盾，并倡导从遗产到景观的概念转向，进而通过"景观方法（landscape approach）"促进文化与自然的融合，遗产地与其所处的自然、社会环境相联系[6]。

（3）区域城镇聚落景观

在一个特定的地理单元内，地方社会结构与地缘环境格局在长期耦合互动中形成了整体稳定的空间秩序，并将城镇个体聚落纳入区域秩序关系的建构当中，呈现出区域一体、结构关联的聚落整体形态特征。综合上文的概念界定，本书将此类有意义的地域文化综合称为"区域城镇聚落景观"，遵循广义上的"聚落景观"概念认知范畴，从区域一体、城乡关联的整体研究视野，将历史城市与传统市镇两种聚落类型视为人工环境与自然环境整体关联、持续

---

[1] 蔡运龙，WYCKOFF. 地理学思想经典解读[M]. 北京：商务印书馆，2011.
[2] 宋峰，史艳慧，王博. 关于景观的反思——从对象到方法论[J]. 风景园林，2021,28(03):25-28.
[3] 陶潇男. 苏北地区历史城镇景观变迁研究[D]. 南京：南京师范大学，2015.
[4] 刘沛林. 中国传统聚落景观基因图谱的构建与应用研究[D]. 北京：北京大学，2011.
[5] UNESCO. Recommendation on the Historic Urban Landscape[S].2011.
[6] 斯卡佐西，王溪，李璟昱. 国际古迹遗址理事会《关于乡村景观遗产的准则》(2017)产生的语境与概念解读[J]. 中国园林，2018,34(11):5-9.

演进的有机体,更加强调空间形态的整体性、关联性与可持续性。在聚落个体层面,区域城镇聚落景观强调建成环境是与自然地景等要素相互融合连接的"集合体";而在区域整体环境中,历史城市与传统市镇是关联互补的"联合体",各聚落与区域地缘环境也是相互联系的"有机体"。之所以没有采用"历史性城镇景观"这一成熟的国际概念,一方面,是因为当前学术界通常将其作为一种保护理念与方法来讨论;另一方面,其讨论的范围主要为狭义上的城镇,即城市,并存在与"城市历史景观"相互混用的现象。故为了避免概念产生歧义,本书最终采用"城镇聚落景观"这一概念,更多的是将城镇聚落作为一种客观的空间对象来研究,同时倡导以一种更为整体的视角,将聚落内部形态与外部形态视为一个景观整体来研究探讨。

(4)荆襄历史廊道地区

历史廊道通常指依托区域航道、河谷、驿道等线性要素形成的轴带地区,仍留存较多文化遗产与景观要素,有着历史事件、科技文化等多重见证意义。可以说,它是地区历史文化和群体记忆的重要载体,具有综合性、系统性与全局性三个特点,以及历史文化、线性空间与资源依托三重特征[1]。荆襄历史廊道,顾名思义是一条沟通荆州与襄阳两座名城且具有历史属性的交通大走廊,它与随(州)枣(阳)走廊、咸(宁)蒲(圻,今赤壁)走廊首尾相连,共同形成湖北省荆楚文化内环线与核心区。同时,荆襄历史廊道向北出襄阳通往关中、中原等京师之地,继而接陆上丝路;向南过荆州抵达湘赣、两广等地,外接海上丝路,为我国古代南北交通、经济与文化联系通道的重要组成部分,也是连接东西、通达南北的水陆要冲与转乘枢纽。需要说明的是,荆襄历史廊道不同于以特定线性空间要素为内涵指向的"荆襄古道",它还包括荆襄水道与自然地形环境在内更为立体的地理空间。同时,它也不同于"荆襄地区"[2]"荆襄战区"[3]等相近概念,因为荆、襄政区范围在历史上时有分合、变动,"荆襄地区"或"荆襄战区"实质是以今天的襄阳古城与荆州古城为中心,对鄂、豫、陕、川多省交会这一区域的泛称,所指的地域空间范围也具有较大的模糊性;而荆襄历史廊道地区则具有更为明晰的地理空间指向。这里在历史上地缘相接、功能交织、空间关联,城镇聚落景观为人工与自然长期互动形成的关联有机体,具有极高的历史与文化价值,因而成为本书研究的重点区域范围。

---

[1] 王建国,杨俊宴.历史廊道地区总体城市设计的基本原理与方法探索——京杭大运河杭州段案例[J].城市规划,2017,41(08):65-74.
[2] 刘东.明代荆襄地区的流民问题与政府应对措施[J].宁夏师范学院学报,2016,37(04):74-77.
[3] 由迅.南宋荆襄战区军事地理初探[D].武汉:华中师范大学,2011.

根据"区域城镇聚落景观"的概念阐释，荆襄历史廊道内所有历史城市、传统市镇都是本书研究的潜在探讨对象，而那些已列入保护名录或遗存质量较好的城镇聚落则是本书的重点关注对象，必要时也会兼及部分乡村聚落。将荆襄历史廊道内城镇聚落的保护名录、遗存较好的非名录城镇，以及与之相关的世界遗产与历史文化名村等对象，一并统计见表1-1、图1-3。进一步站在湖北省域层面，通过比较相关名录对象的类型及空间分布，反观荆襄历史廊道的自身特点：①从省域聚落保护名录的空间分布来看，主要集中于三个区域——鄂西南恩施自治州、鄂中荆襄历史廊道和鄂东大别山与幕阜山过渡地带；②从对象类型来看，鄂西南以"村居"为主体，中部以"城居"与"镇居"为代表，东部则表现为"城居""镇居""村居"三种聚居形式相对均衡的特点。其中，荆襄历史廊道占据了全省主要的大遗址保护区、3/5的国家历史文化名城和近2/3的国家历史文化名镇，但名村或中国传统村落却微乎其微，且多分布于两侧山麓或河谷地带。这也从另一个侧面说明了荆襄历史廊道地区是湖北省荆楚文化的核心承载地，并印证了历史上有着重"城居""镇居"而弱"村居"的聚落营建传统。

表1-1 荆襄历史廊道城镇聚落等保护名录统计表

类型		数量	名称及备注
世界遗产	文化遗产	1	明显陵
	灌溉工程遗产	1	长渠（白起渠）
	预备名录	2	中国明清古城墙（荆州、襄阳）、万里茶道
大遗址	国家级	1	荆州大遗址保护片区
	区域重点	3	屈家岭遗址、石家河遗址、龙湾遗址
历史文化名城	国家级	3	襄阳、钟祥、荆州
	省级	2	荆门、当阳
历史文化名镇	国家级	5	石牌、淯溪、程集、周老嘴、熊口
	省级	0	—
历史文化名村	国家级	1	漫云村
	省级	0	—
省级历史文化街区		14	襄阳太平店、陈老巷，荆门民主街，荆州胜利街西段等
中国传统村落		11	赵泉河村、荆台村等
遗存较好的市镇或相关乡村聚落	古镇	9	张集、汪桥、沙岗、河溶、后港、多宝湾、石桥驿镇等
	古村	3	水没坪村、梅槐村、三泉村

表格来源：自绘。
备注：信息统计截至2022年7月。

图 1-3 荆襄历史廊道城乡聚落保护名录分布及省域层面比较

第四节 空间关联形态：作为一种客观存在的遗产间性关系

区域城镇聚落景观研究除了应将遗产要素与其外围环境及其他要素视为一个层层关联的"地域文化共同体"，还应将它们之间纵横交互联系的"间性关系"也视为一种客观存在。本书结合相关研究启示，提出区域城镇聚落景观"关联形态"概念，旨在从空间表象走向深层结构，从内外一体、区域关联的整体视野出发，开展聚落空间联系秩序方面的研究，进而提升区域聚落遗产整体保护的针对性与可持续性。

"形态"从字面上理解是指事物的样貌形式、生物体的外表形状或词组的内部变化形式，可作为组合词——"形"与"态"，或偏正词——"形之态"抑或"态之形"等不同方式进行理解[1]。而在城市形态学领域，"形态"重点是对城市中的物质要素形式或建成组织的研究[2]。聚落研究领域中的"形态"通常指形式要素的物质空间形态及其平面展布特征，其研究内容

---

[1] 夏征农，陈至立. 辞海 [M]. 上海：上海辞书出版社，2009.
[2] 沈克宁. 建筑类型学与城市形态学 [M]. 北京：建筑工业出版社，2010.

主要集中于三个层面：聚居状态及其类型研究、聚落空间格局与结构研究、聚落组织系统及其空间表征研究[1]。但传统聚落研究中的空间形态，尤其是遗产保护领域的聚落研究，一方面，由于概念内涵比较宽泛，包罗万象，除了涵盖空间、社会、经济等不同维度，也包含轮廓形状、肌理组合、整体布局等多种空间指向；另一方面，在一定意义上也过于强调实体要素本身所表现出来的形式概貌与绝对的物理几何关系。但区域城镇聚落景观并非静态的点集合，而是动态的关联体，要素与要素之间还存在相互联系、连续稳定的整体秩序或相对的逻辑关系。

因此，"关联形态"概念的提出，是专门对实体要素之间整体秩序关系与内在联系逻辑的空间凝练和图式表达。它叠合了社会网络、行为活动、心理认知与集体记忆等多个维度信息，是锚固聚落空间要素组合的核心骨架，成为控扼聚落整体形态生长和演替规律的稳定秩序。可以说，关联形态是潜藏于空间表象下的组构逻辑与意义系统，既是社会、文化、空间等多元要素的动态层积结果，也是层积过程的整合媒介，反映了景观要素空间表象与深层结构的统一。但需要指明的是，"关联形态"概念的提出并不是对传统"本体形态"的一种颠覆，而是在既有形态研究中作的进一步界定、补充或拓展。其将关联形态作为一种独立的研究对象，一种与本体形态相互依存且有着更为明晰内涵的形态类型，更加关注物质要素之间的整体关系与联系秩序。同时，其更加强调在新旧交织的遗产环境中，通过结构关联分析揭示出有意义的关联层积秩序，为理解各要素的结构位置、存在意义与整体联系，以及统筹解决各类复杂矛盾问题提供一个整体时空参照，并探索针对这种关联秩序的保护与传承之道。最终，实现将研究问题的讨论从遗存对象的"本体形式"导向对象之间的"间性关系"，这也是当下构建全域"一盘棋"保护格局的关键和特色所在。

第五节 空间关联形态的相关学科理论启示

在城市形态学的研究范畴内，关联形态作为一个新兴概念，尚缺乏较为成熟的理论指导。但文化地理学、区域社会史与结构人类学等学科领域中相对成熟的"关联思想"，为研究分析聚落空间要素整体关系、动态层积及文化意义提供了一个很好的启示与借鉴。

---

[1] 李晓峰，谭刚毅. 两湖民居 [M]. 北京：中国建筑工业出版社，2009.

1. 文化地理学的人地关系与间性关联

人地关系一直是地理学研究领域的基本内容，作为人文地理学分支学科的文化地理学，则把文化当作人地关系之间的媒介，研究各种文化现象在地理空间上的分布与组合及其与地理环境的关系，包括文化源地、文化区、文化生态、文化扩散、文化整合与文化景观六个主要研究问题[1]。20 世纪 20 年代，美国著名地理学家卡尔·奥特温·索尔出版《景观形态学》一书，标志着现代文化地理学的形成。他主张把"文化景观"摆在文化地理学研究的关键位置，将其视为一种整体的综合现象，认为"**文化为动因、自然为媒介，景观是结果**"，反对只关注某些孤立要素的研究，并致力于将"文化区域"和与之相匹配的地理景观作为地理学的分析单位[2]。进而，他通过对文化区的识别，探寻不同文化圈或文化区域的形成与演化、区域景观特征空间分异的规律与机制，以及文化传播、扩散与相互关联[3]。其中，文化区一般又可分为两类，即形式文化区和机能文化区。前者是基于某种或多种显性文化特征确定的分布区，如水乡文化区与草原文化区等，通常有突出表现该区文化特征的核心，边界即特征逐渐消失的过渡地带；后者则是基于某种政治、经济或社会机能而组织起来的区域，如一个市域或教区等，一般有一个中心执行机构和较为明确的边界[4]。简言之，各区域景观特征由不同的有形和无形文化形式及其构成方式共同决定，最终呈现出整体的文化圈层或文化区块的区域景观关联格局。

在 20 世纪后期，受后结构主义思潮影响，伴随着地理学研究领域的"文化转向"与社会文化研究领域的"空间转向"，产生了以彼得·杰克逊（Peter Jackson）等学者为代表的新文化地理学研究范式。其中迈克·克朗（Mike Crang）的《文化地理学》为代表性作品，他主张把文化植入对应的时间与空间中进行分析，更加强调文化景观等地理现象背后所体现的社会意识与文化意义，且同一地理景观对于不同社群可能代表不同的文化意义[5]。这克服了传统文化地理学现实世界景观本体论的局限性，更加关注"文化的空间性"与"空间的文化性"，以及"主体间性"的互动关系与意义系统。新文化地理学将景观视为可解读的"文本"，注重再现表征的景观世界，思考空间如何成为文化体验的意义地图[6]。同时，任何绘制出的

---

[1] 李元.文化地理学视角下天津明清盐业文化景观研究[D].天津：天津大学,2018.
[2] 克朗.文化地理学[M].杨淑华，宋慧敏，译.南京：南京大学出版社，2003.
[3] 崔馨心.文化地理学视角下东北传统村落布局形态区划研究[D].哈尔滨：哈尔滨工业大学,2019.
[4] 王恩涌.文化地理学导论——人·地·文化[M].北京：高等教育出版社，1989.
[5] 周尚意，孔翔，朱竑.文化地理学[M].北京：高等教育出版社，2004.
[6] 侯斌英.绘制文化空间的新地图——读迈克·克朗《文化地理学》[J].中国图书评论,2007(02):114-115.

地图都只是一个碎片，须嵌入一幅更大画面以观其貌[1]。

总而言之，区域景观现象本质上是一种相互关联或依存，区域科学研究的任务之一便是研究不同区域景观特征及共存于其中的客体要素间的相互关系与联系秩序。新文化地理学的研究范式更强调空间的这种"间性关联共同体"，关注不同景观要素之间的平等共现、交互作用与组构关系，并将间性关系本身视为一种理解与阐释要素价值特色的客观存在和背景参照。这对当下以本体要素为重心的聚落遗产保护研究与实践具有重要的启示和补缺意义，如从遗产之"物"转向遗产"间场"的保护视野扩大，从"本体形式"转向"间性关系"的保护范畴拓展，深入思考遗产本体要素与背景环境之间平等共现的"整体关系"，以及本体与本体要素之间关联对话的"交互关系"，也为化解遗产保护中的"二元"矛盾问题指明了一条可能路径。此外，这种重视"空间关联观"的认识超越了以往对景观要素形式静止与永恒的看法，使得在再现景观文化意义的构形与叙事过程中，要素的"再物质化"成为一种可能[2]。荆襄历史廊道南北联系着南阳盆地与江汉平原两大地理单元，其聚落景观存在明显的空间分异特征与传播融合现象。因此，无论是传统文化地理学的文化圈层或文化区域研究范式，还是新文化地理学的"空间关联观"，都对本书研究聚落景观关联形态研究具有重要的理论指导意义，对协调现阶段我国城乡文化遗产研究领域中时间与空间、保护与发展的关系也具有重要的启示意义。

2. 区域社会史的时空关系与结构层累

如果说"人地关系"是地理学的核心问题，那么"时空关系"则是历史学研究的重要旨趣。历史与地理这种互为存在的"纵横"的关联视野，将历史建构、地理构形与社会空间生产结合在一起，并在批判性"解构"与"重构"的双向分析维度，提供了空间、时间与社会三者辩证统一的可能途径[3]。20世纪80年代，借鉴社会学、人类学及地理学等学科所长的"区域社会史"，正式脱离传统"地方史"的研究框架，成为一种具有方法论意义的"新史学"研究范式，并以"华南学派""华北学派"等研究学派为典型代表。区域社会史将区域社会视为一种由不同结构要素相互联系与作用构成的多层次整体，倡导走进田野与社会，把历史变迁置于时间与空间、传统与现代、局部与整体等多重视角的交错与转换中进行考察，强调"共时性结构"与"历时性过程"的结合，并将区域内部各组成部分及区域与整体有机地联系起

---

[1] 克朗. 文化地理学[M]. 杨淑华，宋慧敏，译. 南京：南京大学出版社，2003.
[2] 郭文. 西方社会文化地理学新范式的缘由、内涵及意义[J]. 地理研究，2020,39(03):508-526.
[3] 苏贾. 后现代地理学：重申批判社会理论中的空间[M]. 王文斌，译. 北京：商务印书馆，2004.

来讨论且使其成为一种学术自觉。区域社会史通过看似破碎的社会现象，构建社会变革内在的结构性特质[1]，从整体把握区域的历史发展脉络与内在特质[2]，进而试图从理论层面探索一种新的区域社会历史阐释框架。

作为新的史学理论与方法，区域社会史研究突破了传统"政治史"宏大叙事框架的局限性。在追寻区域社会历史的内在脉络时，它特别强调"地点感"和"时间序列"的重要性，而"历史连续性与历史性时刻"则是把握区域社会结构化与再结构化过程及其空间化表征的重要线索。特定地域社会的某种"共时态"关系，既是一种空间结构的体现，也是一个长期互动生长的历史缩影[3]。同时，根据法国著名史学家费南·布罗代尔（Fernand Braudel）的时段理论，在"长时段、中时段与短时段"三个时段与"地理环境、社会形态与历史事件"三层结构的相互对应中，时间与空间、区域表层与深层结构进一步实现了有机统一[4]，遵循"长时段"缓慢的结构性变迁支配着"短时段"纷繁的要素发展与演变的规律，进而在具体研究中注重区域的内部结构与外部联系、具体特征与基本线索、城乡社会关系等方面的关系[5]。

不同于国家王朝政治史所表征的"断裂感"，区域社会是一个长时段的连续过程，它是由各种社会实践活动在相互交织互动的过程中所形成的兼具整体与开放性的关系网络。"地域空间"在一定程度上全面记录了多重层叠的社会经济动态变化的"时间历程"，体现出"层累地建造"的特点[6]。这种观点与当前文化遗产保护领域历史性城镇景观所倡导的"层积观"具有一定的相通性。区域社会史注重"整体史(total history)"与"结构过程（structuring）"的分析理念，强调"在空间中理解时间，在时间中理解空间"。赵世瑜教授在其华北学派研究的基础上，结合人类学方法，总结了"结构过程、礼仪标识与逆推顺述"三个分析方法，进而在太原晋祠的个案剖析中，将晋祠及其周边空间视为一个历史"层累"的结构过程，并以晋祠及其周边村庙等"礼仪标识"为线索，发现"信仰"与"水利"两套交织互叠的社会系统，厘清了地区环境的变化轨迹与结构性特征，进而展示了华北地区一个多元复杂的历史面相[7]。

区域空间的整体不是包罗万象，不是整齐划一，也不是要素的随意混合叠加。这种"标识-层累"的分析框架，将结构视为空间的"核"，将空间视为结构的"场"，并在整体与局部、

---

[1] 行龙.区域社会史研究导论[M].北京：中国社会科学出版社，2018.
[2] 李二苓."新史学"之路：区域社会史研究的追溯与反思[J].首都师范大学学报（社会科学版），2009(S1):303-307.
[3] 赵世瑜.在空间中理解时间：从区域社会史到历史人类学[M].北京：北京大学出版社,2017.
[4] 王作成.试论布罗代尔对列维-斯特劳斯结构主义理论的借鉴[J].苏州大学学报（哲学社会科学版),2009,30(02):14-17.
[5] 行龙.从社会史到区域社会史[M].北京：人民出版社，2008.
[6] 赵世瑜.小历史与大历史：区域社会史的理念、方法与实践[M].北京：生活·读书·新知三联书店，2006.
[7] 赵世瑜.多元的标识，层累的结构——以太原晋祠及周边地区的寺庙为例[J].首都师范大学学报（社会科学版),2019(01):1-23.

历史与当下、地方与国家等多重二元复杂关系层面都建立了一种内在关联。首先，这些"标识"要素支配着聚落内部结构及其周边的关联组合与层累过程，这便使原本杂乱无章的空间表象有了明显的结构性特征，成为统一整体与局部、历史与当下关系的基本线索；其次，这些标识也使不同对象类型之间有了进行横向比较分析的基础；最后，它们也蕴含着"国家"制度与话语体系在地方的投射及互动过程，成为不同层级体系的联系纽带。这种统一的"时空观"，既强调历史的连续性与空间的整体性，也强调历史的时间序列与地点感，对当下城乡文化遗产保护具有重要的启示意义，为推动"历时性城镇景观"方法所倡导的"区域观、层积观与发展观"落到实操层面提供了一条可行的路径，并从以往"历史分期"的讨论与近年来关于"变与不变"的讨论，转向"前后接续"的结构性重释。

3. 结构人类学的意义整体与标识符号

结构主义通常被认为以索绪尔的语言学思想为理论起点，并以《普通语言学教程》的出版为重要标志，倡导将语言当作一个整体的系统来研究，而各语言要素之间的关系是语言分析的重点所在，强调"共时"与"结构"分析[1]。在这个系统中，各组成要素之间的关系比具体要素更为重要，而各要素也只有归入系统，凭借其所在位置及与其他要素的关系才能获得存在的价值与意义[2]。基于此，索绪尔进一步构建了语言符号的系统分析方法，如"语言与言语""历时与共时""能指与所指""横组合（共时的句段组合关系）与纵聚合（历时的联想选择关系）"[3]，进而在这种"二元转换"的分析过程中，把握语言现象变化中不变的"本质特征"。这种"系统"的思想与分析方法，便成为后来"结构主义语言学"的"结构"思想与方法论基础。

结构主义思想虽然发端于语言学，但是作为一种思潮在人类学领域得到了系统的拓展。法国人类学家列维-斯特劳斯，吸纳了包括语言学等学科的结构思想，正式开创了"结构主义"学术思潮，为人类学开辟了一条科学化的结构分析路径，并对许多现代学科都产生了深远的影响。列维-斯特劳斯将他的理论建立于符号的关系及其意义基础上，致力于透过繁杂的表面现象挖掘其背后文化层面的"深层结构"，并认为它是支配历史发展与决定社会行为的逻辑架构[4]。他所认为的结构则是一种关系组合法则，是由有着内在关联的各个要素相互依存

---

[1] 霍克斯.结构主义和符号学[M].瞿铁鹏,译.上海：上海译文出版社，1997.
[2] 王伟涛.列维-斯特劳斯"结构人类学"研究理路探析[J].世界民族,2011(03):42-47.
[3] 张庆熊.语言与结构主义方法论：从索绪尔出发的考察[J].社会科学,2020(05):111-122.
[4] 安稳,张晓宇.结构主义人类学述评[J].黑龙江生态工程职业学院学报,2017,30(04):132-133+136.

而构成的有机关系网络。这也充分体现了其理论的结构整体观，而对整体性原则的坚持也是结构主义方法最显著的特点之一[1]。人们应通过认识要素的组合方式来获悉它们的内在价值与整体意义，而不是孤立地去看待事物表象[2]。如在研究神话结构时，列维－斯特劳斯首先将神话分为若干"片段"，并在神话系统中按一定的关系进行排列成表，进而在整体与片段之间的连续转换分析中，解释表格所体现的结构关系及意义[3]。他强调，决定意义的不是片段，而是片段在整体中的联结与组合方式。后来，结构主义学者逐渐意识到"结构"并不是恒定的，也不是普适的，于是融入历史变迁与文化多元等内容加以修正，如荷兰与英国的结构主义学者分别主张将重点放在特定的区域和社会中，强调文化的多元性与社会的多样性。皮埃尔·布迪厄在其实践理论中，通过"惯习""场域""策略"等概念，强调结构主义框架中的能动性因素[4]，实现对传统静态结构与二元对立关系的双重超越。

因此，依据人类学的结构分析方法与意义整体观，城镇聚落景观同样是由各组成要素相互依存、关联互构而形成的有机整体，存在一个稳定的内在"逻辑架构"支配着要素横向组合方式与纵向更替过程，个体要素无法脱离整体而单独存在或随意变迁。在具体的保护过程中，应坚持"实体思维"与"关系思维"并重的分析模式，若要认识遗产要素的价值特色，应将其植入整体关系网络中，还原其所处的结构位置及它与周边要素的联结方式，在表层与深层结构的统一中揭示要素的内在关系，在要素的变化与稳定比对中把握结构的稳定意义。

第六节 研究内容、方法与框架

本书研究主要涉及的学理关系为作为研究对象的"区域城镇聚落景观"、作为研究问题的空间"关联形态"，以及作为典型研究区域的"荆襄历史廊道"。具体研究内容、方法与框架如下文所示。

1. 研究内容

（1）区域城镇聚落景观关联形态的理论阐释框架建构

在理论层面，借鉴相关学科启示，依据"关联域—关联机理—关联形态—关联演进—关

---

[1] 葛恒云. 结构主义人类学的哲学倾向 [J]. 国外社会科学,1999(04):31-34.
[2] 巴纳德. 人类学历史与理论 [M]. 王建民,刘源,许丹,译. 北京：华夏出版社,2006.
[3] 夏建中. 文化人类学理论学派：文化研究的历史 [M]. 北京：中国人民大学出版社,1997.
[4] 曲艳华. 国内研究布迪厄语言学、人类学思想文献综述 [J]. 农业图书情报学刊,2012,24(05):49-52.

联重构"的分析路径，分别将关联形态作为聚落空间一种整体的关联锚定框架、一种稳定的关联层积载体与一种差异共存的关联建构逻辑，建构一套具有普适意义的关联形态理论解释框架，以探明聚落形态中的整体关系、古今关系及表里关系，揭示聚落形态的内在规律。最终，实现聚落形态分析在空间维度上"场所—聚落—地景—郊野—区域"的层级转换连接与时间维度上"过去—现在—未来"的古今接续，完成荆襄历史廊道地区城镇聚落景观的区域性考察与个案分析的总体阐释框架构建。

（2）区域城镇聚落景观的关联形态识别

从理论到实际，将关联形态作为一种与本体形态互补的空间范式，呈现出一个"同尺度要素相互关联、多尺度层层转换"的整体空间秩序。进而，从自然地理、军事防御、商贸流通等多个维度的关联逻辑，研究区域城镇聚落景观关联形态的识别方法，并以荆襄历史廊道地区为例，厘清城镇聚落景观关联形态在区域整体和聚落个体不同层面的具体表征形式与典型特征。同时，针对历史城市与传统市镇两种聚落类型，分别从"城池"与"街市"两个形态主导要素入手，研究个体城镇聚落景观的整体秩序与类型特色。

（3）区域城镇聚落景观空间的关联演进规律

关联形态作为一种结构性层积载体、一种聚落空间整体关联锚定的稳定框架，对聚落空间演化与要素更替有着历史的规定性与结构的支配性作用。围绕空间的整体性与演进的连续性，在动态演进的过程中，通过稳定的关联形态及其结构性控制要素，研究聚落形态演化过程中"变与不变"的规律性特征，聚落空间形态及其构成要素的古今关系及存在意义，为未来保护与传承体系的建立提供依据。

（4）区域城镇聚落遗产的关联重构策略

针对聚落形态整体性日渐模糊的普遍现象，在未来的遗产保护语境下，将关联形态作为一种整体保护与关联建构的内在逻辑、一种多元要素差异共存的意义系统。面向区域城镇聚落保护实践需求，研究不同层面聚落空间关联建构的框架与策略，通过一些整合与更新补充措施，将历史要素重新建构为一个整体并整合到现代城镇空间发展框架中，重新激发其内在生命力，在发展的语境当中发挥历史资源的文化价值，也为历史环境的保护创造更为宏观的保护条件。遵循历史的规定性、演化的规律性与发展的适应性，探索一种新旧协调的城镇聚落景观"再结构化"策略。

2. 研究方法

针对既有荆襄历史廊道城镇聚落景观整体研究不足的现状，立足城乡规划学科范畴，借鉴多学科融合的研究思路与方法，理论与实证相结合、图像与文字相互佐证，从当前以空间物质表象为关注主体转向对聚落内在联系秩序的讨论。

（1）区域历史与地理等学科相交叉

区域聚落景观的关联形态研究涉及的对象时空跨度较大，既有区域自然地理与人文地理的关联逻辑，也蕴含过去、现在与未来多个时空场景，需要综合借鉴区域历史与区域地理等相关学科的理论和方法，以拓展聚落形态研究中的空间认知，而聚落遗产研究本身就是多元的、跨学科的。一方面，区域地理学研究更加关注区域联系现象的内在机制与规律，揭示空间形态与地理环境及社会人文的因果关系；另一方面，区域社会史强调区域社会结构化与再结构化过程及其空间化表征，同时，区域历史与地理之间"纵向"与"横向"的辩证关系，将历史建构、空间构筑及景观构形与再构形相统一并生成多种叙事的可能性[1]。这有助于在聚落形态研究范畴中建立更为整体的时空观与更为全面的结构性分析方法，进而从区域整体、动态层积等维度揭示空间现象背后的内在机理与文化意义。需要指明的是，在本学科借鉴区域历史的研究，不是为了去证明过去，而是为了更好地认识现在与看清未来[2]。

（2）文献研究与田野调查相印证

本书中的关联形态研究是以区域历史环境与聚落形态系统分析及详细调查为基础工作的空间问题分析。首先，需要梳理分析大量的历史文本作为研究指导与支撑，包括湖北通志、通史、各府州县地方志、不同时期历史地图等文本资料，以及地理、文化、航运、驿站、水利、堤防等专题史书籍，还有其他相关研究书籍、学术论文与规划资料，以在整体的历史场景中建立宏观的整体认知。其次，回到当下，通过大量的田野调查了解历史资源的遗存状态、存在意义，并构建现实的空间感知。文献研究与田野调查各有利弊，需要进行相互补充、相互印证。自2017年以来，笔者在项目实践中已对荆门、荆州与襄阳等名城进行过多次深入调研。专家座谈与居民访谈，并在博士论文与国家自然科学基金课题研究过程中，在相关文献研究的基础上与同门师弟妹一行，先后多次驾车分区对古道交通沿线的历史城市与市镇进行逐个考察，在历史与当下之间建立关联，详细了解并记录了荆襄历史廊道地区城镇聚落景观的关联印迹。

---

[1] 苏贾. 后现代地理学：重申批判社会理论中的空间[M]. 王文斌，译. 北京：商务印书馆，2004.
[2] 哈里森. 文化和自然遗产：批判性思路[M]. 范佳翎，王思渝，莫嘉靖，等译. 上海古籍出版社，2021.

(3) 区域分析与个案研究相结合

本书区域聚落景观关联形态研究涉及区域与聚落的多个空间尺度，既涉及区域尺度层面城镇聚落之间的相互关系、所处的区域地理与社会环境特色及区域机制等，也涉及聚落个体层面的具体表征与特点比较。同时，因为研究时间与精力的限制，本书无法对区域历史上不同时期的所有城镇聚落都进行深入的实证研究。因此，需要在不同空间层面，采用分区、分级、分类的方法，将区域分析与个案研究相结合，既要强调总体层面的共性特征与普遍规律的总结归纳，也要兼顾选取典型案例进行深度剖析、前后印证与特色比较，将总体与个案、理论与实证进行结合并灵活应用到研究中。

3. 研究框架

本书在文化地理学、区域社会史、结构人类学等相关学科理论启示的基础上，从整体层面出发，基于"聚落景观形态的关联机理—关联形态的空间组织模式—关联形态的纵横分析理路—区域聚落遗产的体系重构"这一逻辑链条，构建了一个普适的区域城镇聚落景观关联形态的理论解析框架。接着，本书遵循"关联机理与形态表征—关联演进与作用规律—关联重构与逻辑参照"的研究路径，结合荆襄历史廊道地区聚落景观遗产的具体实际展开研究。全书共形成了五个主体研究内容（图1-4）。

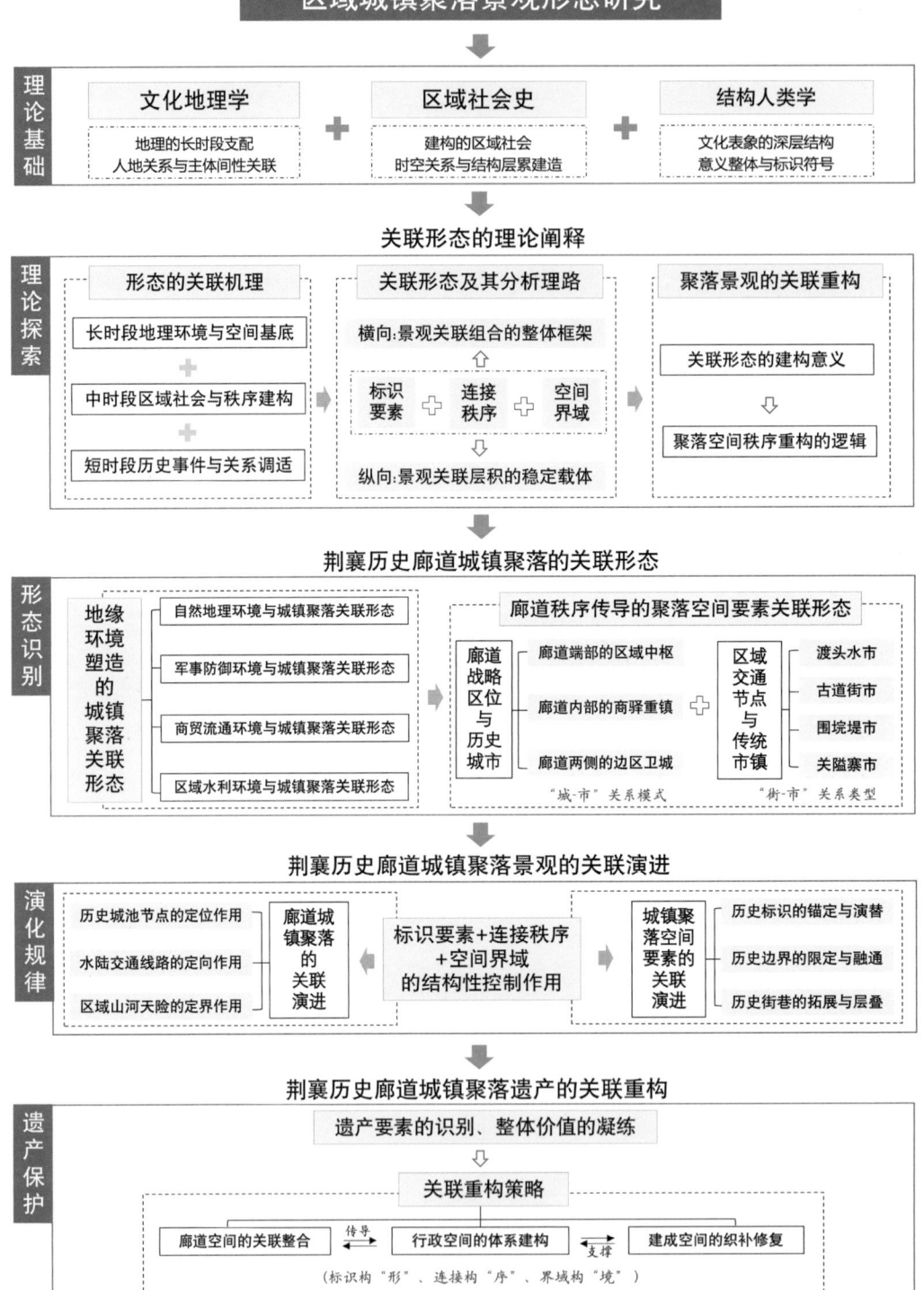

图 1-4 本书总体研究框架
（图片来源：自绘）

第二章
区域城镇聚落景观关联形态的理论阐释

城镇聚落形态研究正呈现出从"地点"或"场所"转向"关联"与"流"、从"本体要素"转向"关联网络"等趋势[1]，逐渐从实体要素的几何特征中解放出来，更加关注形态的内在关联秩序。同时，在历史性城镇景观理念与方法的影响下，将城镇聚落视为一个开放复杂的系统与动态演进的有机体，日益成为学界的讨论热点与研究方向。在空间维度，聚落不再是孤立的建成环境斑块，而是一个内外一体、区域关联的景观整体，并存在于更广阔的地理文化单元；在时间维度，聚落形态也不再是某一历史时期的静态标本，而是自然与文化动态层积的结果，且这一个动态过程还在不断继续，同时，强调在变化的发展过程中管理聚落景观遗产。此外，为了进一步突破聚落本体研究的局限性，越来越多的学者开始将目光投向城乡或区域一体的聚落关联体系，相继提出"城乡历史文化聚落"与"区域历史文化聚落"等概念，倡导从"分"到"合"的聚落分析与保护研究转向[2]，这对聚落的价值挖掘与整体保护有着重要的现实意义。

荆襄历史廊道作为区域大尺度地理单元的典型代表，由于独特的地形、军事与交通等地缘环境特色，其城镇聚落景观联系秩序的一体化特征尤为典型，并遵循统一的区域聚落景观认知范畴。因此，本章结合前文相关学科理论启示，构建区域城镇聚落景观关联形态的理论解析框架，具体按照聚落景观的"形态关联机理—关联形态特点—关联分析方法—关联重构策略"研究路径依次展开，力图将当前区域聚落整体研究从概念的讨论与探索导向系统的理论方法体系构建，并为后文荆襄历史廊道的具体研究提供总体指导。

---

[1] 张红，蓝天，李志林. 分形城市研究进展：从几何形态到网络关联 [J]. 地球信息科学学报, 2020,22(04):827-841.
[2] 张兵. 城乡历史文化聚落——文化遗产区域整体保护的新类型 [J]. 城市规划学刊, 2015,(06):5-11.

第一节　区域城镇聚落景观的形态关联机理

城镇聚落景观是由自然与文化等多元要素融合共构形成的"整体",并作为区域网络结构中的关键节点形成更高维度的关联语境与联系秩序,反映了特定的区域文化现象。而在区域社会的结构化与空间化进程中,人居活动与景观要素会逐渐被整合到统一的关系网络中,形成一个"社会-空间"合一的秩序关系与空间图式[1],成为空间组织形态的内在特质与意义所在。可以说,城镇聚落景观的整体性与关联性是区域地缘环境的产物。根据布罗代尔的时段理论,在"地理环境、社会形态与历史事件"三重机制与"长时段、中时段与短时段"三个时段的对应关系中,景观要素的时间进程与空间组织、表层的物理关联现象与深层的社会结构关系都进一步得以统一[2]。因此,区域的自然地理环境、社会人文形态及特定历史事件是塑造城镇聚落景观空间关联秩序的主导机制,对辨识聚落景观要素的整体秩序及结构过程具有重要意义,这也是关联形态研究的基本前提与关键线索。

1. 地理环境:长时段自然力奠定的空间基底

自然地理环境是城镇聚落赖以生存的基础,也是城镇聚落景观的重要组成部分,对聚落形态的营建与特色塑造起着决定性作用。如果将城镇聚落的形成与演化置入一个"长时段"中进行考察,地表形态、地理区位与地理资源等区域地理条件所塑造的自然秩序是聚落空间组织与要素关联的空间基底和初始原力[3]。同时,传统聚落的选址与营建通常以考察区域山水形势与自然秩序为起点[4]。最终,自然地理环境的支配性与人居活动的适应性相互因应,共同构成人地关系维度聚落形态关联的双向机制。

进一步参照著名学者弗雷·奥托的理论观点并结合我国的具体实际,城镇聚落景观形态在结构化与再结构化的关联过程中,人地关系维度的因应机理在一定程度上可以概括为"占据"与"连接"双向激发的过程[5]。其中,对各类重要地理位置或节点的占据,是人居活动的本能需求,进而基于主要占据点又会逐步实现对周边附属节点的占据,再通过道路等连通路径在各个占据点之间建立连接,完成对所在区域的统领与控制。而各连接的交会点、转折点或

---

[1] 赵世瑜. 在空间中理解时间:从区域社会史到历史人类学 [M]. 北京:北京大学出版社,2017.
[2] 王作成. 试论布罗代尔对列维-斯特劳斯结构主义理论的借鉴 [J]. 苏州大学学报(哲学社会科学版),2009,30(02):14-17.
[3] 邓巍. 明清时期山西古村镇形态特色解析 [M]. 武汉:华中科技大学出版社,2019.
[4] 刘淑虎,冯曼玲,陈小辉,等. "海丝"城市的空间演化与规划经验探析——以古代福州城市为例 [J]. 新建筑,2020(06):148-153.
[5] 奥托. 占据与连接——对人居场所领域和范围的思考 [M]. 武风文,戴俭,译. 北京:中国建筑工业出版社,2012.

分叉点等重要节点，又会激发新的占据与连接。可以说，城镇聚落景观在"占据与连接"和"连接与占据"双向往复的过程中形成了发展脉络与关联秩序。在此过程中，由标识点、连通路径及领地单元等控制要素共同组织的关联形态，伴随着人居活动的集聚而逐渐稳定成型，虽会生长或萎缩，但却鲜有形式上的大幅调整。相对于其他普通要素，这些主导性控制要素具有较强的空间"黏性"，使得不同要素以一定的秩序黏聚在一起[1]，体现了城镇聚落景观关联形态与自然环境基底的"核"与"场"的辩证关系，这也为把握聚落景观整体关联与演化过程提供了一条可行性路径。

以国家历史文化名城福州为例，其空间形态与演进脉络深深地蕴含着地理环境的烙印：城市一次次飞地式的"占据"就如同不断向前抛出的"锚点"，牵引城市突破发展过程中遇到的一道道天然"门槛"，并通过主体与新的占据点之间的连接引导新的秩序建立，形成"山麓古城—突破古城—跨越闽江—沿江向海"这样一条清晰的空间发展轨迹。在"三山两塔"锚固的古城发展时代[2]，城市建设始终没有突破城池与自然控制点的限制；明清时期，在闽江北岸兴起的市镇港埠与南岸租界的共同牵引下，城市发展逐步突破古城向南拓展，进而跨越闽江形成滨江新城，八一七路在连接三大片区的同时也塑造了独具特色的城市南北主轴线；当下，城市正通过滨海新城占据闽江口形成新的发展动力，驱动主城区沿江向海发展（图2-1）。

而通过意大利的锡耶纳古城我们可以发现，地理环境的这种作用同样存在于国外城市营建中。在城市发展的早期阶段，三个聚落分别占据三座山脊各自生长，并通过三条道路相互连接；随着商贸等联系的进一步加强，聚落便沿道路与山脊线向中间聚合为一个山城联合体，进而因势利导在交会处修建广场以形成新的中心占据，并在外围结合地形构筑防御工事。总之，地理环境诱发与人工环境因应的双重作用，使得城镇聚落景观在占据与连接的双向激发过程中蕴含着人地关系维度的关联逻辑（图2-2）。

2. 社会形态：中时段内生力驱动的秩序建构

城镇聚落作为区域社会网络中的重要节点，本质上是人类历史活动的物化结果。在这个意义上，景观要素的关联形态也是社会组织方式在空间上的投射，社会的组织构造安排了聚落空间的形态秩序并有着相统一的组织关系。同时，相较于区域地理环境的长时段演变周期，区域社会的历史区段则具有"中时段"周期特点。前者作为一种自然力奠定了聚落空间显性

---

[1] 龚晨曦. 粘聚与连续性：城市历史景观物质要素有形元素及相关议题[D]. 北京：清华大学，2011.
[2] "三山"分别为屏山、乌山与于山，"两塔"为乌山上乌塔和于山上白塔，共同构成福州古城营建的重要控制点。

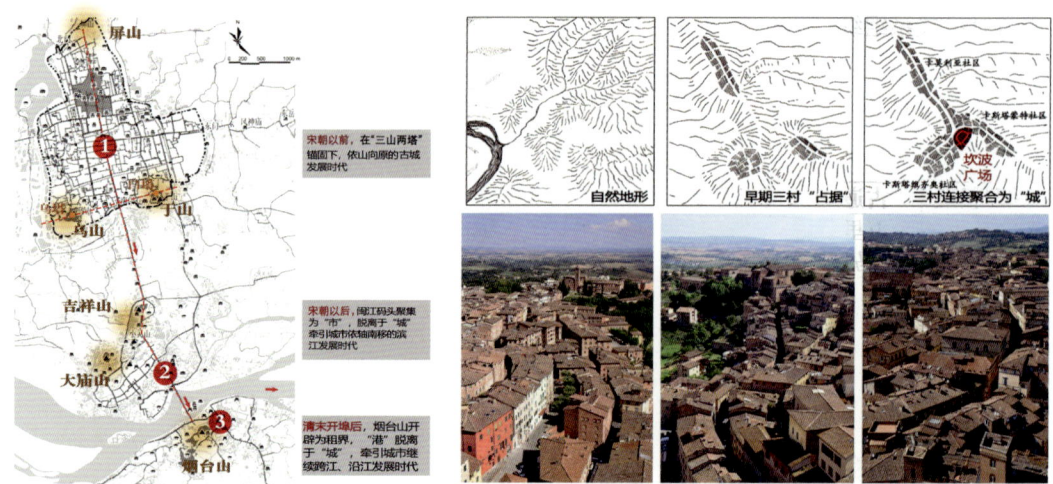

图 2-1 福州古城的空间秩序图示　　　　　图 2-2 地理环境塑造的锡耶纳古城[1]
（图片来源：底图引自参考文献 [92]）

的空间基底特质，而后者便是聚落空间形态形成与发展的内生动力，主导了聚落形态隐性的人文秩序建构，成为把握聚落景观要素相互关联的社会关系机理。

进一步从聚落的形成与社会职能来看，城镇聚落相较于广大农村更具有公共性与开放性。古代社群聚居在一起或聚落之间联系往来，一定意义上是为了追求政军经略、商贸流通、生产生活与文化教育等社会活动的空间接触与功能协作，通过共筑设施、共御风险、共谋发展与共同治理等来处理个体需求与公共利益间的平衡关系，并在区域协作与社会分工中形成了内外依存、彼此依赖的社会空间组织，实现自存与共存的内外平衡统一[2]。进而，聚落内外社会基于这种"共存"需求所集结形成的隐性社会秩序将区域社群行为与景观要素联系在一起。例如，以万里长城与浙东海防为代表的区域军事防御体系，以万里茶道、京杭大运河为代表的区域商贸流通体系，以都江堰、灵渠、荆江防洪大堤为代表的区域大型水利设施，以"汉冶萍"[3]为代表的近代钢铁区域联合生产模式等，都是聚落超越个体层面的典型共存需求而成为区域社会组织化与空间秩序化的社会维度力量。换言之，区域城镇聚落景观既是空间性整体也是社会性整体，聚落在追求个体利益与安全的同时，也不断在区域社会关系中同其他聚落一起构成"共存"系统，比如联合防御圈、水利共同体、水陆商贸共同体及生产关系联

---

[1] 何依. 四维城市：城市历史环境研究的理论、方法与实践 [M]. 北京：中国建筑工业出版社，2016.
[2] 梁鹤年，沈迟，杨保军，等. 共享城市：自存？共存？[J]. 城市规划，2019,43(01):25-30.
[3] 清末民初，由汉阳铁厂、大冶铁矿与萍乡煤矿联合形成的大型钢铁企业，全名为"汉冶萍煤铁厂矿股份有限公司"，它整合了区域资源、生产流程与铁路运输等资源优势，形成近代"工业生产联盟"。

盟等社会关系组织，进而在区域自然空间基底之上主导着城镇聚落景观的整体秩序关系营建，成为聚落景观要素关联的另一共性机制与内在逻辑（表2-1）。

表2-1 区域城镇聚落景观社会维度典型共存关系模式

关联机理	古道关联型	水运关联型	军防关联型	水利关联型	产业关联型
典型案例	万里茶道、茶马古道系统	大运河航运系统	万里长城与浙东海防系统	江河大堤	"汉冶萍"区域联合企业
标识要素	古道、驿站、会馆、老街等	河道、聚落、水工设施等	城、关、寨、重镇等	堤、渠、堤工局、护堤庙、堤街等	资源区、运输交通、加工区、附属设施等
关联模式示意图					

表格来源：示意图根据参考文献[11]改绘。

3. 历史事件：短时段介入力激发的关系调适

除了自然地理环境与区域社会环境这类中长时段机制会连续性塑造城镇聚落景观的关联形态，一些重要的历史事件也会作为一种短时段介入力量干预聚落形态的连续性建构，引发聚落空间关系的适应性调适并形成层叠的关联印记或系统叙事，成为标示形态历史进程的"刻度符号"，例如，权力更迭、洪灾、火灾、战乱、庆典等或然性历史事件都是影响聚落景观形态关联的典型历史事件。

通过类比不同城市空间发展过程中的一些"大事记"可以发现，历史事件对城镇聚落形态关联的作用主要表征在两个层面。一个是聚落景观要素在损毁与复建中形成的空间层叠与文化积淀，城市地方志中也普遍记录着洪水、战乱或火灾等历史事件造成城池等空间要素反复毁弃又不断修葺如初的事迹，如荆门古城在明崇祯年间与清乾隆年间分别遭流贼攻陷与大雨冲溃，而后又循旧址加高、加固并增补城门而形成更为完善的城池体系[1]，时空的关联耦合也形成了新旧层叠关联的"多义"空间。另一个便是引起聚落景观秩序关系的整合与调适，某一历史事件对城市空间秩序产生了直接的深远影响，或通过系统叙事将原本并无关联的场所与空间节点串联为一个整体，并在后续营建中反复强化。例如，1929年，孙中山先生的灵

---

[1] 参见（清）乾隆十九年（1754年）《荆门州志》。

柩从北京香山碧云寺归葬南京紫金山中山陵，南京城区围绕"奉安大典"这一重要历史事件确立了一条长达10余千米的迎榇大道，从浦口火车站对岸的下关码头一直延伸至紫金山山麓，途中灵柩所到之处后均被冠以"中山"之名以纪念孙中山先生[1]，"中山码头—中山北路—中山路—中山东路—中山陵"这样一条线路也成为今天串接南京城内各记忆空间的主题轴线[图2-3（a）]。同样，1911年，在武昌爆发的武昌起义，使得起义门、鄂军都督府旧址、红楼、工程营旧址等节点因为这一事件主题而相互关联，并在后续辛亥革命博物馆、首义公园、首义广场等纪念性节点的不断强化中，逐渐改变了武昌古城的南北轴线秩序关系[图2-3（b）]。再如明朝成化年间，江汉地区大水频发，在汉水末端游移不定的众多入江故道中，大水冲出一条稳定入江的主河道，继而被沿河堤防加以固化[2]，可以说"汉水改道"这一事件在直接形成汉口与汉阳二分形态的同时，也奠定了汉口市镇崛起的天然条件，成为今天武汉三镇历史关联格局的重要推动力[图2-3（c）]。此外，唐朝以后宵禁的取消与街巷制的推行，促进了城市街市经济的快速繁荣，增强了与关厢内外的联系，宋代的尊孔崇儒政策推动了全国大修孔庙等文教场所，明代匪患引发了各地大修堡寨等防御工事等，都是"短时段"历史事件在聚落空间中留下的"注记"，也使得聚落景观的"原生"形态与"次生"要素在不断交叠中实现关联与共生。

总体而言，在分析城镇聚落形态的关联机理时，如果说自然地理环境提供的是一个固定

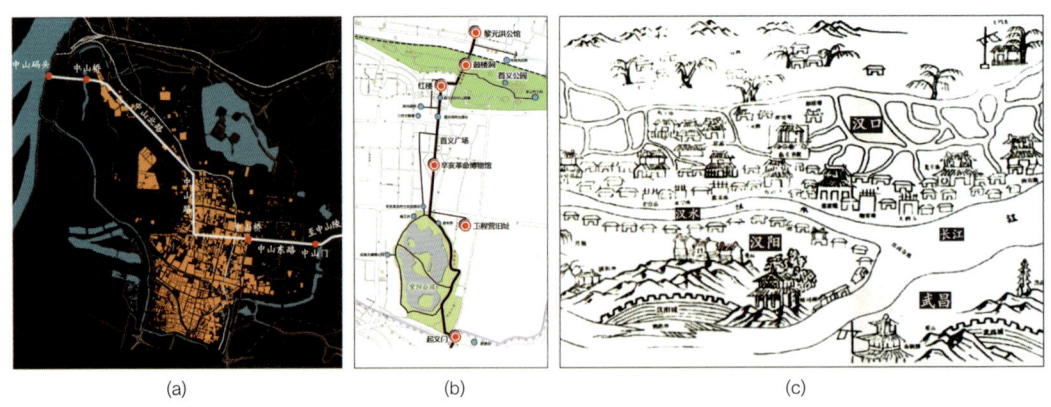

图2-3 历史事件影响下城镇聚落空间关联的图示[3][4]
（a）"奉安大典"与南京城市记忆空间关联；（b）"武昌起义"与武昌事件节点关联；（c）"汉水改道"与武汉三镇关联格局

---

[1] 何依. 四维城市：城市历史环境研究的理论、方法与实践[M]. 北京：中国建筑工业出版社，2016.
[2] 涂文学，刘庆平. 图说武汉城市史[M]. 武汉：武汉出版社，2010.
[3] 图2-3（a）引自：何依. 四维城市：城市历史环境研究的理论、方法与实践[M]. 北京：中国建筑工业出版社，2016.
[4] 图2-3（c）引自：涂文学，刘庆平. 图说武汉城市史[M]. 武汉：武汉出版社，2010.

的"舞台"背景，社会形态便是一部部主题鲜明、生动连续的"舞台剧"，而历史事件则是舞台剧中一幕幕重要的"情节""转场"或"插曲"，三者分别使得城镇聚落形态在自然与文化空间的双向塑造、自存空间与共存空间的内外平衡、原生空间与次生空间的新旧交叠中，共同构成完整且有意义的聚落景观关联叙事效果。

第二节 作为一种空间组织范型的关联形态

在古代，历史城镇、建筑及自然环境要素从来都不是一个孤立存在的"点"，也不是某个历史"断面"，而是依存于特定的地理文化单元，通过由内而外的聚落自我建构与由外而内的区域结构传导这一双向进程，长期互动、不断层累形成的"地域文化集合体"。这种内外一体的结构特征与层积演化的时段特征，也反映了各类景观要素彼此联结形成的秩序关系与整体价值。如图2-4这张清代晚期安阳县全境舆图，便清晰地描绘了一幅城镇聚落景观图景，包括境内的城池、关隘堡寨、市镇、庙宇、河流、道路、山岗等构成要素，同时，表达出各要素之间的布局特征、整体组构关系与内在联系，一定意义上也反映了地理环境、军事

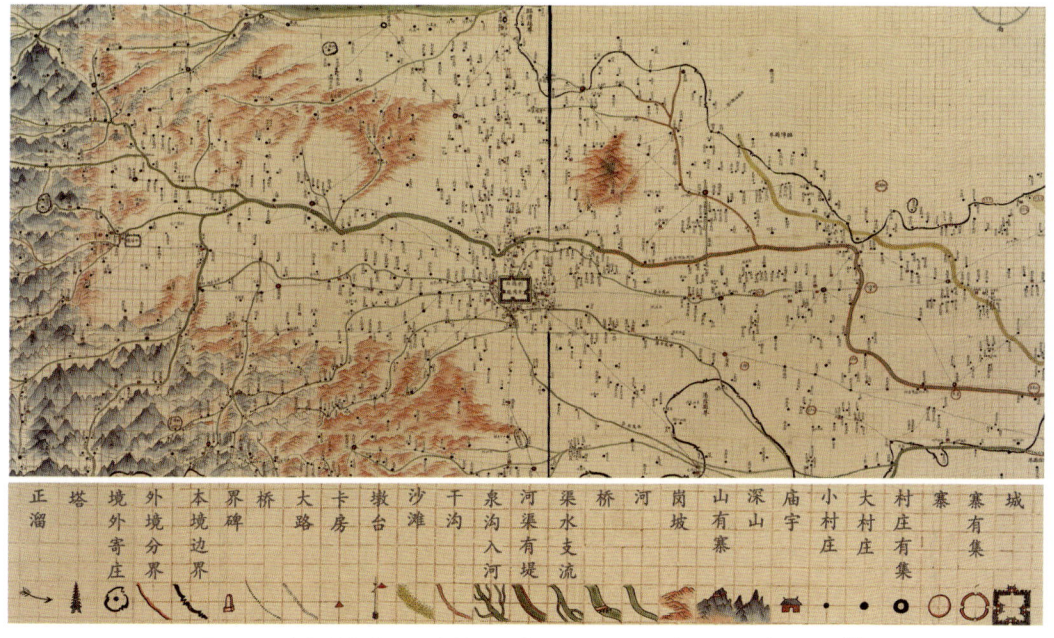

图2-4 清代晚期安阳县全境舆图［光绪二十八年（1902年）古本］[1]

---

[1] 图片来源：http://www.txlzp.com/ditu/2839.html.

防御及交通商贸等因素作为关联逻辑的形式"在场",代表了一种稳定的空间图式,蕴含着表层实体要素与深层关联秩序的统一。正是这种超越个体要素的关联秩序决定了城镇聚落景观的整体性与关联性,承载着一种独具地域文化特色的组合方式。因此,在城市形态学范畴内,将关联形态视为一种与本体形态相依存的聚落空间组织范型,构建一套城镇聚落空间整体分析方法,对认识当下历史要素、地段或城区等景观碎片的价值特色及其如何存在于整体的秩序关系中都有着重要意义。

1. 城镇聚落景观的要素构成

在物理环境层面,城镇聚落景观是由建筑、街巷等人工构筑物和山、水、树木等自然环境要素共同交织而成的关系艺术[1]。但从广义上讲,聚落景观的要素构成应是包括居住主体及相关的物质和非物质要素在内的一个整体,其中,物质要素又细分为环境要素、建构要素及空间要素[2]。根据两大国际保护文件[3],历史性城镇景观涵盖了城市自然与文化的层积空间及其区域背景环境,如山水环境与区域背景,以及社会、经济和文化等方面的无形要素[4];乡村景观遗产即变化着的"活态体系",包括乡村地区的物质遗产和非物质遗产,如聚落建成环境、交通线路、自然植被、农田水系等物理环境要素,以及相关的文化知识、传统习俗等非物质方面要素,还有与之有关的关系、场景与表达[5]。国内相关领域学者又进一步将乡村景观遗产的构成要素分为人(历史主体)、事(功能内容)、地(空间属性)及其对应的景观载体——物(物质与非物质载体),而物又可细分为表层的非固定景观要素、中层的半固定景观要素及里层的固定景观要素[6]。

综上所述,城镇聚落景观的要素构成以人居活动为主体,涵括了有形的物质要素和无形的非物质文化内容两大范畴,以及自然与人工要素两个类别,涉及场所节点、聚落整体、区域网络等多个空间层次。因此,本书将城镇聚落景观构成要素具体分为有形的物质环境要素和无形的非物质环境要素。其中,自然基底要素、人工建构要素与空间联系要素则是物质环境要素的三种主要类型;而非物质环境要素则多以物质环境要素无形的价值或内涵形式存在,并以特定的物质环境要素为载体,体现了人的主体性作用。其中,自然基底要素是人群活动

---

[1] 卡伦. 简明城镇景观设计 [M]. 王珏,译. 北京:中国建筑工业出版社,2009.
[2] 李晓峰,谭刚毅. 两湖民居 [M]. 北京:中国建筑工业出版社,2009.
[3]《关于历史性城镇景观的建议书》(2011)与《关于乡村景观遗产的准则》(2017)。
[4]UNESCO. Recommendation on the Historic Urban Landscape[S].2011.
[5]ICOMOS-IFLA. Principles Concerning Rural Landscape as Heritage[S].2017.
[6] 龙彬,张菁. 乡村景观遗产构成与演化机制研究——以渝东南传统村落为例 [J]. 新建筑,2020(04):128-133.

与城乡聚落景观赖以存在的基础，大到一座山脉、一条江河，小到一个土丘或一个池塘，它们既是城镇聚落景观的要素构成，也对聚落形态特征发挥着长时段的底部约束作用；人工建构要素则是城乡景观环境中人工营造的要素内容，体现了人居活动与自然环境的双向作用；而空间联系要素则是与商贸、交通、防御、防灾、文化游憩及产业生产等多方面的功能需求所对应的联系性载体要素。而非物质环境要素主要包括人们在长期的生活实践中所创造出来的制度、习俗与精神信仰等多个方面内容，影响着人们的日常生产、生活乃至聚落营建等活动。最终，将城镇聚落景观要素构成及其相互关系概略总结如表 2-2 所示。

表 2-2 城镇聚落景观要素构成关系一览表

要素类别	物质环境要素				非物质环境要素
	自然基底要素	人工建构要素	空间联系要素		
自然+文化 有形+无形 城池+市镇	山丘	大遗址	区域层面联系要素	古道驿站体系	古地名
	水网	城池聚落		运河古渡体系	方言
	湖泊	市镇聚落		区域军防体系	传统民俗
	岛屿	传统街区		堤渠水利体系	制度仪式
	林地	建筑群		中心市场体系	宗教信仰
	湿地	古墓葬		……	戏剧
	海洋	文物建筑	聚落层面联系要素	入口场所	舞蹈
	植被	风貌建筑		中心节点	传统技艺
	矿产	构筑物		街巷网格	老字号
	……	其他设施		山水要素	传统文学
		……		……	……
空间层次转换	场所节点	聚落整体	区域网络		—	—
"关联形态"是不同范畴、类型、层次要素差异共存的结构基础与意义系统					

表格来源：自绘。

2. 关联形态的空间组织特点

城镇聚落景观作为一种存在空间，其形态实际上包含了外显的要素本体形式和内隐的要素之间关联秩序两种范型[1]，二者共构形成聚落空间的有机统一体。其中，关联形态作为一种聚落空间组织范型，是在特定的关联域中对不同要素之间"逻辑关系"的空间表达，反映

---

[1] 许广通,何依,孙亮.历史文化名村的非整体性问题与整体应对逻辑——基于宁波地区规划实践的启示[J].建筑学报,2020(02):9-15.

了内在的、整体的、稳定的空间秩序，并在聚落景观的长时段结构化过程中，扮演着不同要素关联组合的整合框架与动态层积的稳定载体等角色。可以说，关联形态是城镇聚落景观的地域文化特色与形态基因的重要载体。因此，关联形态的"出场"，并非以本体形态的"退场"或"缺场"为前提，它是与"本体形态"互补共构的一种空间形态类型，二者同属于城市形态学的研究范畴，是互为存在、辩证统一的关系。

进一步比较本体形态与关联形态的异同关系来认识其空间组织特点，可以发现：本体形态以物质要素为焦点，关注的是要素自身的几何特征；而关联形态则是以多个要素聚合形成的整体为对象，更加关注要素之间的组构关系，二者本质上分别是"实体性思维"与"关系性思维"两种哲学传统的不同体现方式。其中，本体形态多呈现为个体的、表征的、自由多变的特征，其认识论更多地遵循西方文化传统与建筑遗产保护观，强调的是"原物"的整体与"原貌"的真实。相比之下，关联形态则更契合中国文化传统与聚落遗产保护观，强调要素之间稳固的联系秩序及相互作用，具有整体、内在、稳定等形态特点。其整体性价值中蕴含多元要素的差异性，真实性价值中包含要素演替的过程真实，相关研究也应以揭示和强化这种"关系"为重点。如中国古代"左青龙、右白虎、天门、地户"等关于聚落风水环境的表达，"宫城居中、前朝后市、左祖右社"等关于营城体系的规约，以及"上下冯村、新老八房、累世同堂、家国同构"等关于社会空间的表述，都体现出一种要素与关系"共同在场"的中国传统文化特点，蕴含着整体的空间观念与位序关系（表2-3）。

表2-3 聚落景观要素本体形态与关联形态异同比较

形态类别	本体形态	关联形态
内 涵	景观本体要素纯粹的几何特征	景观要素之间稳固的联系秩序
空间特点	个体的、表征的、封闭的、易变的、绝对的	整体的、内在的、开放的、稳定的、相对的
演化特点	单一建造与个体要素自由更替，空间演化之结果	持续建构与整体关系相互制约，空间演化之媒介与结果
完整性价值	要素原物的整体	蕴含要素差异的空间关系整体
真实性价值	要素原貌的真实	蕴含要素更替的演化过程真实
相互关系	二者不是"对立关系"，而是"互补关系"，同属于城市形态学的研究范畴	

（续表）

形态类别	本体形态	关联形态
空间图示	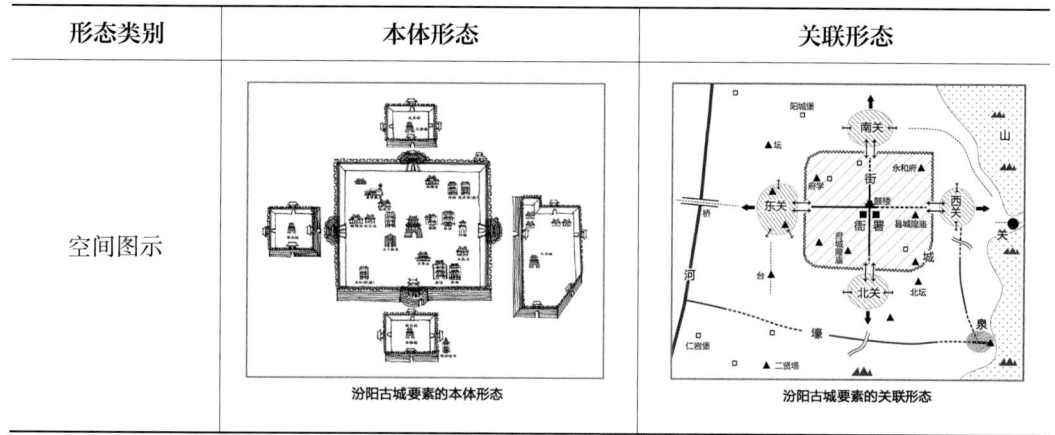汾阳古城要素的本体形态	汾阳古城要素的关联形态

表格来源：自绘。

如果将本体要素视为一座座孤岛，那么关联形态则是连接它们的信息交流与传递网络。因此，本体形态客观上无法全面反映聚落景观形态的整体特色与内在秩序。若对关联形态研究不足，势必造成一些重要信息的遮蔽与主观认识上的错位。例如，一些本体要素或空间场所可能价值平平，却是维护聚落整体秩序关系稳定、实现地方文化系统叙事的关键要素或载体，在当前的保护与发展语境中它们极可能被拆除或被破坏，从而导致聚落空间整体关系的割裂与历史文脉的断裂。总而言之，从建成环境到聚落景观，从本体形态到关联形态的认识转变，对聚落形态的整体价值挖掘与特色延续具有重要的现实意义。

3. 关联形态的空间尺度层级

关联形态不仅在同一尺度单元内的不同要素之间建立连接，也在不同尺度单元之间建立有机关联。从建筑、场所、聚落到区域，基于关联形态的空间组织作用，逐渐由小尺度单元紧密连接的建立转换到大尺度单元的建构，最终，在不同尺度单元之间逐步建立起关联性，并建构城镇聚落景观的整体连贯性。在此过程中，某一尺度的关联缺失或单元消失，不仅关乎其自身，也对整体系统的连贯性与稳定性产生威胁[1]，而大尺度单元形态的连贯性与稳定性，既是小尺度单元形态要素的存在基础，也为解读与理解后者提供了一个更为宏观的空间语境。

区域城镇聚落景观的关联形态，主要涉及两个典型的空间尺度层级：一个是区域整体层面，以历史城市与传统市镇为主导，连接其他要素形成的聚落"联合体"；另一个则是历史城市或传统市镇聚落个体层面，自然与建成环境要素相互融合形成的要素"聚合体"。首先，

---

[1] 萨林加罗斯. 城市结构原理[M]. 阳建强，程佳佳，刘凌，等译. 北京：中国建筑工业出版社，2011.

在区域尺度层级的城镇聚落联合体中，历史城池、传统市镇、港口、关隘、水陆交通、江河堤坝等自然与人工要素，在特定的地理单元中不是随意的叠合，而是基于一定秩序关系相互联结为一个整体并融入区域的体系建构当中。其次，在聚落层面的不同要素聚合体中，聚落及其外围地景是一个分析单元，需要进一步剖析景观要素与场所节点之间的组构方式及内外关系等。同时，历史城市与传统市镇等不同聚落类型也表征出不同的关联图式、要素构成和内在机制。如在历史城市聚落中，城池体系与地缘环境互动生长，城墙与护城河通常为最显著的景观符号，城内大街与城关老街彼此关联，各标志性公共建筑相互呼应、统领全局；而在传统商业市镇聚落景观中，老街店铺及水陆交通设施则成为代表性空间标识，也是聚落形态生长的基本依托与动力机制，老街、码头、驿亭、店铺、庙宇、古树、河湖水系等要素共同组成一个整体的空间秩序，作为聚落景观形态的关联锚定框架，并与外围区域功能网络相互衔接、适应（图2-5、图2-6）。总体而言，城镇聚落景观的整体秩序具有内外一体、区域关联的多尺度连接与转换特征。区域整体层面的关联与聚落个体层面的关联，只是根据研究需要选取的两个主要切面，二者在本质上也具有一定的相通性。同时，区域整体层面的关联对聚落个体层面的关联具有明显的约束与传导作用，而聚落个体层面的关联也会支撑与激发区域整体层面新的关联。

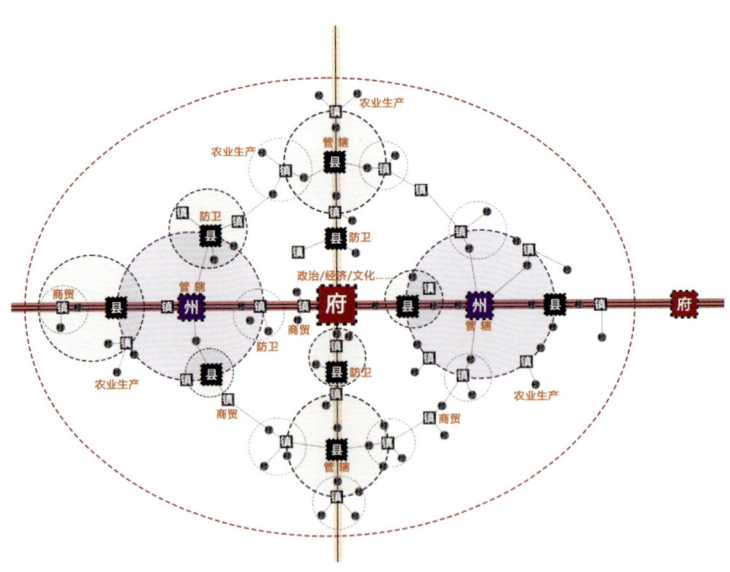

图2-5 区域整体层面聚落景观联合体的关联形态示意
（图片来源：自绘）

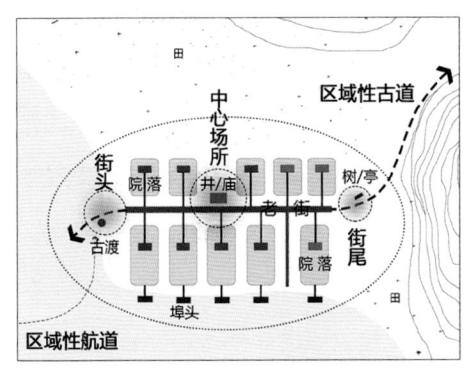
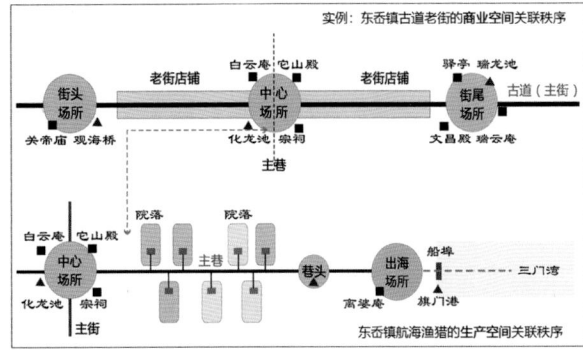

图 2-6 聚落个体层面要素集合体的关联形态示意
（图片来源：自绘）

综上所述，城镇聚落景观的整体形态既非各要素的简单聚集与堆叠，也非整齐划一的均匀排布，而是基于一个整体秩序框架，由各要素紧密联系形成的有机整体。关联形态便是聚落景观中不同要素相互关联组合的整体秩序框架，其作为一种聚落空间组织范型，在主导要素与附属要素、整体形态与局部要素、小尺度单元与大尺度单元等多元复杂关系中提供联系媒介。

第三节 作为一种空间分析方法的关联形态

上文在认识论层面对关联形态作为一种客观的空间形态类型进行了分析探讨，下文将进一步从方法论层面讨论关联形态作为一种解读聚落空间整体价值与演化规律方法的意义。针对现行聚落研究与保护实践普遍面临的现实问题，历史性城镇景观所倡导的"整体观、层积观与发展观"，将"关联-层积"作为纵横双向理解聚落景观价值的辩证过程，也为历史城镇的整体保护指明了方向[1]。在当前聚落保护研究的区域性与景观化转向背景下，从关联形态的空间整体性与历史连续性出发，将区域城镇聚落景观视为一个整体，依据关联形态固定的控制性要素，从横向关联组合与纵向关联层积两个维度构建关联形态的分析方法与理路，为揭示城镇聚落景观的内在秩序与结构化过程提供一条可行路径。

1. 横向分析：聚落景观关联组合的整体框架

从形态要素的横向组合关系来看，如果说城镇聚落空间是关联形态秩序化过程的"发生

---

[1] 杨昌新,许为一,李星鋆.基于关联与层累效应理论对福建塔下古村风貌整体保护方法的研究[J].建筑学报,2018(S1):99-104.

场",那么关联形态便是不同要素组织或区域社会空间化的"作用核",也是聚落空间不同尺度层级与不同时段进程之间衔接转换的重要媒介。因此,面对现状中多元要素并置且持续变化的城镇聚落景观,基于聚落形态中稳定的控制性要素,在聚落环境中凝练出关联形态的整体秩序关系与空间图式,是把握聚落形态整体性与复杂性,以及其他普通要素的重要途径。

纵观现代城市空间研究的几个经典理论,努力从中寻找并综合出聚落形态的关键性要素,进而在此基础上提出关联形态的空间认知体系。诺伯格·舒尔兹认为,空间要素"聚合"在一起进而"结构化"形成一个整体,其中,空间关系的基本组织原理与整体知觉图式主要依靠中心(场所)、方向(路线)与区域(领域)三个要素,它们分别基于近接关系、连续关系与闭合关系而建立形成,这三个要素的组合决定了总体的空间秩序和空间的内在意义[1]。萨林加罗斯在《城市结构原理》中认为,节点、连接与层级是构成城市空间网络的三个关键性要素,三者共同构成具有历史意义城镇空间的隐藏秩序,进而将各类分散的要素共同整合进一个整体的大系统中。此外,不同界线所形成的尺度单元通过层层嵌套构成的"层级",既是建立"连接"的重要条件,也是空间层级转换的重要方式[2]。特兰西克则认为,图底关系、连接关系与场所关系三大理论在相互联系中提供了一种综合的城市空间分析与设计策略[3][4]。此外,林奇提出的路径、边沿、区域、节点、标志城市意象五要素已成为专业的经典分析范式。还有国内相关学者综合了相关理论,将历史中心、轴街、标志与边界相互制约形成的空间图式,作为分析我国历史城市空间格局的经典要素。

综合上述城市整体空间秩序的经典分析要素可以发现,以中心、场所等为主体的标识要素,要素之间以道路、街巷等连续性元素为依托形成的连接秩序和以地形斑块、行政边界、文化单元等领域界线复合形成的空间界域,三者有序相连、相互依存、彼此制约,共同构成了空间的整体秩序框架。这一框架也是建立和定义聚落空间整体性与时间连续性的时空阵列,故将标识要素、连接秩序与空间界域作为聚落景观关联形态整体图式的控制性要素与空间认知体系(图2-7)。同时,如果将聚落景观视为一个语言学意义上的整体,那么标识要素、连接秩序与空间界域则分别构成理解该整体的重要语词、语法和语境,并回应了自然与人文、空间与社会、

---

[1] 舒尔兹.存在·空间·建筑[M].尹培桐,译.北京:中国建筑工业出版社,1990.
[2] 卡伦.简明城镇景观设计[M].王珏,译.北京:中国建筑工业出版社,2009.
[3] "图-底理论"提出通过虚实关系来研究某一空间区域的平面格局与肌理的视觉特征;"连接理论"强调基于不同要素之间的连接线构建一个联系系统,进而将空间要素置于这个系统中进行研究;"场所理论"则进一步融入了自然环境、历史、文化与人性化需求等维度的分析,三者理论相互联系赋予虚实空间以结构秩序、要素之间以联系并兼顾了人的因素与空间环境特质。
[4] 特兰西克.寻找失落空间:城市设计的理论[M].朱子瑜,张播,鹿勤,等译.北京:中国建筑工业出版社,2008.

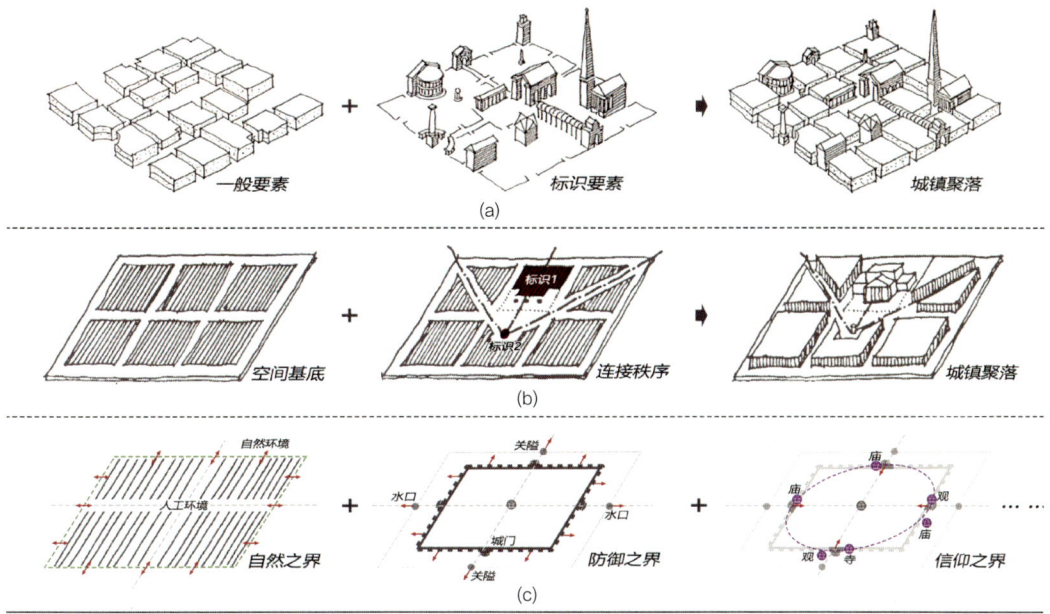

图 2-7 关联形态的空间认知体系图示
（a）标识要素；（b）连接秩序；（c）空间界域
[图片来源：图 2-7（a）、图 2-7（b）据参考文献[1]整理绘制，图 2-7（c）为自绘]

整体与局部等多重关系。下面便结合具体实际，对这三大控制性要素进行详细阐述。

首先是标识要素。它是关联形态分析的前提与切入点，包括重要的公共建筑、场所地标及其他有意义的空间场所，构成关联形态的稳定节点。例如，衙署、文庙、钟鼓楼、坛庙、寺观、会馆、书院、祠堂、驿站等公共建筑，水口、河口、关口、津渡、城门、街头巷尾等功能场所，以及牌楼、桥梁、埠头、古井等环境要素节点。这些标识要素以其他普通要素为空间底色，成为密集均质化聚落空间中的识别性意象，为聚落整体价值、结构过程、古今转译分析都提供了参照，体现了聚落的公共要素与非公共要素、主导要素与非主导要素、固定要素与非固定要素等多重维度的辩证统一。同时，这些标识要素不是孤立的点，即使再小，也是与其周围环境不断融合而形成的点集合，进而对其周围环境以及聚落整体环境演进都有着重要的锚定意义。因此，应将其视为一个整体来理解，这也让聚落形态特色的纵横比较以及历史层积分析有了抓手与媒介。此外，以这些标识要素为线索，我们甚至还可以厘清聚落空间表象下日常生活、水利社会与民间信仰等复杂交织的社会组织和文化系统[2]。

---

[1] 金广君.图解城市设计[M].北京：中国建筑工业出版社，2010.
[2] 赵世瑜.多元的标识，层累的结构——以太原晋祠及周边地区的寺庙为例[J].首都师范大学学报(社会科学版),2019(01):1-23.

其次是连接秩序。标识要素之间通过相互连接与作用，将聚落空间紧密联结为一个整体，并以街巷、古道、河流等连续性空间要素为载体，逐渐由小到大、由近及远、由零散到整体建立起连接秩序。不同要素之间的连接方式与组合逻辑则是把握关联形态的关键所在，如地理环境诱发的图底秩序、商贸流通塑造的点轴秩序、军事防御催生的圈层秩序等，不仅是区域社会与人居活动长期建构与互动的结果，也是聚落空间形态生长性、关联性与复杂性的重要体现，折射出地方社会"空间化—结构化—再结构化"的发展轨迹。此外，连接秩序并非简单的线性空间或视觉框架，而是与沿线社会活动共同组成的文化现象与连续生活场。显性的空间秩序中蕴含着隐性的生活秩序，二者共同控制着聚落空间的整体关系，体现了空间表象与内在社会、个体要素与整体形态关系的统一。

最后是空间界域。作为一个背景要素，空间界域使得标识要素与连接秩序作为"图形"得以呈现，是关联形态的形成基础。城镇聚落景观的空间界域具有两种表现形式：一类作为关联域，即作为特定尺度关联形态的基本分析单元，具有区分内外的完整性与独立性；另一类是在关联域内部作为形态构成的单元边界，多元并置、层层嵌套，具有层级性与结构性。不管是在关联域还是内部单元，其边界都不是一条简单的封闭实线，而是有着内外联系、渗透的空间领域和交融界面，并表征在不同尺度层面。此外，空间界域也有着不同的属性特征，例如，聚落人工环境与外围自然地景交会融合形成的自然之界，军事攻防体系构筑的防御之界，神灵庇佑形成的信仰之界，以及政治、商贸与宗族等权力所控制的领域之界等，还有可能叠加了不同属性特征的复合型界域，这些界域将地方人居活动限定在有限的范围内，进而引导城镇聚落空间有序生长。

总体而言，在特定的关联域中，标识要素、连接秩序与空间界域相互联系、彼此制约且不断层叠，共同构成聚落空间要素横向关联组合的整体框架，将多元、多时段要素联系为一个整体，并成为其差异共存的结构性载体。最终，关联形态的空间图式被标识要素所突出，由连接秩序相关联并被空间界域所限定，进而为特定要素形态分析提供了一个观全貌的整体参照体系。

2. 纵向分析：聚落景观关联层积的稳定载体

标识要素、连接秩序与空间界域共同构成的聚落空间的整体秩序框架，决定了要素在空间上不是随意聚集或堆砌的。同时，整体秩序框架的稳定性与连续性反过来也对具体要素的演替起到支配性作用，决定了要素在时间上也非自由地更替或简单叠加，而是有机、渐进、相互制约地进行关联演进过程。正如历史要素并非以一个同步的"时间区间"或"变化节奏"

向前演进，不同要素也都有着自身的发展周期、兴衰节律与文化意义[1]，而"关联形态"作为一种整体、稳定的秩序，同时也是一般空间要素关联演进、层积的稳定载体，不仅在零散的空间表象下建立起联系，也实现了传统、当下与未来之间的对话。

（1）聚落景观要素的演替周期

首先，聚落空间要素从其经久性或变化周期来看，又可以分为稳固型要素、半稳固型要素和非稳固型要素。如大山、大河等不会轻易改变的地理景观要素便是典型的稳固型要素；而区域交通、街巷网络等要素具有一定惰性，通常也不会轻易发生改变，则为半稳固型要素；但是，普通的单体构筑物在人们的日常生活中会频繁更替，成为非稳固型要素的代表。进一步，根据布罗代尔的时段理论，聚落景观是长时段稳固型要素、中时段半稳固型要素与短时段非稳固型要素相互交织达成的动态平衡[2]，其中，在稳固型要素对半稳固型要素或非稳固型要素的影响与支配中，三者有"延"有"续"，串联起聚落景观演进脉络的"连续性"与"时段性"。如山脉与江河等地理景观具有极强的稳定性，对聚落景观形态起着长时段的支配性作用；聚落中的街巷与场所节点具有较强的惰性，一旦成型也不会轻易改变，并对聚落景观形态起着中时段的控制性作用；而民居院落等一般要素则变化相对频繁，通常以十年为计量刻度，对形态变迁多表现为短时段的应激性特征。同时，要素的稳固性也关系到其在空间关联演进中的层积与整合作用。对聚落景观典型构成要素的稳定性及其层积整合作用进行比较，大致可以得出如下规律性认识：自然地理景观格局的稳定性依次大于区域功能网络与聚落内部秩序；整体性秩序比细节要素更为稳定；私有权属要素比公共权属要素更容易改变；深层结构的稳定性普遍强于表层要素；同一类型要素的稳定性随着微观到宏观空间尺度的转换而不断增强，同时稳定性越强的景观形态要素，通常表现出更为经久的空间整合与层积性作用，并对其他普通要素或边缘要素起着历史性约束作用（图2-8）。

（2）关联形态的"锚定-层积"作用

城镇聚落景观的空间建构离不开一些整体、稳固的载体要素，而通过这些要素的长周期变化及空间整合作用，人们才得以对短暂性要素进行判别并使之统一于整体之中[3]。同时，聚落空间通常不会轻易改变其整体秩序，而是通过一种持续不断的毛细血管式的"微改造"

---

[1] 施坚雅，新之. 中国历史的结构 [J]. 史林，1986(3):134-144.
[2] 行龙. 从社会史到区域社会史 [M]. 北京：人民出版社，2008.
[3] 朱渊. 现世的乌托邦："十次小组"城市建筑理论 [M]. 南京：东南大学出版社，2012.

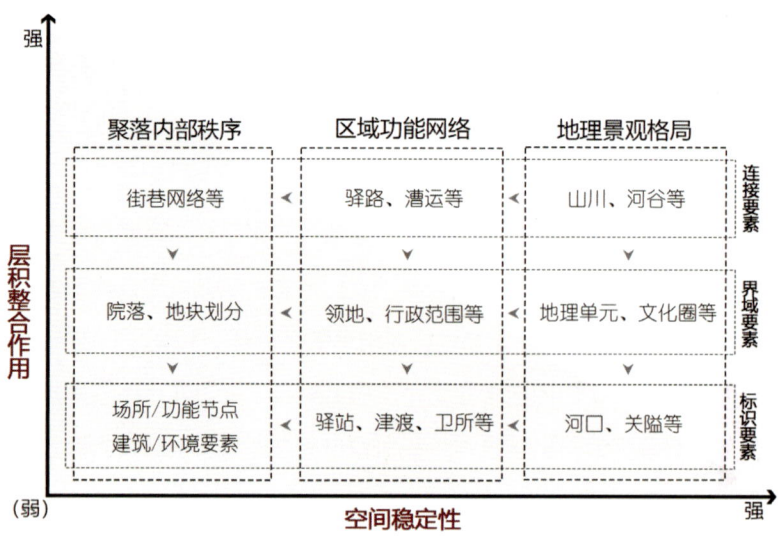

图 2-8 城镇聚落景观典型要素的稳定性与层积作用比较
（图片来源：自绘）

来维持活力，并对根本性改变有着很强的抵抗性，变化则多发生于分散的个体要素层面，且不会轻易超越整体的秩序逻辑[1]。换言之，关联形态及其控制要素具有较强的稳定性，它们共同锚定形成的整体秩序框架在聚落发展演进中也始终"在场"，并在日积月累中叠加了公共生活秩序与集体记忆，成为一种被不断继承与共同遵循的建造"原则"。因此，关联形态在个体要素关联演进的过程中，作为横向整体的空间拓展轴和纵向稳定的要素层积载体，长期发挥着"锚定-层积"的平衡作用，进而为今天理解聚落空间要素"变与不变"规律提供了时空坐标。

反观当前基于优质本体遗存的保护观，由于缺乏一种平衡的秩序与统一的媒介，在具体的实践过程中极易造成一种认识上的误区：新旧空间的对立与古今关系的断裂。一方面，在围绕历史建筑、文物保护单位或历史街区等碎片化遗存所划定的管控圈层，容易进一步加剧保护区、控制区与发展区在空间上的新旧分异；另一方面，这种线性时间观也将聚落空间要素归为古今相互割裂的不同"历史断面"，而非连续交织的历史进程。而关联形态基于"标识-连接-界域"的整体秩序框架，在横向关联锚定与纵向关联层积中建构了一个整体时空矩阵，可以将多元要素整合纳入统一的参照体系中进行考察、回溯与理解，对把握聚落形态变迁过

---

[1] 库德斯.城市结构与城市造型设计[M].秦洛峰，蔡永洁，魏薇，译.北京：中国建筑工业出版社,2007.

程"变"与"不变"的规律性特征与制定有针对性的保护策略都有着重要的现实指导意义。而从单一"线性时间"的古今对立到立体"结构时间"的古今接续，也有效弥补了本体形态时间观的不足（图 2-9）。

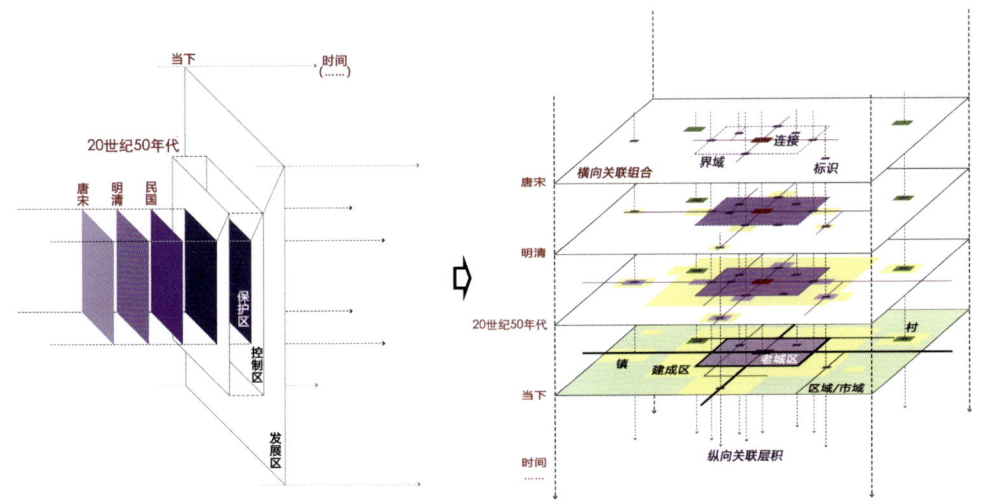

图 2-9 关联形态"锚定－层积"作用下聚落景观时空关系图示
（图片来源：自绘）

总而言之，关联形态为各种复杂矛盾关系提供了统一与平衡媒介，决定了个体要素的更替并非随意的个体自由行为，而是整合了形态的历史逻辑与整体特征。因此，关联形态是要素古今关系接续的稳定载体，进一步体现了历史的连续性。即使在今天历史关联机制衰退以后，聚落关联形态也不是一次性骤然解体，而是新旧要素关联转化的结果。所以，城镇聚落景观的有序发展，必须建立在对传统秩序充分理解的基础上，我们应努力发掘那些可以继承并流传的控制性要素，并赋予其当下的功能活力和存在价值。

第四节 作为一种空间重构逻辑的关联形态

在对关联形态作为一种聚落空间组织范型与分析方法讨论的基础上，本节将回到当下遗产保护语境，进一步分析其在区域聚落遗产整体保护与体系建构等维度的应用价值。今天，在自然与文化遗产的批判性重构中，物质性、关联性及多元对话是最为核心的三个议题[1]。

---

[1] 哈里森.文化和自然遗产：批判性思路[M].范佳翎,王思渝,莫嘉靖,等译.上海古籍出版社,2021.

而基于文物保护单位、历史建筑、历史街区等优质实体遗存的"被动式"保护与"分立式"管控方法，所涉及的主要是其物质性，此外，既无法充分揭示聚落景观遗产的价值特色，也无法有效应对区域城镇聚落普遍面临的历史资源零散化、历史环境碎片化与历史结构模糊化等现实问题。

历史性城镇景观所倡导的整体观、层积观与发展观等理念，为理解城镇聚落遗产价值特色和制定整体保护策略都指明了方向[1]。而关联形态基于横向关联锚定与纵向关联层积的分析理路，以认识聚落景观要素之间的内在联系为出发点，以揭示景观关联形态的整体图式与要素层积规律为着力点，以城镇聚落遗产的整体保护与体系构建为落脚点，旨在将相关问题的讨论从过去的实体要素导向现在的要素"联系秩序"，这对当前各级历史文化保护传承体系的构建都有着重要的理论探索意义。

1. 关联形态之于聚落整体保护的多重意义

在聚落的整体保护中，古今关系、整体关系与表里关系等多重矛盾关系的协调是必须直面的现实问题，然而，这些关系并不是非黑即白、不可调和的矛盾对立。关联形态作为一种整体锚定框架与动态层积载体，是人们感知地方文化特色积淀的时空坐标，在由此及彼的纵横联系中被赋予了重要的历史意义、整体意义与文化意义，并为多元矛盾关系的平衡提供了一个差异共融的意义系统。因此，关联形态是理解城镇聚落复杂关系的有效途径，也是未来聚落遗产体系构建的整体逻辑与重要参照维度。

（1）关联形态的历史意义："过去－现在－未来"的古今接续

城镇聚落景观是一个持续演进的有机体，是兼具历史厚度与温度感的生活场，而非封闭于某一历史断面的空间标本。然而，在当前的聚落保护实践中普遍存在新旧要素分异与古今关系割裂等矛盾对立问题，如历史街区内的大拆大建随处可见，或者为了旅游开发，相关部门动辄就要还原一条百年老街、重现一个千年古城，拆真建假的同时也造成了时间的扁平化。

纵观荆襄历史廊道内各城镇聚落空间的演变历程，尽管个体空间要素反复发生更替，关联形态的控制性要素却普遍维持着自身的稳定性，整体秩序关系一直延续至今，记录着城市上千年的变化轨迹与历史记忆，叠加了聚落空间的连续性、多样性与复杂性。可以说，关联形态是历史层累的结果，其作为聚落空间动态层积的结构性载体，对个体空间要素的演替起

---

[1] 杨昌新，许为一，李星鋆. 基于关联与层累效应理论对福建塔下古村风貌整体保护方法的研究[J]. 建筑学报，2018(S1):99-104.

着长时段的支配性作用，也使得今天的城镇聚落环境多呈现出历史秩序与新旧建筑相耦合的"表里"特征，使得历史空间关系在现代建成环境中依然有迹可循并有着重要的历史意义与保护价值。换言之，关联形态在聚落空间中的"在场性"与支配性作用，串联起过去、现在与未来的连续性，也为新旧要素的共生、古今关系的接续提供了统一媒介。同时，聚落空间的真实性不再是其初始状态或某个时间切面，而是蕴含历史逻辑的过程真实性，而有意义的要素更替也应充分尊重既有秩序的形式特征，延续历史的连续性。

（2）关联形态的整体意义："区域－聚落－要素"的关联转换

整体性是聚落遗产保护研究中的另一核心问题，而聚落空间的整体价值特色则主要源自各要素不断聚合的组织方式及彼此关联的秩序关系，且无法通过简单的模仿与复制获得。同时，个体要素也需要借助其他要素与整体形态进行关联，以获得存在的意义，我们不能离开整体秩序关系去孤立地理解个体要素的价值特色[1]。然而，在荆襄地区城镇聚落的建成环境中，普遍存在两个倾向：一方面，在现代环境中忽视整体关系而过度追求建筑要素的标新立异，造成整体秩序的破坏；另一方面，在历史环境中忽视个体要素的丰富性与复杂性，刻意追求全局风貌的整齐划一，导致空间特色的平庸。此外，当今过度重视实体遗存的保护方法，在一定意义上也以轻视空间关系为前提，听任历史遗存赖以生存的背景环境及其相互关系不断割裂并支离破碎。

关联形态作为对各本体要素之间的组合关系与价值特色的整体凝练，不仅在自然、文化或新旧等不同景观要素之间建立起关联框架，在区域、聚落与要素等不同尺度层级之间同样搭建了转换媒介，体现了新旧关系、整体关系与层级关系之间的张力与平衡。基于关联形态的整体意义，不同类型、层级的要素关联耦合于一个整体"稳态"之中，个体要素被整体形态吸纳并有序落位，必然承载了整体秩序的形式逻辑；而整体形态的统一与价值体现，也以保留个体要素的自身特质与不可替代性为前提，在整体的秩序框架中，每个要素虽关联统一，却能有效表达自身个性特征，同时，失去要素的整体也可能丧失生动的叙事载体与线索。因此，关联形态的整体意义为不同尺度层级与类型要素之间的平衡建构提供了整体框架，这种整体与部分、部分与部分之间的张力关系，借用费孝通先生的话便是，在要素个体层面实现"各"美其美，而在整体关联形态层面达到美美与"共"的效果。

---

[1] 卡莫纳, 蒂斯迪尔, 希斯, 等. 公共空间与城市空间——城市设计维度 [M]. 马航, 张昌娟, 刘堃, 等译. 北京：中国建筑工业出版社, 2015.

(3) 关联形态的文化意义："社会 - 空间 - 文化"的表里统一

在城镇聚落空间中，关联形态控制要素之间的组构方式，固定了空间"意义"的组合方式，并在一次次的营建活动中被遵循与强化。同时，关联形态并非纯粹的物质空间关系，相互联系的秩序由区域社会关系与人居活动支撑其存在价值与文化意义，它是超越个体要素的"关系"艺术[1]，在稳定的结构中留存了集体记忆并在静态的形式中激发动态的情感体验。换言之，空间秩序也因叠加了地方生活格局、历史记忆、空间意象、情感归属、心理路径与文化认同等内容而具有文化意义，蕴含着社会实践、空间形态与文化内涵的阶段性转化过程，以及表层现象与深层秩序的统一。

此外，城镇聚落的空间认知体验与文化叙事不是基于某一特定要素的"片面解读"，而是将其嵌入整体的关联系统中、基于某种认知维度与经验结构形成的连续性体悟，关联形态便是这种"观全貌"的叙事线索与时空参照系。例如，在今天新旧交织的城镇遗产环境中，一段城墙遗存作为过去城池防御体系的重要组成部分，不仅是城址边界的重要历史见证，也是地方权力在空间上的投射与百姓的精神庇佑，代表着一种军事与政治文化符号；一条老街不仅是地方商品交易的场所，也是区域商贸网络穿街而过的历史缩影，见证了某种商贸文化的繁荣并承载了乡土社会的集体记忆。因此，关联形态作为有机的秩序框架，既连接了实体要素，又超越了物质现象，还包含了聚落形态的文化价值、意义及其符号性。它不仅承载了一段可感知的历史，也折射出过去丰富的生活图景。基于关联形态的文化意义从空间现象走向社会本质，对延续聚落景观的地域特色与形态基因、制定精准的活态保护策略以及避免聚落的同质化与模糊化发展都具有重要的作用。

2. 从"分立管控"到"关联重构"的保护拓展

城镇聚落遗产要素的内在价值与文化特色需要在整体的空间系统与关联的功能语境中进行把握。同时，面对日益零散的遗产环境，也需要在整体的意义系统中通过适应性更新与补充来揭示遗产环境的关联秩序，再现历史标识的空间意象，进而实现聚落文化的整体叙事。但当前荆襄地区的保护研究与实践，基本还是承袭了文物保护的防御式管控方法，围绕重点文物、历史建筑与历史街区等实体遗存划定一个个梯度管控圈层，一定意义上反映了当下将"物质与非物质""名录与非名录""新与旧"等多重辩证关系"二分"的普遍做法，本质上是在现代建成环境中对零散的历史碎片进行分立的孤岛式管控。这种措施对单体要素的保护有

---

[1] 卡伦. 简明城镇景观设计 [M]. 王珏，译. 北京：中国建筑工业出版社，2009.

着重要意义，但对聚落的整体保护尤其是那些非整体型聚落的保护有着明显的局限性，并会进一步加剧要素与整体分异、历史与当下脱节、表象与意义割裂等问题。因此，在新时期"时间全贯通、空间全覆盖、要素全囊括"的遗产保护理念指引下，亟须从名城、名镇的重点保护走向历史城镇的全面保护，从被动的"分立管控"转向主动的"关联重构"，不仅要关注本体形态的"形式"保存，也应重视关联形态的"秩序"存续，基于关联形态探寻一种适应聚落内在特征与新的发展需求的保护方法（图 2-10）。

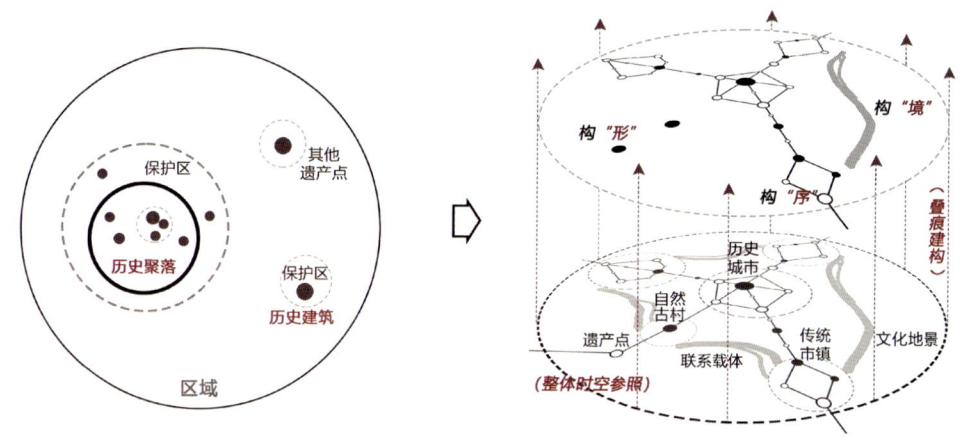

图 2-10 从"分立管控"到"关联重构"的聚落保护图示
（图片来源：自绘）

结合城镇聚落遗产的具体实际，可基于关联形态的多重建构意义，将聚落空间变化与要素介入都统一"锚定"在关联形态的整体秩序中，在延续历史秩序关系稳定性、连续性的同时，进一步在适应发展需求中引导更新建设弥合遗产环境的时空整体性，进而有效化解保护与发展等二元关系的矛盾和冲突。首先，在保护视野上，应该跳出传统的法定保护对象，在更广阔的区域背景与地理环境中重新审视城镇历史环境的整体保护，并基于关联形态的历史价值，通过自上而下的摸底方式，对城镇聚落景观遗存价值进行一次全面的评估，完善保护对象及其信息库建设，真正做到应保尽保。其次，以历史文化保护为导向，遵循关联形态的秩序关系，对历史遗存及相关潜在资源进行关联重构，如通过要素介入等手段进行标识构"形"，通过结构干预等手段进行连接构"序"，通过景观修复等手段进行界域构"境"，综合采用这些保护性建构策略，基于关联形态进行叠"痕"修复，重塑聚落历史秩序的整体性与关联性，使得城镇的文化叙事与历史积淀在整体的空间系统中得以体验。进而，以发展利用为导向，把历史资源作为提升城镇环境品质与驱动城市转型发展的文化资本，结合优势发展引擎与整体发展需求，将历史环境秩序进一步融合到现代城市发展框架中，形成新旧关联、相生的空间秩序。最终，在发展语境中为历史环境保护创造更为主动的保护条件，在关联形态的整体秩序中以传统的现代表达方式弥合新旧空间与古今关系的断裂感，作为本体式保护方式的一种重要拓展。

　　本章借鉴文化地理学、区域社会史与结构人类学等学科的关联思想与理论启示，将城镇聚落景观保护的讨论从过去的实体要素转到现代的要素联系秩序上，将聚落的历史建成环境与外围地景及其所处的区域文化网络视为一个有机整体。从空间对象、分析方法与实践应用三个层面，构建了区域聚落景观关联形态的理论解析框架，为分析聚落景观形态的整体特征、内在成因与文化意义进而制定科学的保护策略提供总体指导。首先，从地理环境、社会形态与历史事件三个维度揭示城镇聚落景观的关联机理。其次，将关联形态作为一种空间组织范型与客观对象，分析其与本体形态的互补关系。再次，基于"标识要素-连接秩序-空间界域"的关联形态空间认知体系，将关联形态作为聚落空间要素横向关联组合的整体框架和纵向关联演进的层积载体，用以认识区域聚落景观的整体价值特色与"变与不变"的空间演进规律，这构成了两条纵横分析理路。最后，基于关联形态的重构意义，探索一种从"分立管控"到"关联重构"的城镇聚落遗产保护性建构策略。例如将自然空间、文化空间及其他潜在空间进行统筹，并通过标识构"形"、连接构"序"与界域构"境"等叠痕重构策略重塑整体形态关系，以弥合历史断裂感，强化区域整体性与传承地域文化特色，进而把保护与发展纳入统一的框架中进行平衡，实现地区的可持续发展。构建这一理论解析框架，旨在为荆襄历史廊道地区城镇聚落景观的具体研究提供总体指导，也为其他区域城镇聚落分析提供理论参照与方法借鉴（图2-11）。

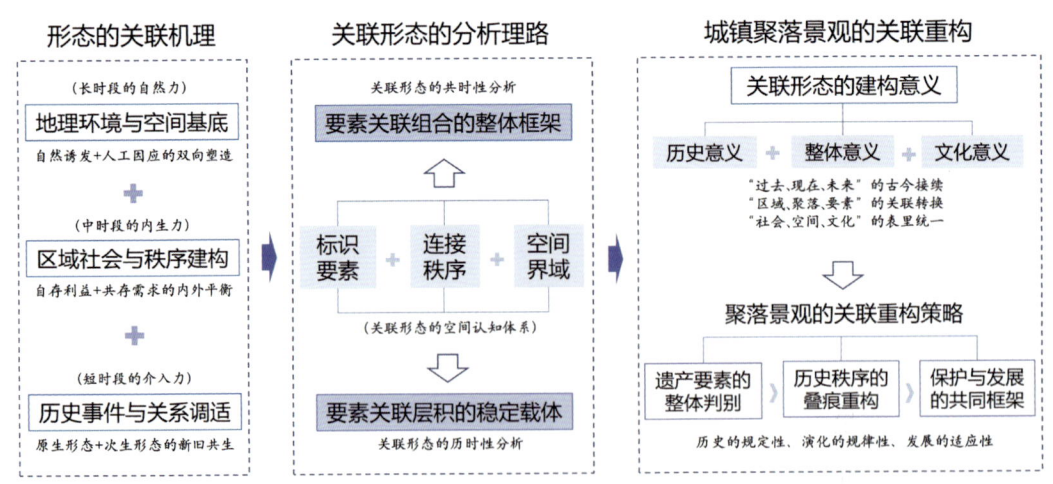

图2-11　区域城镇聚落景观关联形态的解析框架
（图片来源：自绘）

第三章
地缘环境塑造的荆襄历史廊道城镇聚落关联形态

地缘环境是以地理环境为基础，兼具区域政治、经济与文化等多个维度特点的综合概念，强调一个地区背景环境的独特价值。不同于广大乡村聚落封闭独立与自成一体的特征，城镇聚落高度依赖外部腹地来支撑其运行，同其周边聚落、功能设施及区域地缘环境紧密联合为一个有机整体，并在相互依存与长期互动中形成了空间连接秩序，成为区域聚落联合体关联形态在区域层面的具体表征。这种整体秩序反映了历史城市与传统市镇之间内外一体、区域关联的形态特征。荆襄历史廊道自楚国定都荆州纪南城以来，便长期作为一条重要的南北战略通道而与国家命运紧紧地捆绑在一起，以居国家之"中"、得（长）江汉（水）交汇之"水"利为其区域环境最为显著的优势，综合反映在地理景观格局、军事防御格局与商贸流通格局等多个方面，进而投射于城镇聚落景观形态上，各聚落在地缘上相接相通，经济上交织协作，空间上彼此关联，文化上相似相融，共同形成了联系紧密且类型丰富的聚落景观关联有机体。因而，荆襄历史廊道的区域地缘环境是塑造城镇聚落关联形态特色的重要动因，也为其秩序分析提供了史地维度。本章综合历史文献、地图、访谈与田野考察等多种方式，回到历史关联语境的整体联系中，从多个维度解析荆襄历史廊道城镇聚落的区域联系特征。

第一节 自然地理与城镇聚落的"图-底"关联

区域自然环境为人类地表活动与历史发展提供了载体与"舞台"，影响着地区社会、经济与文化等方方面面[1]，而山川、平原、江河、湖泊等自然地理要素，则从多个尺度层级构

---

[1] 陈芳惠. 历史地理学[M]. 台湾：大中国图书公司，1966.

成了结构性的人类活动空间，具有长时段的约束性作用[1]。换言之，区域自然地理格局作为一个稳定的结构框架，是塑造地区城乡景观遗产形态的一个支配性因素，深刻影响着城镇聚落"占据-连接"的过程与方式，也是各聚落景观要素关联的自然逻辑。

1. 两山通廊、段落分异的自然地理环境

从区域自然地理大形势来看，鄂西山地、鄂东北丘陵、鄂东南丘陵及长江共同围合成较为平坦的地表形态，而大洪山居中靠北隆起，在南襄盆地与长江中下游平原之间形成"八"字形敞开的两条自然通廊。同时它又似一座"环岛"，在武汉、荆州、襄阳三座战略性城市之间形成首尾相连的"内环线"，这也基本构成了湖北荆楚大地在历史长河中的政治、经济、文化等多重维度的核心区。荆襄历史廊道便是其中连接荆州与襄阳两座城池极为重要的一环，廊道西侧以武当山、大巴山、荆山与巫山等鄂西主要山系为自然屏障，东侧则以大洪山为界与"随枣走廊"相隔，北起秦岭与大别山脉的缺口，南抵长江之滨，连接江汉平原与南襄盆地两大地理单元，沟通河南、湖北与湖南三个省份，途经襄阳、荆门、荆州三座主要地市。汉江与沮漳河等长江主要支流相伴而流于其间，其他支流水系也基本可分为直接汇入长江型、直接汇入汉江型与沟通江汉型三种，并最终都汇入长江主河道，形成一个非对称式"向心状"水系格局[2]。整体上，荆襄历史廊道呈现为两端开阔、中间收紧、南北贯通的"哑铃形"通廊结构特征，奠定了区域城镇聚落空间整体连通、交通交织成网、经济有机互补、文化相近包容的地理基础。进一步从廊道内部来看，根据地表形态、水系河道及其变迁特点，又可细分为南、北、中三段，三段首尾相连，但表现出各自的地理基因与稳定性，段落特征在整体的静态分异中蕴含着动态变化。这也成为认识廊道战略地位、商贸条件、城镇景观形态特色与要素关联的自然地理线索（图3-1）。

进一步从廊道的段落特征来看，以襄（阳）樊（城）古城为中心的北侧段落为南襄盆地边缘的襄宜平原片，地势相对平坦。秦岭与大别山两大山脉连绵带上的过渡性缺口，汉江中游河段，群山对峙向北侧主体盆地开敞的态势，可谓在盆地的"大围合"之势中又形成了"小围合"格局。此外，唐白河、小清河、滚河、淳河、檀溪等汉江支流水系发达，分别从四周汇入汉江主河道，形成由众多河口共同构成、以唐白河水口为中心的江湾水系特点，汉江中游本为游荡型河道，加之急转弯与众支流的冲刷，也使得这一段河道在相对稳定的同时，河

---

[1] 邓巍. 明清时期山西古村镇形态特色解析[M]. 武汉：华中科技大学出版社，2019.
[2] 舒联节，胡金城. 湖北航运史[M]. 北京：人民交通出版社，1995.

盆地边缘
"大水口"聚"小水口"

丘陵岗地
"大关口"锁"小关口"

平原湖乡
"大湖群"嵌"小湖群"

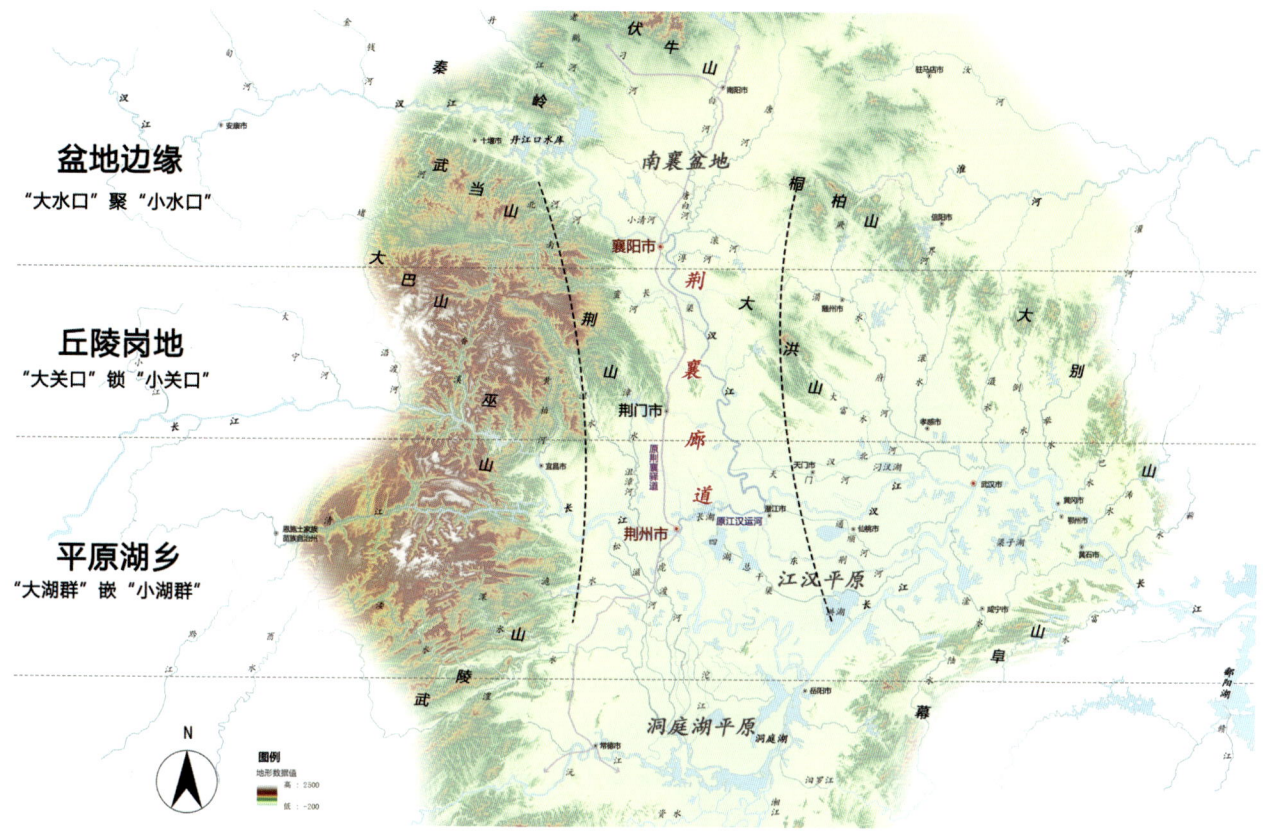

图 3-1 两山通廊、段落分异的廊道自然地理格局
（图片来源：笔者根据 DEM 高程数据绘制）

岸反复迁移。因此，"多圈层包围、向心型水系、大水口聚小水口"成为廊道北段自然地理格局的整体特点。

以荆门、钟祥古城为主体的中间段落，位于荆山余脉与江汉平原的交会地带，低丘岗地隆起，在荆山与大洪山直接对峙的"大关口"之间，各丘陵岗地又进一步形成若干个"小关口"，可谓山川谷口与雄关险隘众多，如荆门古城南侧的虎牙关、西北侧的马牙关与北侧的乐乡关。同时，从水网格局来看，中段地区为汉江中游游荡型河道向下游漫流型河道过渡的区域，河道变化开始活跃，筑堤理水成为抵御水灾必不可少的行为[1]。这里也是汉江支流与长江支流分野之处，且支流水系较为稀疏、短促。因此，"荆山余脉、低丘岗地、多重关口、支流短促"的特点是廊道中段自然地理格局的整体概貌。

---

[1] 鲁西奇，潘晟. 汉水中下游河道变迁与堤防 [M]. 武汉：武汉大学出版社，2004.

而以荆州古城为核心的南段部分，因地处湖北平原湖区的核心区及长江、汉江的交汇地带，自然地理环境深深地烙下水的印记。一方面，在云梦古泽漫长的淤浅、迁移、分割和解体过程中，形成了今天以长湖、洪湖为代表的"江汉湖群"，大小湖泊星罗棋布[1]；另一方面，在长江、汉江经历"漫流""三角洲分流""河道稳定"的三个长时段演变过程中[2]，荆江与汉江两个内陆三角洲不断淤积、拓展连为一体，形成今天的江汉平原与曲折交错的水网河道。因此，长时段的水环境变迁与短时段的水位枯盈，是地区自然地理格局不稳定的重要因素。如早期的漫流期或后期的盈水期，呈现"大湖群"嵌"小湖群"、子湖连着母湖、水漫似海的景象；而后期河道日渐稳定或在枯水期时，则又是一番水涸成陆变良田的景象，加之围湖造田、沿河筑堤设闸等人类活动，加速湖泊群进一步解体，数量与规模随之缩减，地表环境形态也进一步固化。在反复的自然适应过程中，形成了独具特色的"围垸"景观。故"平原沃野、湖群遍布、反复变化与围垸景观"是廊道南段自然地理格局的典型特征，城乡聚落景观特色与兴衰也普遍携带着这种地理基因（表3-1）。

表 3-1　荆襄历史廊道自然地理环境段落分异特点比较

廊道组成	北侧襄阳段	中间荆门段	南侧荆州段
地表形态	襄宜平原+山地+河岸	荆山余脉+丘陵+谷地	江汉平原+岗地+湖群
主要干流	汉江中游流荡段	汉江中下游过渡段	汉江下游、长江中游漫流段
支流特点	向心汇集、直接入汉	稀疏短促、分入江汉	河湖交织、连通江汉
典型特征	大水口聚小水口	大关口锁小关口	大湖群嵌小湖群
景观稳定性	较稳定	稳定	较活跃
防御优势	多重围合	多重对峙	多重水险
人居活动	沿河筑堤	沿河筑堤	围湖造田
聚落特征	城池+水口重镇+戍堡	城池+关口重镇+山寨	城池+堤市+围垸
整体关系	"哑铃状"廊道形态——荆襄互为唇齿、空间贯通、道路成网、经济互补、文化相似		

表格来源：自绘。

总而言之，大洪山与鄂西山脉之间南北贯通的廊道地理格局及自然分异的段落特征，直接影响着地区城镇聚落选址、职能及形态等多个方面，一个个关口、水口与湖群是城池与市镇择址的重要逻辑，"江-汉-沮-漳"等主干水网也是城镇聚落景观联系拓展的基本骨架。

2. "图-底"群落关联的城镇聚落景观

区域自然地理景观是城镇聚落长时段"缘地"生长的基底逻辑与文化层积的历史原点，

---

[1]《湖北省湖泊志》编纂委员会. 湖北省湖泊志[M]. 武汉：湖北科学技术出版社，2014.
[2] 舒联节，胡金城. 湖北航运史[M]. 北京：人民交通出版社，1995.

在自然地理环境诱发与人居活动因应的双重作用下，城镇聚落景观与自然基底形成了相互适应的形态标识。基于这种人地关系的"图-底"耦合关系，荆襄历史廊道的城镇聚落景观同样整合了上述段落分异的地理特质，呈现出特征分异的区块状城镇关联群落，而一个个区块也是廊道下一层次隐性的空间界域。其中，北段"大水口聚小水口"的襄宜平原，平地浚壕筑堡形成了以"城池+水口重镇+戍堡"为特色标识的城镇聚落景观群落，在今天襄阳的城郊地区，很多聚落或地名还沿用"堡"的称谓［图3-2（a）］。中段"大关口锁小关口"的丘陵岗地，高地扼险结寨形成了以"城池+关口重镇+山寨"为特色标识的城镇聚落景观群落，

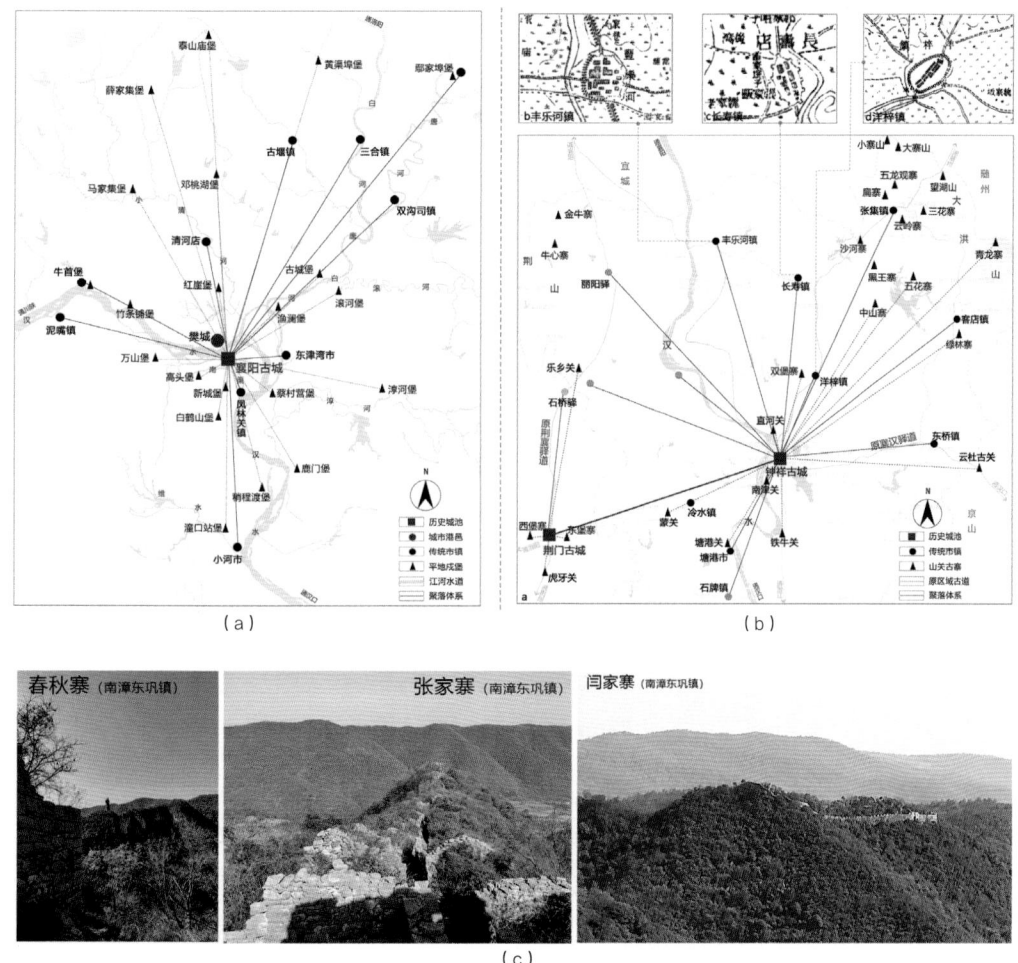

图3-2 荆襄历史廊道北段与中段城镇景观群落特征图示[1]
（a）北段襄宜平原——"城池+水口重镇+戍堡"群落；（b）中段丘陵岗地——"城池+关口重镇+山寨"群落；（c）荆山山寨聚落景观实景

---

[1] 中央研究院-地图数位典藏整合查询系统（https://map.rchss.sinica.edu.tw/）。

荆门、钟祥古城周围设有重关把守，西侧荆山与东侧大洪山今天还保留了密集的山寨聚落景观遗址，例如著名的军寨春秋寨、卧牛寨、张家寨等，以及民寨闫家寨等[图3-2(b)、图3-2(c)]。南段平原湖区"大湖群嵌小湖群"，泽地围湖筑堤造田又形成了以"城池+堤市+围垸"为特色标识的城镇聚落景观群落，而多数围垸今天依然以行政单元的形式存在（图3-3）。

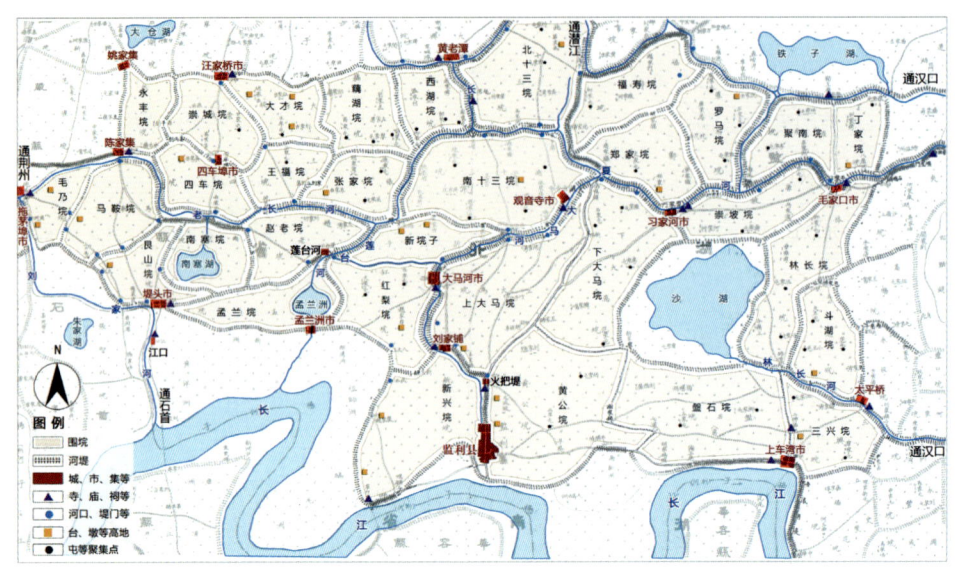

图3-3　廊道南段平原湖区"堤－垸"型城镇关联群落特征图示

进一步以廊道南段为例，分析城镇聚落景观关联群落的形成机制与关联秩序。作为云梦古泽的前身，江汉平原湖区历史上大小湖泊众多，同时，地处长江、汉水交汇地带，过去也饱受洪水侵袭。为了避免自然水患，人们会选择地势较高的天然岗地或残丘作为稳定的居住地，但随着人口的增加与开发的深入，民众便不得不依靠家族等集体组织，进行人工堆"墩"筑"台"、修"堤"围"垸"[1]，形成一个个相对安全的独立生产生活单元，房屋或建于台墩之上或沿堤展布，在与水争地、泽地变耕田的地方开发过程中，形成了与区域地理环境相适应的独特"堤－垸"型人居景观模式。为了降低治理与维护成本，单个小垸又通过"合堤并垸、协同防御"逐步组合形成大型复合垸，进而作为行政单元被纳入官方管理体系逐渐固定下来。可以说，今天的"垸"多为一种"复相"，其存在过程是一个动态建构的过程，既是地理演变与重塑的结果，又是社会关系结构化与再结构化的产物[2]。

---

[1] 鲁西奇,韩轲轲.散村的形成及其演变——以江汉平原腹地的乡村聚落形态及其演变为中心[J].中国历史地理论丛,2011,26(04):77-91+104.
[2] 吕兴邦.垸的生成——以清至民国时期的湖北省松滋县为例[J].西华师范大学学报(哲学社会科学版),2019(04):38-44.

如果说围垸开垦的耕地是农副产品的生产单元，那么河道及堤埂则是垸与垸之间及其与外界联系的纽带和水陆运输通道，依堤生长的市镇成为商品交换与垸间沟通联系的重要场所媒介，围垸与堤市互补相生，共同成为城镇聚落景观关联体系的标识性要素。以荆州监利市为典型区块，有冠以姓氏的家族垸，如张家垸、郑家垸、丁家垸等；有冠以河流与湖泊名称的复合垸，如南塞垸、藕湖垸、上大马垸、下大马垸、林长垸、斗湖垸等；也有寄予美好愿景的复合垸，如永丰垸、福寿垸等。垸内台、墩、屯等居所多沿堤分布于周围，并在适当的位置设置联系内外的垸门，这些要素成为垸的基本构成单元。通顺河、东荆河、长夏河、大马河、程家河、刘家河、林长河、白鹭湖、沙湖等纵横交错的河湖水系，承载着沟通荆州与汉口、监利与潜江、长江与汉水等的区域性交通运输功能。外围长江、汉水沿线的官堤与内部普通民堤进一步稳固了这种地理基础，众水系连同其河堤也成为各垸之间的重要连通通道。河道汇流口与水陆交会点等交通便利之处则为商业活动聚集提供了条件，拖茅埠市、陈（程）家集市、堤头市、观音寺市、大马河市、毛家口市等众多市镇顺堤生长，沿堤列肆，形成一条或多条商业堤街，并通过水系与河堤实现区域关联。祠堂、庙宇等公共性祭祀建筑通常也依附河堤分布于街头或街心，因此，河道码头、堤街市镇、祠堂庙宇、桥梁等垸间公共标识，在另一个维度构成了与垸高度互补的功能体系，成为地区城镇聚落景观形态的典型特征。在这种堤、垸共同塑造的关联群落中，城池、堤市、台、墩便是"标识要素"，水道与河堤是交错的"连接秩序"，围垸便是一个个"空间界域"，它们共同构成城镇聚落景观的关联锚定框架与关联层积载体，成为把握特定聚落或场所要素的价值特色和内在逻辑。

第二节 军事防御与城镇聚落的"极－域"关联

军事防御与商贸流通是城镇聚落的两大基本职能，同时，聚落个体无法脱离外部环境而独善其身，这也是在不同尺度层面形成聚落内在联系的主导动力与逻辑。从湖北省乃至全国更广的时空关联视野分析，荆襄历史廊道鼎足于（长）江汉（水）之间，连接着长江与黄河两大流域文明，拥有得天独厚的地理区位，为控扼南北、承东启西的中枢要地，为历代君王将相、商贾名流所倚重，号称"九省通衢、四战之地"。独特的自然地理环境、发达的水陆交通网络与广阔的江汉经济腹地，共同奠定了荆襄历史廊道的军事战略地位。因此，长期作为营城要地，廊道内部分别以襄阳、荆州、荆门等历史城池为中心，以外围军事重镇与关隘堡寨为拱卫，形成了多圈层联防体系，成为今天认识城镇聚落与区域节点之间内在联系秩序的军事防御维度线索。

1. 居中联卫、天然围合的军事防御环境

荆襄历史廊道地区的"居中"区位，赋予其北望中原、西控巴蜀、南瞰粤湘、东屏江淮的独特战略地位，而"得水"优势又提供了富庶的经济腹地，可耕可守、可进可退。正如清代地理学家顾祖禹在《读史方舆纪要》中写道："湖广之形胜[1]，在武昌乎？在襄阳乎？抑在荆州乎？曰：以天下言之，则重在襄阳；以东南言之，则重在武昌；而以湖广言之，则重在荆州。"[2] 三城"合"则互为犄角、相互策应，"分"则鼎足而立、相互牵制。这高度概括了荆襄地区攻防体系的基本特点及其在国家战略防御格局中的重要作用。荆襄历史廊道地区位于秦岭与淮河之间的转换连接处，而"秦岭—襄阳—淮河"一线不仅是一条南北方分割线，也是一条东西连续的天然防线，在历次南北政权对峙中起着决定性作用，自古便有"守（长）江必守淮"一说。根据地形特点，军队在北上或南下时，通常无法绕开汉中、襄阳、合肥三个缺口，因此，历史上形成了著名的川陕、荆襄与两淮三大著名战区[3]，而不同于首尾两个战区分别以重山与江河为阻隔，中部荆襄战区可发挥大规模车马行军优势，且左可援川陕、右能应两淮，为重要的"联卫"地区[4]。荆襄地区这种"居中"与"联卫"的优势，自然使其成为南北防线上最为关键的一环，也是历次南北对峙、拉锯过程中各方重点争夺的对象（图3-4），自古被视为"天下腰膂"、关乎国运之地，东南据之可以图西北，中原得之可以并东南，堪称"转换战局的枢纽之地"[5]。

从军事地形条件来看，山地无良田可耕，平地无天险可守，而盆地则为两全其美之地。湖北中部核心区的地形环境，西、北、东三面为山地丘陵包围内部江汉平原，以长江为轴，刚好与南侧湖南地形呈对称的"镜像"态势，两湖平原地形相合则为一个完整的"类盆地"单元特征[6]，且长江靠南蜿蜒穿过其东西，也是一道自然天险，正可谓：长江制其区宇，峻山带其封疆[7]。天然围合的地形环境，加之江汉平原、南襄盆地及洞庭湖平原等广阔腹地的支撑，进一步形成荆襄地区易守难攻的军防环境。

---

[1] 明清时期的地区称谓，主要包括今天的湖北、湖南两省在内的两湖地区。
[2] 赵国华，郭俊然，张俊普. 荆楚军事史话 [M]. 武汉：武汉出版社，2013.
[3] 刘炜，王铭杰，阮建，等. 中国古代南北对峙区域城镇防御空间分析——以荆襄地区城镇为例 [J]. 城市规划，2018,42(04):65-74.
[4] 何玉红. 整体防御视野下南宋川陕战区的战略地位 [J]. 国际社会科学杂志（中文版），2009,26(03):57-65+6.
[5] 湖北省地方志编纂委员会. 湖北省志·军事 [M]. 武汉：湖北人民出版社，1996.
[6] 刘森淼. 荆楚古城风貌 [M]. 武汉：武汉出版社，2012.
[7] 王树声. 中国城市人居环境历史图典：湖北卷 [M]. 北京：科学出版社，2015.

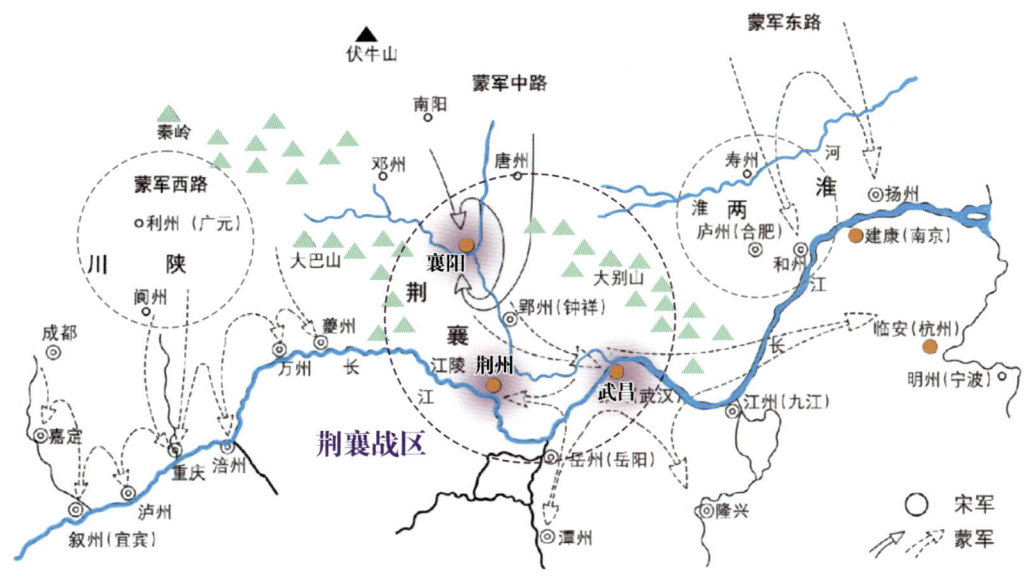

图 3-4 古代南北防线上荆襄历史廊道的军事区位[1]

综上所述,荆襄历史廊道地区具有极高的军事战略地位,居中独厚的区位优势与天然围合的地形条件则是其军事防御环境的生动诠释,并有着"天下乱则荆襄兴"的地区兴衰规律。军事防御对城镇聚落景观的形态与特质也有着深刻影响,作为营城重地,荆襄历史廊道地区在长期的军事对峙过程中形成了较为完备的军事防御体系,并为重兵所聚之地,内部城镇密集且防御特征明显。而从另一个侧面来看,该地区历史上战争频繁,例如先秦时期的秦楚之战,汉魏之际的赤壁之战、襄阳之战、长坂坡之战、绿林起义等都是知名的历史战役,该地区还是宋元时期宋金、蒙宋对峙的前沿地带,革命战争时期的中共湘鄂西苏区根据地,这也使得该地区有着"重城轻村"的营建传统。而且,聚落屡遭破坏,内部建筑形式较为简陋、粗犷,其价值特色不以精致的建筑单体取胜,而在于不同建筑相互聚合形成的整体关系。因此,廊道内部历史村落与深宅大院都相对较少,这也是区域聚落遗产以城镇类型为主的重要历史渊源。

2."极 - 域"圈层关联的城镇聚落景观

荆襄历史廊道有着特殊的军事防御条件与战略地位,其城镇聚落也在相互协作、分工中形成了整体关联的军事防御体系。首先,为了避免"兵临城下"的被动局面出现,历史上城

---

[1] 刘炜,王铭杰,阮建,等.中国古代南北对峙区域城镇防御空间分析——以荆襄地区城镇为例[J].城市规划,2018,42(04):65-74.

池总会不断向外拓展自身的防御纵深,以获得战略上的主动性,形成可进可退、可攻可守的军事缓冲区,从而在区域层面建构了整体的联合防御体系。因此,城池的等级高低与其战略防御纵深是相互匹配的,大城池并非以一郭为保障,还以远处的关隘与附属城池为战略据点和军事前哨,小城池等附属防御据点的稳定也关系到大城池的安危存亡。换言之,城池也非一邑之保障,还庇护其广阔的区域腹地,大城池为小城池等附属据点提供震慑支撑。例如,先秦时期楚国统治汉西地区时,为了实现对区域的保障与控制,便以夷陵(今宜昌)、北津戍(今襄阳)、汉津(今马良镇)等据点为不同方向的战略前沿,以内部广大地域为战略基础,以郢都纪南城为战略后方,共同构筑其日渐强大、问鼎中原的防御基础与纵深体系。

将王鲁民教授提出的聚落"极-域"(polar-area)原理引申一步,区域城镇聚落景观当中也存在一些关键性的"极点"要素,并作为主导型要素将区域聚落景观要素凝聚为一个整体,进而牵系着其他普通要素,对整个区域的整体性与稳定性有着重要的控制意义[1]。在一定意义上,城镇聚落景观构成的区域防御体系便是基于这种"极-域"拱卫原理形成的关联圈层与秩序关系。以荆襄历史廊道为例,进一步通过军事防御体系中城池、重镇与关隘等关键要素,分析城镇聚落景观之间的关联秩序体系。但是不同城市的方志对其境内关隘情况的收录详略并不统一,同时关隘也可能会被归到市镇、关口、桥梁等不同要素类别当中,造成统计口径存在差异。故本书主要以省域层面《湖北通志》的统一记载为基础,将关隘卷中各城池的关口、水口、重镇与堡寨等防御型标识要素统计为表3-2。进而辅以历史地图与各地方志,将它们转译到统一的现代地图中。可以发现,各城池及其周边关隘通过"以点控线、以线锁面、横向联合"的戍防策略,共同构筑分立式的戍防圈层。以城池、水口重镇、关口重镇、军事堡寨及外围山水天险等标识要素为"极点",共同构筑历史城市的整体防御体系;进而,又与各隶属城池或卫城体系组成更高层级的防御圈层,最终形成内外钩锁的多重关联圈层,成为把握区域城镇聚落景观关联的重要逻辑(图3-5)。

表3-2 明清时期荆襄历史廊道各城池及其关隘统计表

城池名称	数量	城池周围主要关隘及戍守地
襄阳古城	41	樊城关、东津关、凤林关、观音关、西柳关、老龙堤关、油坊滩镇、双沟镇、吕堰镇、下苦戍、北津戍、鹿门堡、新城堡、高头堡、万山堡、白鹤山堡、古城堡、牛首堡、淳河堡、滚河堡、红崖堡、黄龙垱堡、潼口站堡、蔡村营堡、程稍渡堡、竹条铺堡、薛家集堡、泰山庙堡、黑龙集堡、鄢家埠堡、清河店堡、邓桃湖堡、黄渠铺堡、邓塞、罐子滩、白河口、阴谷口、王基埠口、官路口、土门冲、泥嘴

---

[1] 王鲁民,张帆.中国传统聚落极域研究[J].华中建筑,2003(04):98-99+109.

（续表）

城池名称	数量	城池周围主要关隘及戍守地
宜城古城	25	东关、西关、南关、田家镇、郭海营、中山城、流水沟、破河垴、湍滩垴、官庄、倒口、小河口、铁关寨、麒麟寨、刘家寨、八万寨、金牛寨、女冠寨、郭寨、牛心寨、赤山堡、两乳山堡、天池山堡、鸡鸣山堡、旗河堡
荆门古城	13	虎牙关、乐乡关、马牙关、东关、北关、建阳镇、石桥镇、新城镇、后港镇、东堡寨、西堡寨、中城山、曹将港
荆州古城	14	北关、沙市、郝穴、虎渡口、豫章口、龙湾、黄华戍、破冢戍、零溪戍、岳山寨、马家寨、沙桥、龙陂桥、三海
钟祥古城	16	南津关、直河关、塘港关、蒙关、宜阳关、丽阳镇、丰乐镇、贾堼镇、石牌镇、旧口镇、飞山堡、黄家湾堡、邑东北"八大寨"、诸葛营、官城、新郢城
京山古城	7	云杜关、宋河镇、曹武镇、丰谷镇、多宝湾镇、洪山寨、扈家山寨
潜江古城	9	田关、高家场、张巤港、余潭城、班家湾、浩子口、蚌湖镇、芦洑头、拖船埠
监利古城	9	朱家河、窑圻、分盐所、白螺矶、隐矶、南寨、王家堡、西江口、上车湾
南漳古城	19	鸡头关、玛瑙关、毛儿关、隘门关、武安镇、七里滩镇、石门堡、司空山寨、老鸭寨、天门寨、天堡寨、官寨、紫山寨、马良坪、长坪、阎家坪、峡口、赶子口、西塞
当阳古城	15	河溶镇、漳河口镇、淯溪镇、绿林寨、百宝寨、观音寨、五峰寨、朝阳寨、马甲寨、五云寨、白马寨、方山寨、将军寨、麦城、长坂坡
远安古城	19	千金寨、包巾寨、北寨、荞麦寨、二邑寨、木瓜寨、石柱寨、南襄寨、安洋寨、营盘坡、洋坪汛、猴子岩、卡子岩、鈚三叠、罗汉谷、西峰垭、关口垭、文家垭、大汉口

表格来源：根据《湖北通志》等资料整理。

在这个整体体系的参照中，各聚落及其区域环境要素便不再是一个松散零落的孤立存在，其整体价值与形态特色也才得以被真正理解。其中，既可通过山关、水口、镇、堡、寨等要素理解城池的整体防御体系，也可通过该体系反观特定要素的价值特色。例如襄阳的东津关与古城隔江对望，不仅是古城东渡汉水通随枣走廊的津渡码头与商业市镇，也是东侧防御的一个重要据点，因此聚落叠加了商贸与防御双重属性特征。同时，不同城池之间也存在密切的军事关联，体现在各历史城市的价值表述当中，如荆州——"楚之郢都、表里江汉"，襄阳——"山南锁钥、楚北屏藩"，荆门——"荆北门户、锁钥荆襄、屏藩江汉"，宜城——"襄南重镇、襟带汉蛮"，钟祥——"肘腋荆襄"，当阳、远安——"山谷险隘、荆州门户、楚之卫要"，南漳——"襄西锁钥、楚北屏藩"，京山与潜江则分别为荆州右臂与门户捍卫。它们合则相互拱卫，分则腹背有虞，如先秦楚国鼎盛时期，襄阳是荆州楚都纪南城的北侧屏藩；三国时期，荆州与襄阳又分属魏、蜀两家而鼎足对峙；蒙宋对峙时期，荆州与襄阳二城又构成"两镇锁荆襄"之势，成为南宋临安政权的抗蒙前线；而在明朝的卫所军事制度中，远安则是荆州卫的一个千户所，对维持地方的稳定发挥了重要作用。需要指出的是，虽然城市之间的联防关

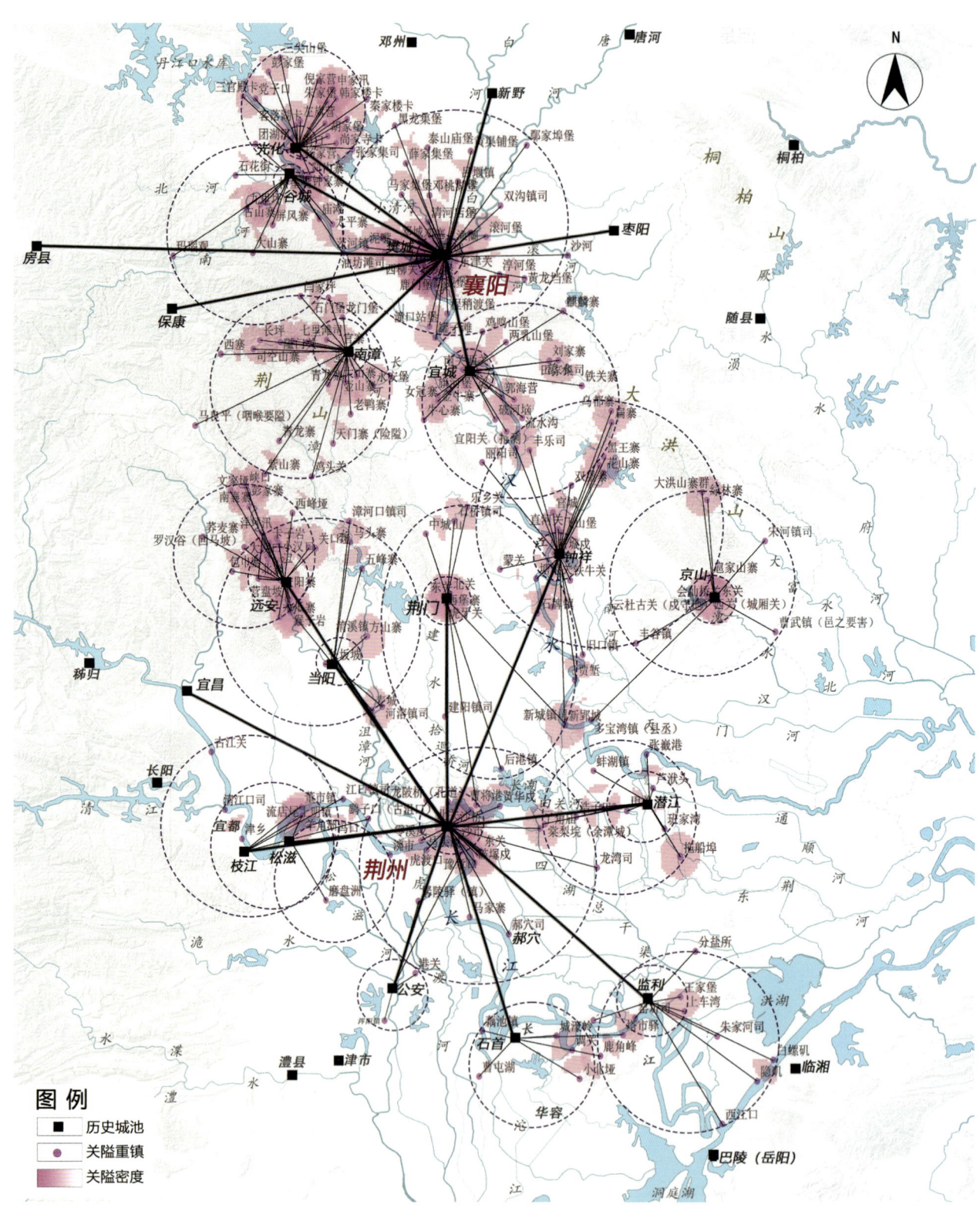

图 3-5 军事关系主导的城镇聚落景观分立式关联圈层
（图片来源：自绘）

系时有变动，但是由于区域地势环境与军事区位的稳定性，区域的整体防御格局或城池独立防御体系相对固定（图3-5）。

第三节 商贸流通与城镇聚落的"点－轴"关联

同军事防御类似，商贸流通是城镇聚落的另一核心职能与共存需求，也是聚落之间关联体系建立的重要机制。任何一个城镇立足于区域，都需要通过发达的交通网络与下辖地区建立联系，以获得赖以生存的物质基础和实现行政管辖的意图。同时须依托区域性水陆交通与外界保持不同形式的政治、经济与军事联系，进而这种内外联系空间化为具体的形式，蕴藏于城镇聚落景观关联形态当中。荆襄历史廊道凭借居中而立的区位条件与得水而兴的舟楫之利，自秦汉以来便在国家交通与商贸中都扮演着重要角色，长期作为几大经济核心区的联系中枢与通衢之地，长路与短路经济相互衔接，水路与陆路交通互为补充，共同催生了外通四邻、内连全境的传统商贸流通格局以及市镇网络节点。城镇聚落景观也在纵向维度的自身"同质"整合与横向维度的区域"异质"整合过程中[1]，形成防御与流通等多重共存秩序特征，以及由标识要素构成的体系。下面便结合荆襄历史廊道商贸流通环境的区域特色，从整体层面把握城镇聚落景观的关联特征。

1. 通衢中枢、水陆联运的商贸流通环境

首先是荆襄历史廊道对外联系的区域性通道。荆襄历史廊道地处江汉交会区域，内有荆襄古道、江汉运河等水陆交通线路贯通南北，并整合到国家重要商贸流通要道的建构当中，并扮演着东连吴越、西通巴蜀、南抵湖湘与粤桂、北上中原与秦川的枢纽性角色，在不同方向上形成联系其他重点区域的几条重要通道。一是通往西北以西安为核心的关中地区，廊道向北出襄阳沿着著名的"商山—武关道"，经邓州、丹江河谷，过武关、商洛，翻越秦岭，最终抵达西安[2]，外可接陆上丝路，或由襄阳直接溯汉水而上，经汉中入蜀，或经上津关北上至商洛，再经商山路至西安，即所谓的"上津道"。二是通往以开封、洛阳为中心的中原地区，可通过"南襄隘道"与"方城道"分别经过南阳、方城关通往开封等重要城市，或经

---

[1] 本尼迪克特.文化模式[M].王炜，等译.北京：生活·读书·新知三联书店,1988.
[2] 李孝聪.中国区域历史地理[M].北京：北京大学出版社,2004.10.

过宛（南阳）洛（洛阳）之间的捷径"三鸦道"，翻越伏牛山抵达洛阳[1]。三是东渡汉水，经"义阳三关"翻越大别山进入中原，或再经淮河水道通往江淮地区，也是元朝以后湖广通往都城北京的重要捷径。四是以荆州与襄阳为水陆转运枢纽，顺长江水道而下抵达汉口、扬州等商贸重镇，可沿大运河继续北上或南下，到达沿海主要发达地区并外接海上贸易网络，或溯江而上，经宜昌、巴东等地，与巴蜀经济中心保持沟通往来。五是通过清江等水系，经长阳、恩施等地直接入贵州[2]，或从荆州渡江，经洞庭湖、沅水等水系或湘黔驿道，再经湖南常德等地抵达镇远、曲靖等滇黔重镇。六是通往岭南地区的两条重要通道，西路为沿湘江南下，过湘桂走廊入桂江、西江及北流江、南流江等水路，可以抵达广西桂林、梧州与广东的广府地区，这也是中原等地通往两广，乃至外接海上丝路进入东南亚重要南门的经济要道；东路为沿赣江等水系，经大庾岭的梅关古道，过赣粤走廊进入广府地区，也是联系长江流域与珠江流域的另一重要通道。此外，荆襄历史廊道地区也是联系欧亚大陆的万里茶道必经之地（图3-6）。

其次是廊道内部荆襄驿道与荆襄水道并行的水陆交通网络。陆路交通主要为荆州与襄阳两大区域性水陆都会经荆门的直接联系通道和经钟祥、潜江的间接联系通道，前者即所谓的荆襄驿路，从唐代起便基本定型，而钟祥与潜江都为汉水之滨的交通枢纽，为汉水上下游及东西两岸的联络节点，除了联系荆州与襄阳，也沟通了随州与汉口等地。同时，从襄阳起通过沮漳河谷，途经南漳、当阳等地抵达荆州的山麓通道，为唐以前荆州、襄阳两地之间联系的干道，后因驿路取道荆门而逐渐降级为次要通道。此外，还有以荆门为中心，分别通往钟祥、当阳、潜江的横向连接线路。这些陆路交通以荆襄古道为核心，共同构成了廊道内的陆路交通网络，串联起各历史城市与传统市镇（图3-7）。

廊道内水路交通主要以"江、汉、沮、漳"四条河流为骨架，形成了水路运输网络，其中"襄阳—汉江—江汉运河—荆州—长江"这条水道是荆州与襄阳两个商贸枢纽的直达通道，作为古代南北中线漕运的重要组成部分，自秦汉以来，便在历代国家漕运与民间水运中发挥重要作用。而决定荆襄水道形成的关键区段，即长江与汉水之间的"捷径"——江汉运河，使得南来北往的水运物资与贡赋不用绕行汉口，可直接从荆州入汉水，北上中原与关中帝都。也因为荆襄水道地位与区域水环境特殊，屡塞而屡凿，从先秦时期楚国的云梦通渠到西晋开

---

[1] 何力. 南襄隘道文化遗产廊道构建研究[D]. 武汉：武汉理工大学,2015.
[2] 赵逵. 历史尘埃下的川盐古道[M]. 上海：东方出版中心，2016.

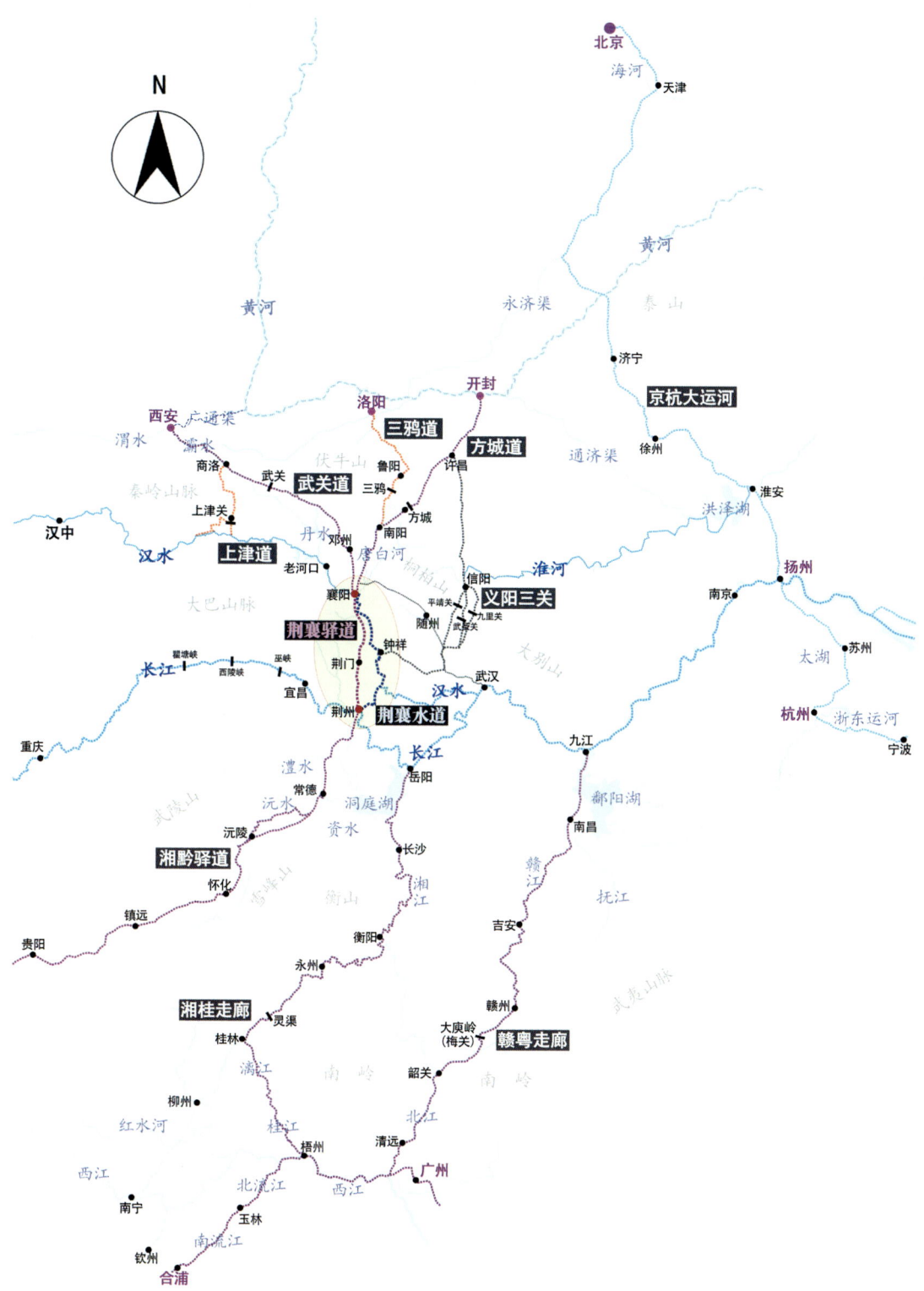

图 3-6 荆襄历史廊道外通四邻的水陆交通网络
（图片来源：自绘）

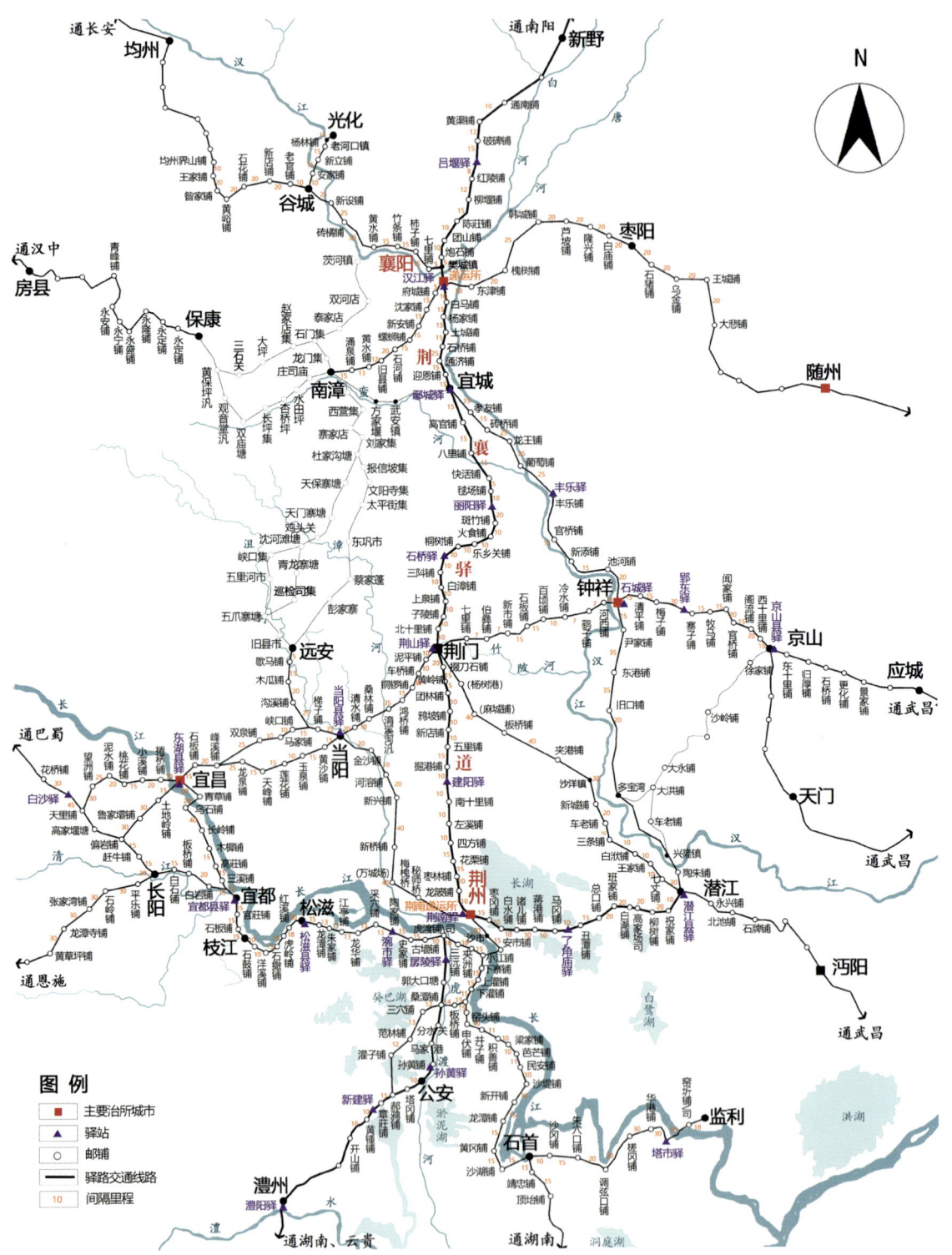

图 3-7 荆襄历史廊道内部清代驿路交通关系图
（图片来源：根据《湖北通志》等记载绘制）

凿的扬夏水道，再到北宋开凿的荆南漕河及明清时期的两沙运河，都是在既有河道基础上不断疏浚与调整形成沟通长江与汉水两大航道的水运要道（图 3-8）[1]。进一步通过明清时期水运渡口的分布情况，可以基本了解廊道内部水运最为繁盛时期的历史概貌。除了上述水运干道作为长路运输与外部区域联系，还有唐白河、蛮河、淳河、竹皮河、直河等汉江支系水路作为短途运输辐射内部腹地，长夏河、东荆河、老长河等江汉平原内部河道联系着沙市、汉

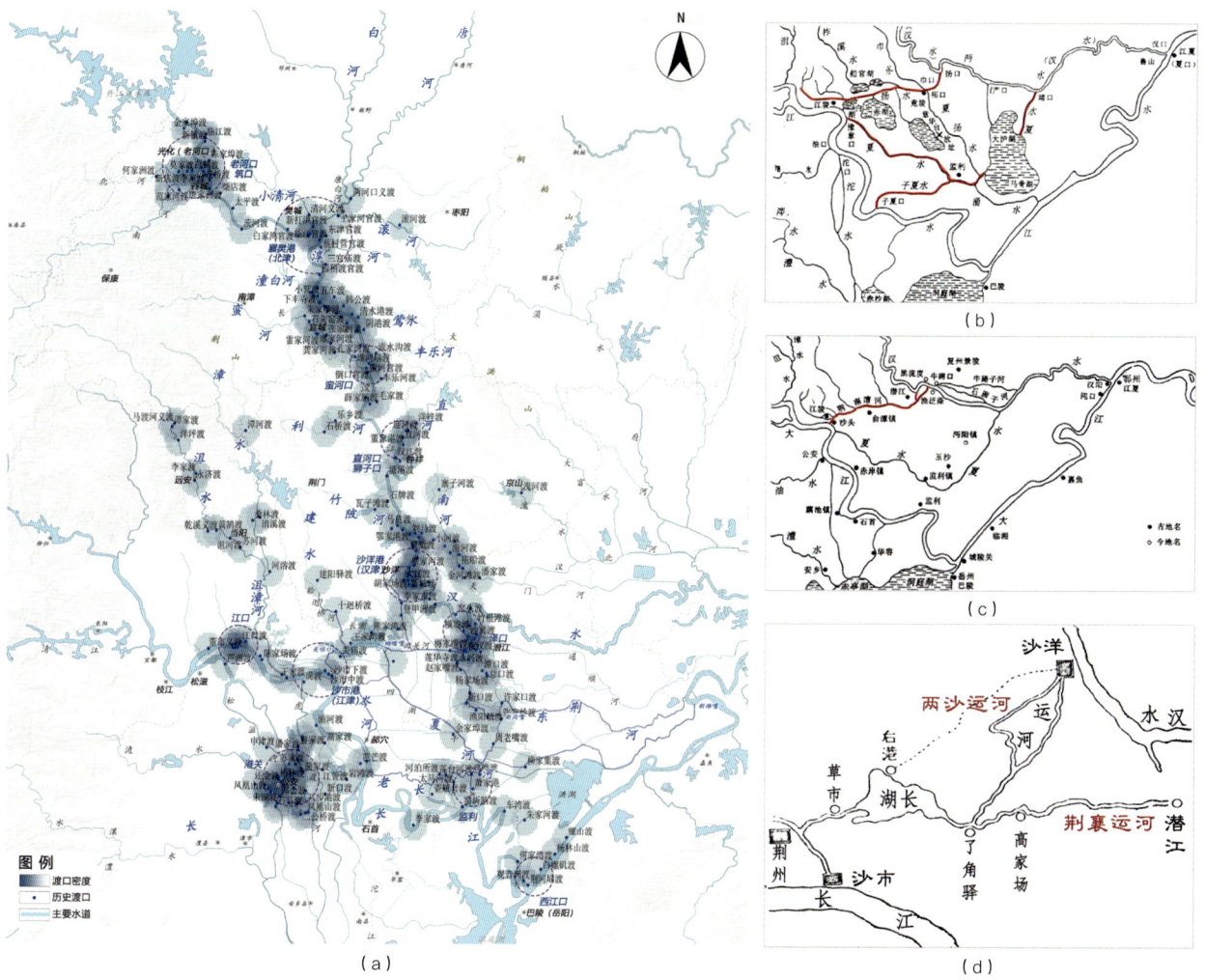

图 3-8 荆襄历史廊道内明清时期水运航道及不同时期江汉运河图示
（a）水运航道；（b）两晋-扬夏水道；（c）两宋-荆南槽河；（d）明清-两沙运河
[图片来源：图 3-8（a）自绘，图 3-8（b）、图 3-8（c）引自参考文献 [110]，图 3-8（d）来自 http://bbs.cnhubei.com/]

---

[1] 舒联节，胡金城. 湖北航运史 [M]. 北京：人民交通出版社，1995.

口、潜江、岳阳等邻近地区。如从沙洋入长江主要有三条河道：一是从沙洋沿高桥河南行，至牛马咀入西荆河（今田关河），西行至蝴蝶嘴入长湖，再从关沮口进荆襄河、沙市便河，经沙桥门、塔儿桥等地最后至便河码头入长江，即两沙运河线路，也可沿汉江至潜江泽口，沿东荆河至田关，再入西荆河至蝴蝶嘴，即荆南漕河线路；二是沿蝴蝶嘴继续南行，沿了角河至王坡口，西行到三汊口转岑河南下，经资福寺、熊家河等地，从郝穴口入长江；三是从浩口纵渡三湖、白鹭湖，再沿长夏河至监利，或从新滩口入长江。可以说，水陆交通相互补充，渡口、驿站、水口等交通节点既是城镇聚落景观的构成要素，也是认识其关联秩序的标识要素，更是市镇产生与聚集的重要依托。同时，上游物资不断向下游汇集，进而催生更高级别的商贸枢纽，比如沮漳河水系入长江处的沙市、唐白河水系入汉江水口的樊城及汉江入长江口的汉口。

总之，从全国传统商贸流通格局来看，荆襄历史廊道地区是联系北方关中、中原政治经济中心与湘赣、岭南地区的重要通道，也是承接巴蜀地区与江南地区的中枢纽带。北方的漕粮、煤铁，江浙地区的淮盐、丝绸及手工艺品，西南地区的茶叶、马匹与药材，岭南地区的山货、海货等不同区域商品的跨区流通与互市，离不开荆襄历史廊道地区的中转与集散[1]。同时也催生了以荆州、襄阳为代表的一批区域性重要商贸中心与市镇网络节点，而本地的粮食、布匹与铜铁矿也会层层汇集至荆州、襄阳等中心，再运往全国。可以说，区域性通道连着廊道内部干路，干路连着支路，支路又伸向腹地，形成了区域长线贸易、城乡中线贸易与日常短线贸易相互交织的商贸网络，基层商贸不断向上汇聚，最后运往全国乃至海外，而外部商品也通过该体系运至基层腹地，实现良性互动。这种流通格局是今天认识荆襄历史廊道地区整体价值特色与城镇聚落联系及兴衰规律的重要线索，也是城镇聚落、水陆商路、线路、津渡、驿站及行帮会馆等作为代表性遗存要素存在的整体意义系统与关联逻辑。

2."点－轴"位序关联的城镇聚落景观

荆襄驿道与荆襄水道双线并行且交会，作为一种区域性联系要素，是荆州与襄阳两座区域性重镇商贸繁荣的根本保障，也是廊道内部城镇聚落之间相互联系的空间载体，对聚落建成空间的功能布局以及城内大街与城下街区有着重要的塑造作用，进而形成聚落空间内外接续的空间秩序。如果说军事防御所塑造的分立式关联圈层是空间界域的一种体现，那么水陆线路、城镇聚落节点及相关设施节点，基于"点－轴"位序关系形成的关联秩序，则是城镇

---

[1] 阮晶晶. 明代湖北区域商业地理研究[D]. 武汉：华中师范大学,2016.

聚落景观在区域层面的另一重要关联机制与模式特征。城镇聚落景观因此也多呈现出防御与流通等多重秩序特征与要素构成。

根据相关历史文本分析，唐宋以后荆襄历史廊道内部的主要交通线路走向已基本定型，并保持长期的稳定性。虽然驿站的增补、特定聚落的兴衰等现象时有发生，但是区域之间联系格局的主要节点却鲜有变化，多为局部点位或线段的简单变更，这在一定程度上也印证了聚落景观连接秩序的整体稳定与个体要素的相对易变。因此，同样结合《湖北通志》，对明清时期荆襄历史廊道内部传统市镇进行梳理统计，并结合相关历史资料去除部分城市，被统计的市镇最终见表 3-3，进而将其转译到现当代地图当中进行核密度分析，并叠加自然地理与水陆交通线路网络。可以发现，聚落的选址与分布情况同交通线路走向高度耦合，但是，聚集情况与地形特征及水陆交会节点密切关联，山原过渡的交通节点、重要水口、关口及水陆交会点多为市镇分布密度较高的地方，这些聚集地方也是区域商贸网络结构的重心所在。同时，部分市镇为驿站、津渡或关隘生长而成，有的是军事关隘壮大而成，体现了军事与商贸的双重职能。城镇聚落这种"点-轴"关联的商贸体系，为今天自上而下进行聚落遗存筛查提供了总体参照（图 3-9）。

表 3-3 荆襄历史廊道明清时期重点市镇统计表

城池名称	数量	主要市镇聚落名称
襄阳县	22	樊城镇、双沟镇、团山镇、石桥镇、三合镇、泥嘴镇、欧家庙镇、龙坑镇、吕堰驿镇、东津湾市、老营市、双河店、茨河市、太平店、凉水泉市、油坊滩、牛首集、潼口站市、马家集、龙王集、清河店、鄂家埠口
宜城县	12	官庄集、茅草洲市、田家集、哑口市、倒口市、石灰窑市、朱家嘴、破埫河市、雷家河市、孔家湾市、小河口市、豹狗垭市
荆门州	17	沙洋镇、拾迴桥镇、后港镇、新河镇、沈家集、马良集、李家市、毛家店集、积玉口集、新城铺、乐乡铺、石桥驿镇、建阳驿镇、仙居口、李家集、黄家集、烟墩集
江陵县（今荆州）	26	草市、丫角庙市、张金河市、岑河口市、直路河市、秘师桥市、梅槐桥市、万城市、李家埠、御路口市、弥陀寺市、十里铺市、沙市、郝穴市、资福寺市、龙湾市、胡家场市、彭家场市、祁家场市、普济观市、镡长头市、熊家河市、拖茅埠市、筲箕洼市、朱家场市、虎渡口
钟祥县	18	丰乐河镇、石牌镇、旧口镇、洋梓镇、丽阳驿镇、东桥市、塘港市、直河铺、张家集、崩土康市、快活铺、直河铺、汪家集、龚家集、转斗湾、吴家集、范家集、长寿店
京山县	21	石板河镇、徐店镇、马店镇、青龙镇、永兴镇、东桥镇、太和镇、永漋镇、龙泉镇、平坝镇、宋河镇、兴隆镇、观音岩市、曹武镇、石桥埠市、多宝湾、下洋港集、戴家河寺、吴堰岭集、中和集、官桥塘
潜江县	14	蚌湖镇、长埫镇、渔洋镇、兴隆镇、高家场司、荆河口市、浩口、总口铺、拖船埠市、桥头市、渔阳镇、莲花寺集、鄢家集、张截港

（续表）

城池名称	数量	主要市镇聚落名称
监利县	32	<u>朱河市</u>、上车湾市、中车湾市、下车湾市、<u>白螺市</u>、杨林市、螺山市、小市、观音洲市、程家集、汪家桥市、堤头市、太马河市、黄老潭市、张家集、邹家集、尺八口市、陶家埠市、薛家潭市、广兴州市、沱口市、周老嘴市、易家集、毛家口市、习家河市、观音寺市、杨林关市、北口市、<u>分盐市</u>、柳关、<u>窑圻铺</u>、车湖港
南漳县	6	武安镇、集口镇（即龙门集）、<u>长坪集</u>、东巩市、<u>巡司集</u>、通城河市
当阳县	7	<u>淯溪镇</u>、<u>河溶镇</u>、慈化寺、黑土坡市、马山市、<u>漳河口</u>、鸦雀岭市
远安县	6	分水岭市、旧县市、徐家棚市、临沮旧县、五里河市、洋坪市

表格来源：根据《湖北通志》等文献整理。

注：下划线表示曾驻巡检司。

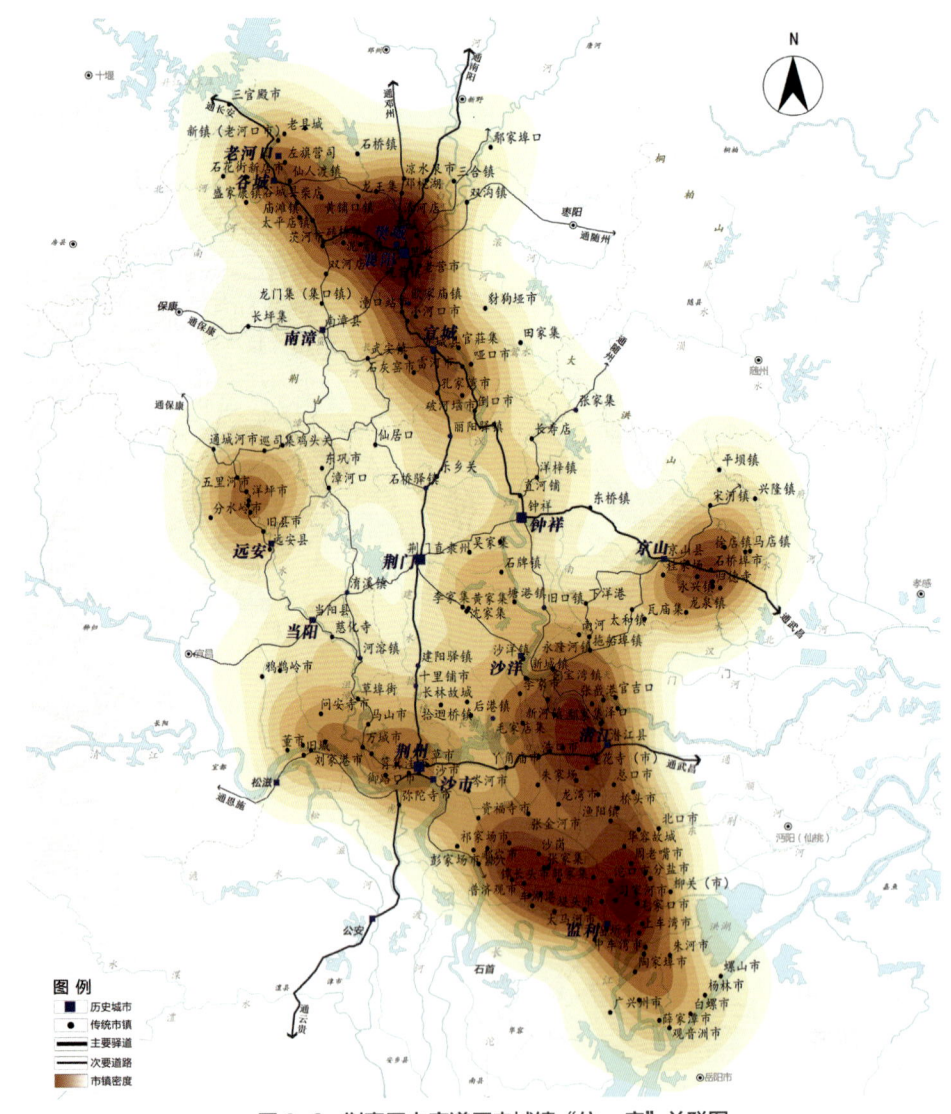

图 3-9 荆襄历史廊道历史城镇"位－序"关联图
（图片来源：自绘）

第四节　区域水利与城镇聚落的"亲–疏"关联

除了军事防御、商贸流通等共存需求，区域水利营建也是地缘关系建构的另一重要维度。河湖水系是城镇聚落赖以生存与发展壮大的基础，因此城镇聚落具有典型的"亲水性"，甚至会将水系引入聚落内部以满足河运或日常生活需求。但同时也必须通过治水与理水来避免水患侵袭，达到聚落与水亲而不涝、疏而不旱的内外关系平衡。同时，水之治理又如人之脉络，上游不畅则会下游不顺，故各城邑之间通常会先协作治理径流水患以确保干流通畅，再因地制宜分头治理各自城邑并实现支系河道无患[1]。因此，水患治理也是区域社会组织化并形成特定水利景观标识要素与整体秩序的重要动力，且在不同区域层面蕴藏着不同的聚落空间关联性与景观特征。下文便以区域水利环境为线索，认识荆襄历史廊道城镇聚落的关联特征。

1. 江汉交汇、河堤纵横的区域水利环境

荆襄历史廊道地处江汉交汇之区，为江汉二水防洪之关键所在。首先，荆州所在的（长江）荆江段，有着"万里长江，险在荆江"之说，为水患频发之地；其次，汉水河道从中游向下游漫流段过渡，泥沙沉积加速造成汉水经流湮塞频繁；最后，二水交汇过渡地带的江汉平原古称云梦泽国，每到夏秋便河水骤涨泛滥，渺然巨浸。

因此，筑堤理水、力防水患是区域水利活动的基本任务，也是城镇聚落命脉之所在。而区域水利共同治理便集中于三个区段：一是长江沿线的官堤，如南宋时期的寸金堤、清初修建的从江陵西北万城至监利拖茅埠绵延百余千米的万城堤；二是江汉平原关键河段的官堤，如襄阳段的老龙堤、钟祥段的钟堤及荆门段的沙洋堤等；三是支流水系部分区段或平原湖区与水争地形成的民堤，如东荆河堤及江汉平原纵横密布的堤垸。最终，江汉平原的漫流交汇区通过长期的疏浚与堤防并举、官民结合、标本兼治等方式，变成了"江归江、汉归汉、河堤蜿蜒穿行于围垸间"这样一个基本稳定的区域水利堤防环境，也进一步加快了唐宋以后江汉平原的开发与城镇聚落景观的快速增长。此外，除了上述三种典型的水利堤防景观，先人在河道上游筑陂塘蓄水，在下游修堰坝拦水，再开渠引水这种"上蓄下泄"的方式，调节了水系沿时空分布失衡的情况，在满足良田灌溉需求的同时，也在区域层面形成了相互关联的城镇聚落景观，是荆襄历史廊道灌渠水利环境较为典型的一种存在（表3-4）。值得一提的是，在区域河道渠网固化的同时，大量穴口堵塞、支流航道荒废，部分航道逐渐从区域性航道变为地方性短线航道，甚至丧失水运功能，直接影响水运型城镇聚落的兴衰。

---

[1]《湖北省湖泊志》编纂委员会. 湖北省湖泊志[M]. 武汉：湖北科学技术出版社，2014.

表 3-4　荆襄历史廊道内主要城邑堤防情况一览表

堤　名	性　质	起止及概况	主要标识要素节点
荆州万城堤	官堤	万城堆金台—监利拖茅埠 自万城至江神庙，主要抵御沮、漳二河；自沙市至拖茅埠，主要抵御长江	万城、李家埠、江神庙、沙市、登南、马家寨、郝穴、金果市、拖茅埠等9处堤工分局，总工局设于沙市堤上，以及沙市石工卡1所、石矶若干
襄阳老龙堤	官堤	万山—杨泗庙闸口 抵御汉江水患，为襄阳护城堤	堤头老龙庙、中间太子庙、堤尾保堤寺
钟祥钟堤	官堤	钟祥龙山观—京山张壁口 抵御汉水，设上中下三堤工分局	龙山观、保堤观、镇江寺、旧口、大王庙、张壁口
荆门沙洋堤	官堤	何家嘴—王家潭 抵御汉水，分工19段	何家嘴、白鹤寺、新城、关庙、王家潭等
京山王家营堤	官堤	旧口—聂家潭 分全堤为18个口	渡船口、县丞署、关帝庙、财神庙、钱粮公所、京南书院等
荆州直路河堤	民堤	江陵北侧倚为屏障 抵御汉水与东荆河	黎家月堤、卢潭垸、阳长堤、李家滩
荆州襄阴堤	民堤	草市头—芙塘垸堤	草市
监利东荆河北堤	民堤	狮子垴—姚家嘴	新沟嘴石闸、新沟嘴镇
荆州各"垸"堤	民堤	—	台、墩、垸、垸口、堤市、庙宇等

备注：据民国十四年（1925年）《湖北堤防纪要》等文献整理。

2."亲 - 疏"耦合关联的城镇聚落景观

逐水而居是城镇聚落的基本特性，例如从荆襄历史廊道内各城镇分布情况来看，它们都临江河，其中滨长江、汉水干流的城镇有6个，傍其支流的城镇有5个。正所谓"山水大聚之所必结为都会，山水中聚之所必结为市镇……"[1]。但是，江河在带来水运之利的同时，也必然会带来水患之害，因而城镇聚落选址会与河岸保持一定距离并不断修堤理水以御水患。可以说，河堤等水利标识要素既是城镇聚落景观整体构成的标识要素，也是聚落生存的基本保障，同时也可能是聚落军事水利工程的基本组成部分。基于聚落与水这种亲疏平衡的依存模式，在人居活动与地理环境的双向塑造中，这种城镇聚落与外围水利环境相互耦合的关联景观得以形成，它是区域社会组织化、官方与民间结合、水利社会治理与水利文化信仰的综合体现。

---

[1] 李先逵.风水观念更新与山水城市创造[J].建筑学报,1994(02):13-16.

以汉水中游堤防为例，其中钟祥段俗称"钟堤"，北起钟祥龙山观，沿汉水东岸一直蜿蜒至京山张壁口，途经旧口等区域市镇节点，总长约46.5千米。钟堤始建于南宋，后经历代不断增厚与加固而逐渐定型，并作为一个稳定载体同汉水河道、抵御激流的石矶、水口闸坝、承载不同水神文化信仰的寺观庙宇及沿线聚落节点等共同构成一个线性整体，有着自身的组织秩序，在保护汉东区域的同时，与钟祥古城护城堤、院堤形成重堤包围之势，在保证古城安全的同时，也是古城"山、河、城、堤"一体聚落景观的重要构成标识。同时，钟堤的维护也有着自身的组织秩序，全堤共分18个工段进行分段治理维护，清末民初还设有上、中、下3个堤工分局进行管理，是古代水利治理的典型样本（图3-10）。

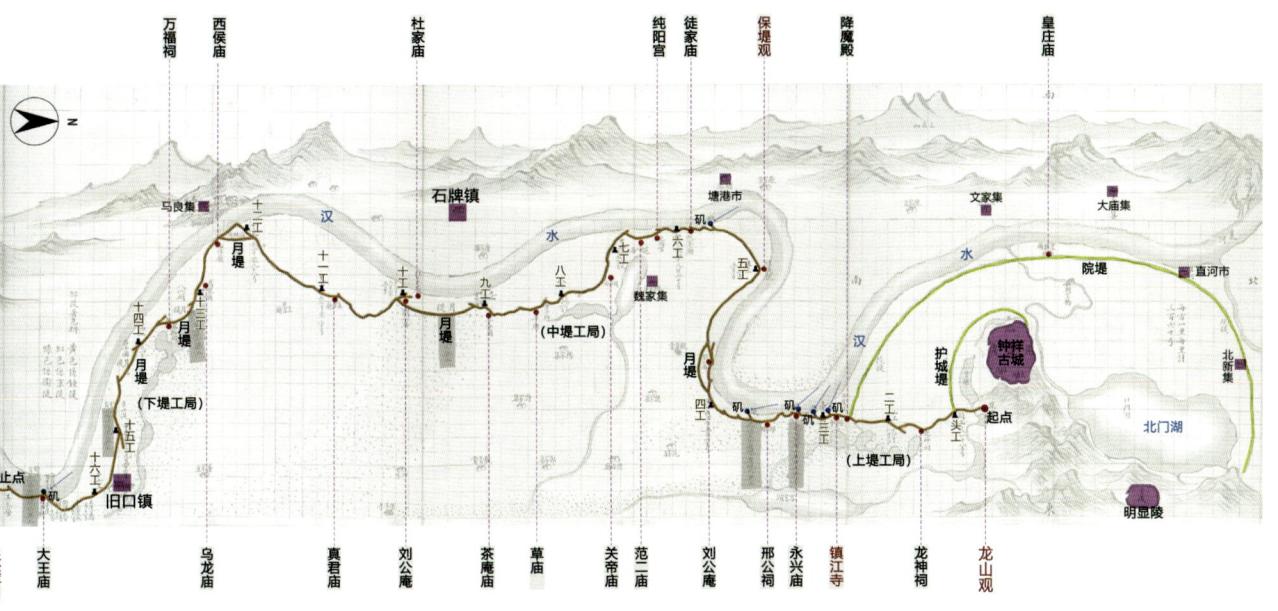

图3-10　钟祥古城外围水利及堤防关系图
（图片来源：据"钟祥县部堤十八工全图"绘制）

区域水利环境不仅体现在防洪灌溉等民用层面，也体现在"以水运兵，以水防兵，以水为兵"的军事水利工程方面。如宜城的百里长渠（也称白起渠）和荆州的"三海八柜"，分别是以水为兵与以水防兵的军事水工代表，是今天城镇聚落的重要关联地景。据史料记载，秦将白起率兵攻打楚国陪都（鄢郢）时久攻不下，便领兵于蛮河上游（今武安镇）筑坝起水，开渠引水，以水灌城，最终攻破城池，楚国大败。今天作为世界灌溉遗产的百里长渠，便与其首尾武安堰、楚皇城遗址等标识要素关联为一个整体叙事系统。荆州古城地处江汉平原腹地，地势四平，无山险可守，但是区域内丰富的水资源为"以水防兵"战略提供了条件。三国时期，江陵都督张威曾筑大堰遏沮漳河流入荆州附近，首开"北海"。南宋时期，宋蒙对峙，宋在"北海"

基础上浚筑上、中、下三海，并引沮漳河在地势高处修筑人工水库蓄水，以战时放水注海形成渺然巨浸的御敌条件。这些蓄水设施称为"八柜"，其中金鸾、内湖、通济、保安四柜达于上海而注之中海[1]，下游拱辰、长林、药山、枣林四柜注入下海，三海相互连通形成阻隔，当时荆州古城周边的堤坝也是实现起水御敌而自保的重要组成部分。"三海八柜"是认识今天荆州古城外河、湖、堤、田、郊野秩序的历史动因（图3-11）。

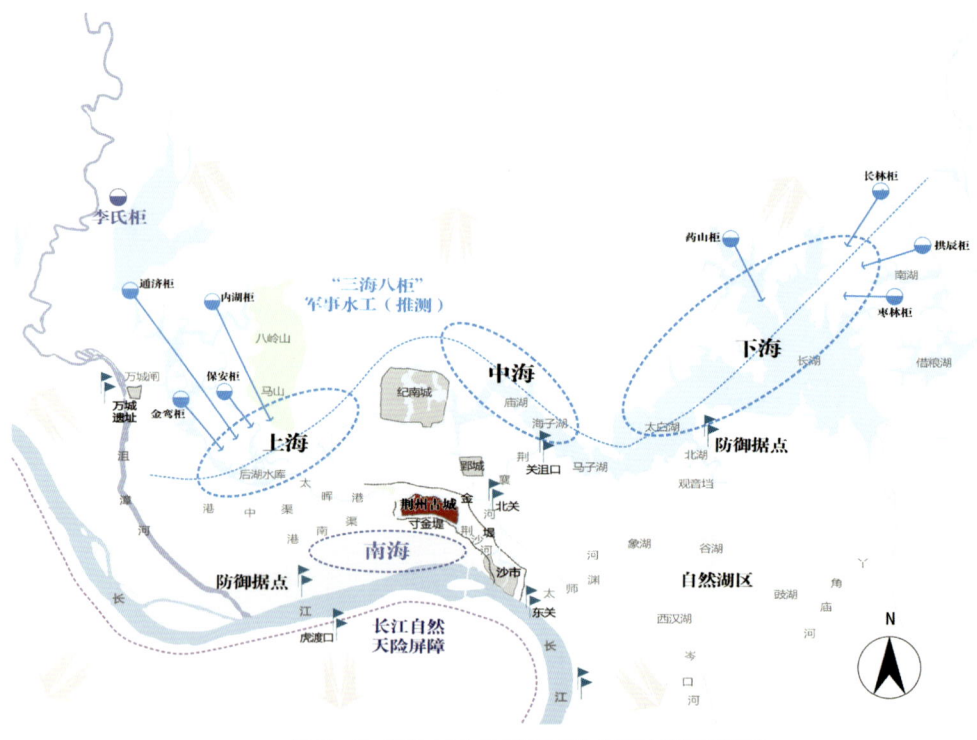

图3-11 荆州古城"三海八柜"军事水利工程示意
（图片来源：根据参考文献[126]记载推测绘制）

本章分别从自然地理环境、军事防御环境、商贸流通环境与区域水利环境四个共存关系维度，在对荆襄历史廊道地缘环境特色把握的基础上，揭示了各城镇聚落景观之间的区域关联特征与内在机制。首先，基于廊道自然地理环境的段落分异特征，城镇聚落景观在自然塑造与人工因应双重作用下，分别形成了北段"城池+水口重镇+戍堡"、中段"城池+关口重镇+山寨"与南段"城池+堤市+围垸"的关联群落特征。其次，从军事防御环境来看，荆襄历史廊道地区因独具"居中""联卫"等军事战略优势，成为转换战局的枢纽之区和营

---

[1] 湖北省水利志编纂委员会. 湖北水利志[M]. 北京：中国水利水电出版社，2000.

城重地，各城邑为了拓展战略防御纵深，城镇聚落与关隘堡寨等防御据点以城池为中心，形成一个分立式关联圈层，进而围绕区域性中枢城市形成更高维度的拱卫圈，多重防御圈层反映了不同层次的空间界域。再次，任何一个历史城市的生存和发展都必然以其周边传统市镇为根基，而水陆交通线路是城镇聚落相互联系的重要载体，荆襄驿道与荆襄水道从襄阳出发，向南分别经荆门与钟祥抵达荆州，再经荆州和襄阳两座水陆枢纽与区域性长线通道相互连接，并通过支线等地方性短线交通深向腹地，城镇聚落景观基于交通线路与节点这种点轴关系，形成了连续型关联位序，是城镇聚落连接秩序的重要体现。最后，荆襄历史廊道地处长江、汉水二水防洪要冲，城镇聚落通过共同的区域水利治理形成了河堤纵横的水利景观，聚落与水域则基于亲疏依存关系形成了内外一体、结构关联的文化地景。因此，地缘环境塑造了荆襄历史廊道城镇聚落的区域关联形态，并呈现出明显的"多构性"特征。上述四个维度的区域环境特色不仅为揭示城镇聚落之间关联的系统特征提供了整体逻辑，也为后文研究聚落层面的要素关联秩序提供了史地维度。

第四章
廊道秩序传导的城镇聚落空间要素关联形态

参照文化人类学家本尼迪克特的"文化整合"观点,城镇聚落作为区域网络结构中的重要节点,其空间形态在结构化过程中同样存在两种整合模式:一种是将自己过去的秩序关系整合到当下形态中,即纵向维度的同质形态整合;另一种便是将外围区域秩序关系整合到自我的形式建构中,即横向维度的异质形态整合[1]。换言之,区域历史文化网络结构是影响城镇聚落个体空间形态的重要外部机制,并为其形态特色辨识提供了更为全面的宏观理解框架。同时,城镇聚落景观作为传统营建体系与其外围地景环境长期互动形成的有机整体,也有着相对固定的标识要素与较为相似的组合关系。因此,本章将进一步在上文揭示的荆襄历史廊道城镇聚落关联秩序中,从更为整体的关联视野出发,揭示聚落个体层面空间要素多元交叠的关联秩序与类型特征,具体分历史城市与传统市镇两种聚落类型进行详细探讨。

第一节 历史城市:廊道战略区位支配的"城-市"关系

历史城市的空间形态是传统营城体系与特定地缘环境相互适应的结果,有着惯常的要素构成与统一的制度规约。由治署中心、历史街衢、城池边界,以及其他官署、文教、仓廒、坛庙等标识要素相互关联、彼此制约形成的制度空间格局,是塑造城池空间整体秩序与形态规律的统一组织框架,成为把握城市聚落景观整体关系、内外关系与层积关系的结构基础。同时,区域的战略区位是立治筑城的根源动因,并直接影响着治所城池的职能定位与规模等

---

[1] 本尼迪克特. 文化模式 [M]. 王炜,等译. 北京:生活·读书·新知三联书店,1988.

级,例如在荆襄历史廊道内部,战略区位直接支配着"城"与"市"的体量和组合关系,形成多种类型的形态关联模式。古代廊道地区作为一个营城重地,在各战略区位都设置了不同类型的治所城市,包括在廊道两端荆襄水陆交通与长江、汉水二水交汇,形成了荆州、襄阳两座区域性中枢城市;在廊道内部的水陆交通重要节点,形成以荆门、钟祥等城池为代表的商驿重镇;而在廊道两侧的边区要塞,则形成了南漳、当阳等以防御职能为主导的小型卫城,多为县级建制。其中,荆州、襄阳与钟祥现为国家历史文化名城,荆门与当阳为湖北省级历史文化名城,其他历史城市尚未纳入保护名录。结合前文的分析理路,跳出当前以历史街区与文物保护单位等优质资源为重点的片面保护研究,基于城池所处的廊道战略区位,以城池制度空间格局为线索,连接城关老街、寺观庙宇、津梁等关厢地带,以及山、水、堤、渠等地景要素,从聚落个体层面揭示不同景观要素之间的整体组构关系和"城-关-郊"的内外联系秩序。

但是,今天城市的历史环境普遍呈现出碎片化特点,整体秩序也多从显性存在变为隐性存在,这就需要回到历史关联语境中去把握其图式关系。而历史文本针对城池空间要素的记载,多为标识性要素及其方位关系的意象性表达,要素的连接秩序往往是缺失的,这也是利用历史图文研究现代建成环境的一个局限性所在。现代地图所反映的空间信息虽然更为全面、直观且准确,但历史空间关系多已淹没在新旧交织的建成环境中,极易造成认知上的错位,很难在历史与现实之间、要素与要素之间建立起直接关联(图 4-1)。

而民国时期测量的一批比例为五万分之一与十万分之一地图,有着更为准确的地形特征及要素的位置与连接关系,弥补了古代地图当中所缺失的"秩序"信息。此外,这一时期的城市地图,最为接近明清时期城池空间的完型状态,且外围尚无大规模的建设,清晰地呈现出城池空间自然与人工的布局关系、内外一体的城野秩序。同时,作为早期的测绘地图,也是最为接近客观地形的近代地图,成为现代地图与古代地图之间的重要转译媒介,是在现代城市空间中把握历史空间特征与要素关系的珍贵史料。而将不同文本所记录的空间信息转译到统一的时空坐标中进行相互印证与补充,对城镇聚落关联形态研究具有普适的方法论意义。

1. 廊道端部的区域中枢——城池与港市双城并置

荆州与襄阳,分别作为廊道南北两端的区域性中枢城市,与武汉共同构成荆楚文化核心区的三"极",在聚落形态上有着较强的相似性;分别作为荆襄驿道与长江、汉水交汇的水陆都会,因战略防御与流通集散的功能地位,城与市分立而设形成了荆州城与沙市城、襄阳城与樊城镇"双城"并置的格局(图 4-2),双城合则互为犄角,分则两极对峙。同时,两座城池的规制都较高,府县同城而治,治署、城隍庙、文庙等礼制建筑多为两级配置,形成

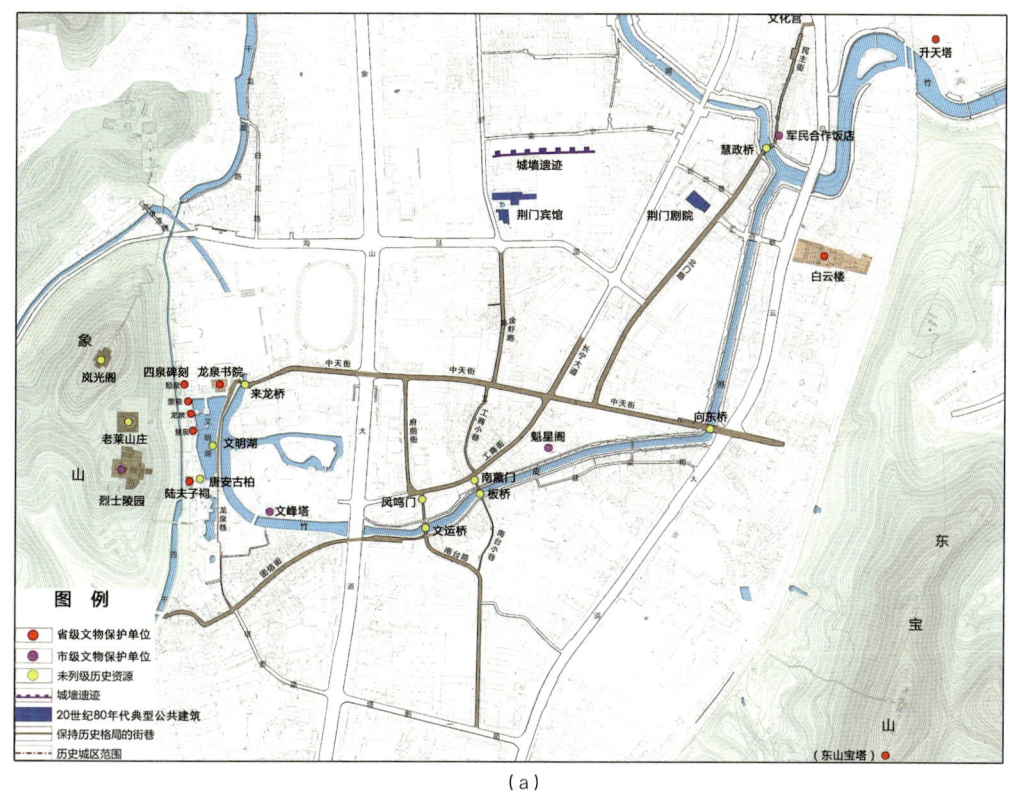

(a)

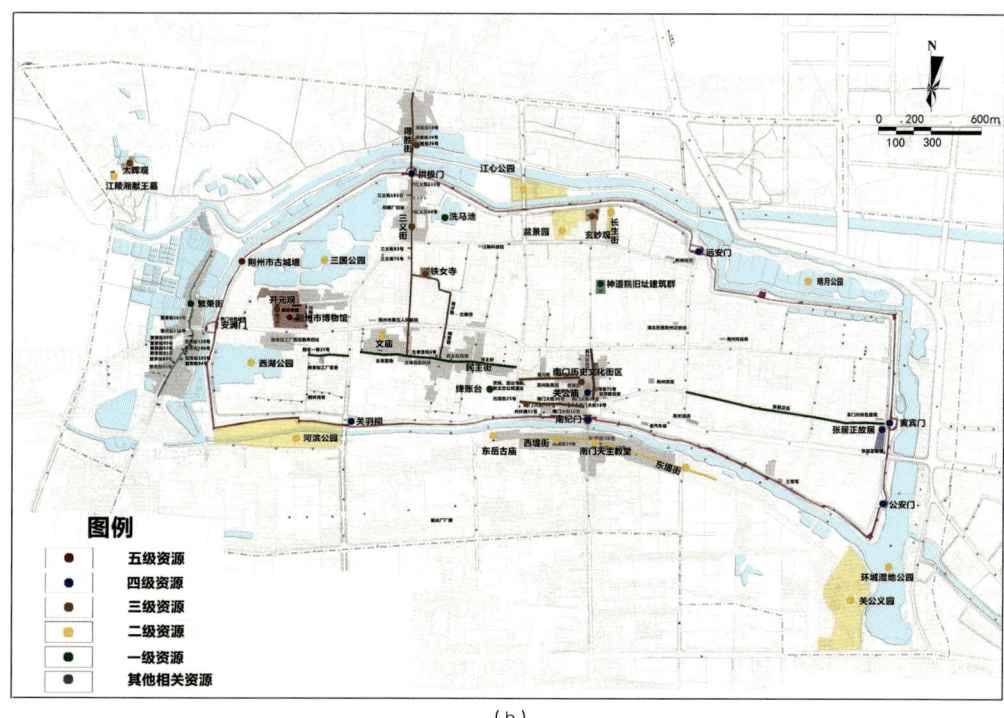

(b)

图 4-1 荆襄历史廊道城市现状地图信息举例
(a) 荆门古城现状遗存图；(b) 荆州古城现状遗存图

第四章 廊道秩序传导的城镇聚落空间要素关联形态

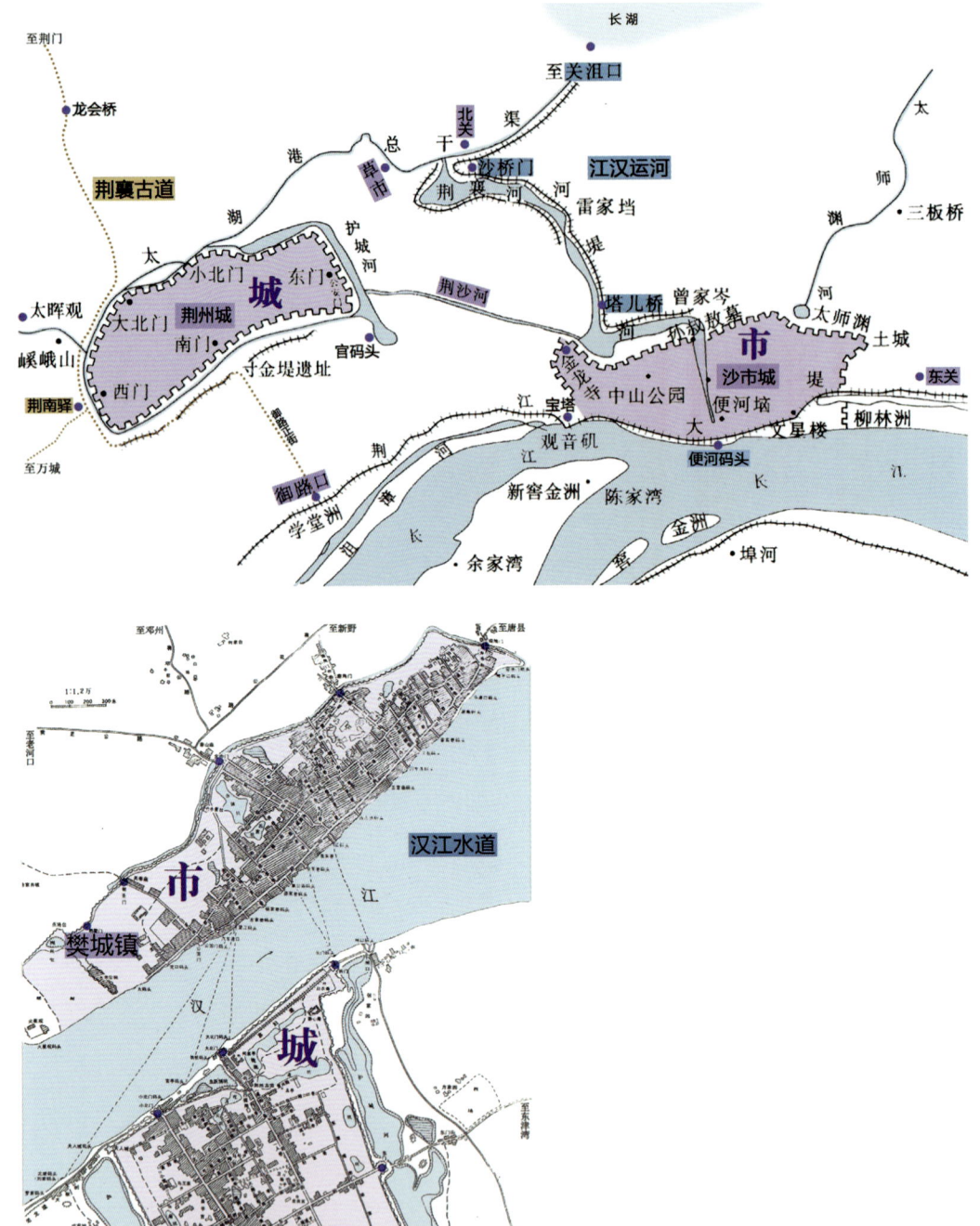

图 4-2 荆沙与襄樊"双城"并置关联示意图
（图片来源：上图底图引自《荆州历史文化名城保护规划(2018—2035)》，下图底图引自《襄樊市地名志》）

了多层次的城池中心、标识要素与空间布局。此外，因为历史上长江与汉水河岸线迁移，护城堤和沿江大堤共同构成了多重层层推出的城堤体系，也使得从早期的城池遗址到后期的城池聚落变迁过程蕴含着城市向江发展、因水兴衰的演变轨迹。

以荆州古城为典型案例，进一步分析聚落景观要素的关联秩序。荆州古城位于荆襄历史廊道南端，荆襄驿道与江汉运河两条主要水陆通道在此与长江交会，地锁江汉二水要冲，襟江带湖，长时期作为秦川、中原等京都地区沟通云贵、岭南等经济腹地的水陆转运枢纽，军事与商贸地位显赫，曾为楚国、临江国、南郡、荆州府、江陵县治署所在地。荆州古城凭江而筑、跨湖而建，但随着长江水道不断南移，外港沙市逐渐兴起并取代荆州古城的商贸地位，沙市后筑有土城，二者共同构成"城池"与"港市"分立相依的双城格局。

其中，荆州古城作为治所城市，其聚落景观要素的关联秩序可以从"湖乡基底""城池体系""关路津梁"三个维度进行考察。首先，云梦古泽的地理基因是古城"一河环城、多泽贯城"湖乡基底的历史渊源，西湖、北湖、文庙泮池、护城河等历史水系互相连通，荆沙河是沟通古城与沙市老城的重要纽带，并通过荆襄河、长湖、沙市便河、太湖港等区域性航道汇入沮漳河、汉水与长江，关沮口、万城闸、草市街、官渡口与便河码头则是水系交汇的重要标识节点。其次，荆州古城长时间作为治所中心，双城合一、府县并置、满汉分治的历史事件形成了东西双城格局，府衙、县衙与钟鼓楼辅以双"十"字街，形成古城与东城、西城"两级三中心"的格局特征；城开六门，满汉界墙开二门，太晖观、开元观、玄妙观、文庙、书院、学宫等标志性要素环护城河水系分布，内外彼此并置、相互呼应，最终各要素在互为制约中形成了城池制度空间体系。最后，荆州古城作为水陆商都，发达的驿路网络在此相汇，绕城而过的历史线路串联起北关街市、西关水市、南关堤市、东关草市及沿线的寺观庙宇，共同构成独具特色的城外关厢型历史线路。同时，西向沿太湖港通宜昌的大道分别连接西关、荆南驿、秘师桥、梅槐桥、万城、马山、李埠市等商贸节点；向南通往长江的御路正街则联系着南关、演武厅、镇江寺与御路口；北向通往荆门的荆襄古道，由小北门出发，连接着龙陂桥、纪南城遗址、枣林铺与荆门建阳驿；向东通往潜江的驿路，连接着东关、草市、北关口、关沮口与了角驿等节点；东南通往沙市的陆路则联系着东关、金龙寺、塔儿桥与便河桥等要素；万城大堤、金堤与"三海八柜"共同作为古城防洪、防御军事水利工程的重要组成部分，成为城池与长江、汉水、沮漳河之间的中观防御圈层。总之，以御路口、府衙为代表的标识要素，以河湖水系、关路津梁为载体的连接秩序，以及以城池、荆江大堤、军事水工为限定的空间界域，共同组成了荆州古城的关联形态，并约束着聚落景观要素的聚合与演替（图4-3）。

沙市老城作为江津港市，临港埠而兴街市，土城墙形态较为自由，街巷系统较发达且功

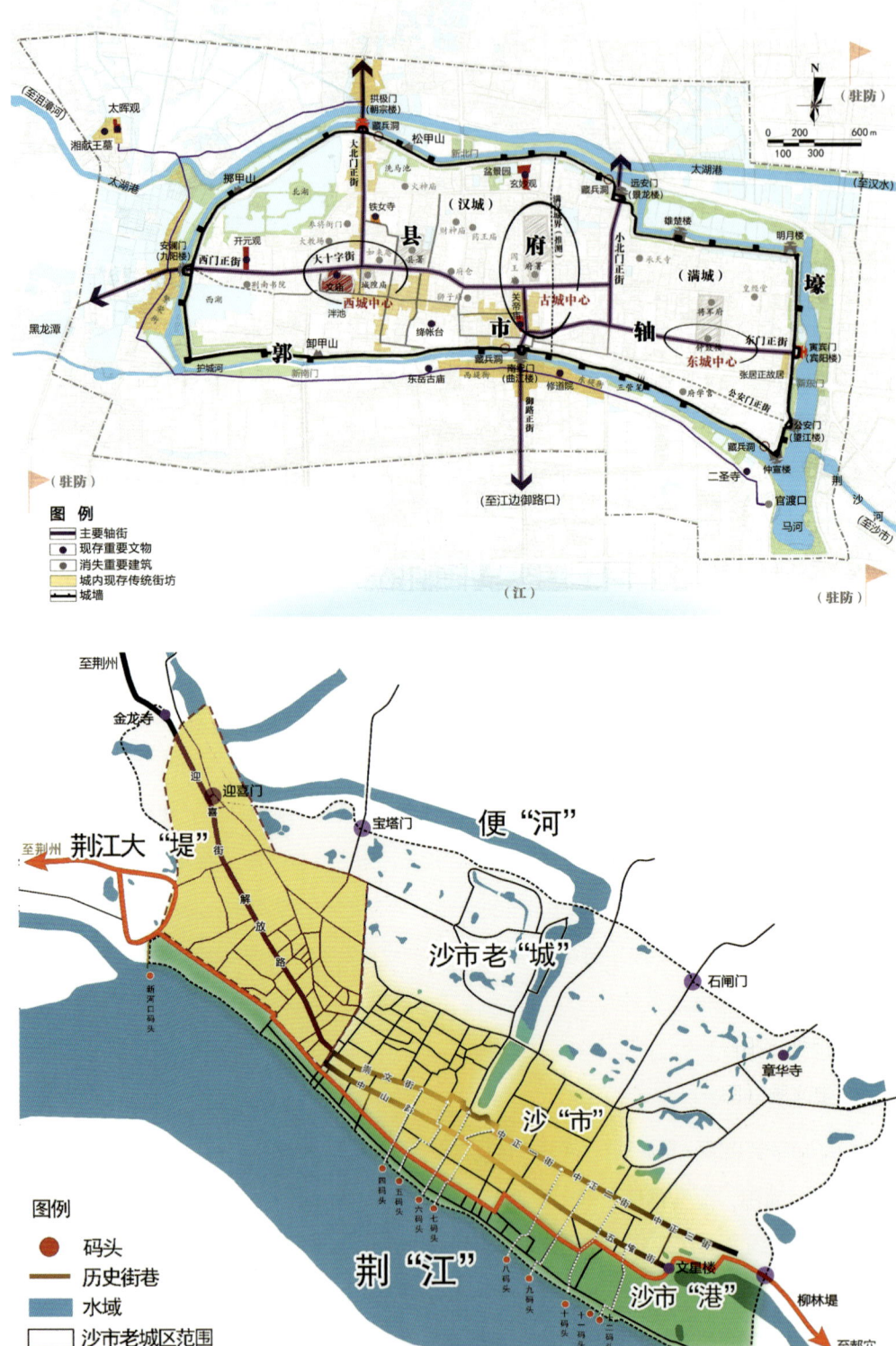

图 4-3 荆州古城与沙市老城要素关联形态图示
（图片来源：上图自绘，下图引自《沙市廖子河片区城市设计（2018）》）

能分区明显。荆江大堤沿长江北岸，西起万城，经沙市通郝穴，为江汉平原的重要防洪屏障，老城沿堤拓展的空间发展轨迹较为清晰，从东晋的"金堤"到南宋的"寸金堤"再到明清连成一线的"万城堤"等堤坝都是伴随长江河床南移而不断纵向连接、横向层推的江堤，而江堤及堤外淤积的河滩则为商业聚集的区域，曾经有着"十里津楼压大堤"的商贸繁荣盛景。今天的迎喜街、解放路、中山路北起金龙寺，南接柳林堤，商铺酒肆依郑獬堤排列，形成首尾相连的堤街景观，也是沙市老城的主要轴街。进而以主街为骨架，形成"列巷九十九条，每行占一巷"的发达市井巷道[1]，主要街巷深入江边与码头相连，商帮会馆、寺庙、商铺作坊、楼塔、官署等公共标识要素散布其间，形成了江、河、城、堤、港、市关联一体的整体聚落形态（图4-3）。

同样，作为区域中枢的襄阳古城，山、水、城池、市镇、关厢、古道、渡口、航道、堤防、庙宇等要素相互连接，关系一目了然，这也是当下把握城池环境整体性与真实性的重要框架。首先，襄阳古城位于汉江向南转折的河湾水口处，小清河、唐白河、滚河、檀溪等水系从不同方向汇入汉水，与鹿门山、万山等山体共同构成古城"倚山扼江、九水润城"的外部自然格局，老龙堤与护城堤环城首尾相接，与护城河上下闸口、关梁等节点共同成为重要锚点，形成了城、河、堤一体的自然格局。其次，东西南北正街相交于昭明台并与四侧城门相互对应，与城墙及护城河共同构成了"中心-边缘"的制度空间骨架，治署、文庙、城隍庙等标志性建筑也为府、县两级配置，形成了彼此呼应的多层次中心与功能布局，如南侧襄王府与府治、北侧道署与县治；商埠码头临江布，文运建筑缀南墙。最后，古城北侧浮桥与大北门、小北门、长门三处官渡一起过汉水抵樊城，出西关分别经老龙堤关与七里关通谷城和南漳城，向南过南门街经观音阁通往宜城，向东分别出长门街与东门街过鱼梁洲与东津湾相连；"十二连城"与古城共同构成攻防体系，在"城、关、郊"多元并存的联系秩序中，以一座"城"的主导方式存在，并与樊城"一城五门、门各有庙，九街十八巷、巷巷通码头，会馆有序布其间"的类城港市秩序相呼应[2]，共同作为襄阳历史文化名城的核心价值载体，贮存并传承了汉江流域的历史文脉（图4-2）。

2. 廊道内部的商驿重镇——城池与街市一体共构

回到廊道内部，连接荆州与襄阳两座区域性中枢城市的水陆商路节点，因独特的交通区

---

[1] 黄建勋，丁昌金. 沙市港史[M]. 武汉：武汉出版社，1991.
[2] 襄樊市城建档案馆. 襄樊城市变迁[M]. 武汉：湖北人民出版社，2009.

位与战略地位而成为治所城市设立和择址的重要考量。例如，荆襄驿道的中间节点城市——荆门与宜城，荆襄水道的要津城市——钟祥与潜江。该类城市除了具有军事防御功能，商贸流通也是其不可或缺的职能之一，古道驿站穿城而过形成的街市体系与政治军防形成的制度空间体系相互交叠、共构为一个整体，聚落规模也相对较大并呈现出明显的"多构性"形态特征。

以荆门古城为典型案例，详细分析其聚落景观要素的整体关联秩序，也为其他城市研究提供方法参照。荆门古城位于荆襄历史廊道中段，荆山余脉与汉江襟带左右，地势险要，为咽喉要地，北通襄阳、邓州，南捍江陵，东护随州，西挡夷陵，自古便有"荆襄之锁钥，江汉之藩篱"之称[1]。同时，作为荆襄古道中心节点荆山驿所在地，为典型的商驿重镇，兼具军事防御与古道商贸双重职能。

荆门古城历史上经历了唐朝设"治"、北宋择"址"、南宋定"格"、明清时期完"型"与抗战时期"毁"城几个重要演进阶段，其整体关联秩序可以从地缘环境维度的荆山落"脉"、制度空间维度的"州"城规制及商贸流通维度的荆襄"驿"站来综合把握。首先，荆山山脉落脉荆门，丘陵岗地形成了多重"关口"形势，古城扼东宝山与西宝山（象山）之间要冲，两山对峙，竹皮河与浏河环交，城池坐落其间，这种内外钩锁的自然格局也是古城空间"缘地"生长的骨架，其中荆山为古城龙脉，东西宝山为左右护砂，两河为水脉，镇水口的升天塔及水府庙，补山势的东山宝塔等风水建筑，以及昌文运的凤鸣城楼、文峰塔、魁星阁、文庙、象山书院等标识要素沿山顺河有序分布，可以说自然山水骨架逐渐积淀为城市的"景观之脉"与人文特色。其次，荆门的行政等级长期以散州形式为主，州城建制也规定了城池的等级规模与制度空间体系[2]，其中州衙居中靠西，丁字轴街以其为中心纵横延展，进而与笪箕形城池相连并与守备署、城隍庙、武庙等官署礼制建筑相制约，共同关联组构为城池制度空间格局，乐乡关、虎牙关与马牙关等关隘又分别从不同方向拓展了城池的战略纵深与防御体系。最后，荆门立治筑城的初衷是因为荆襄古道的战略要塞地位，古道穿城而过与南北城门连接，荆山驿位于北门外，向北经石桥驿、乐乡关通襄阳大道，在城门外形成三里街（今民主街），向南经虎牙关、建阳驿通荆州大道，在城门外形成土门街（今南台路），向西南通往当阳大道，形成枣园街（今团结街），城外三街合称"外集街"，城内连接南北关厢的街市称"内集街"，南北两关、内外集市、驿站、酒肆与店铺等标识要素，在古道流通格局中相互连接形成的商

---

[1] 李勋明，罗天福. 荆门直隶州志（清同治版壬辰校勘本）[M]. 北京：中国文化出版社，2012.
[2] 鲁西奇. 城墙内外：古代汉水流域城市的形态与空间结构 [M]. 北京：中华书局，2011.

业市轴与上述制度空间格局耦合共构为一个整体系统，使得今天孤立零散、新旧并置的遗存要素在相互关联的整体中获得存在意义（图 4-4）。

图 4-4 荆门古城空间关联形态图示
（图片来源：自绘）

此外，位于荆襄驿道与荆襄水道重要节点位置的宜城、钟祥与潜江三座古城，同样可以从地缘环境、政治军防及水陆交通三个维度的标识要素来把握其空间连接秩序。其中，宜城扼蛮河汇汉江之口，早期为荆襄古道上的驿站城市，唐代设有宜城驿，明清时期改称鄢城驿，为水陆要冲，故筑城以为固，另设东关、西关、南关三关。四城门正街向内交会于十字街，另有小东城门街与小南城门街与之相接，南北城门街与荆襄古道相通，东西城门街向东伸入汉江码头，并在各城门外形成关街，南关因荆门与钟祥两向驿道汇聚，西关因水陆交会，商贸更为繁盛。城内南北两池及县署、武庙、考棚、城隍、镇宜楼与城外西坛、北坛、东护国寺、南朝阳观等标识要素节点交相辉映。最终各人工要素与江、河、湖、堤等自然要素共同构成古城整体锚固框架[1]。

---

[1] 光绪九年（1883 年）《宜城县续志》。

钟祥古城 [图 4-5（a）] 西侧滨汉水，与荆门古城隔江相望，其他三侧群山环绕，为先秦时期楚都纪南城陪都，古称"郊郢"，三国时期名"石城"，明代置承天府，有着较高的政治及军事地位。同时，古城扼荆襄、襄汉漕运与襄汉驿道的水陆要冲，明清时期设有石城驿，城池依山势而建，临江设渡，沿河筑堤，南门外码头街、河街与古道驿站交会，形成与制度空间体系相融合的商贸体系[1]。

潜江古城 [图 4-5（b）] 位于汉江水道转航长江水道的重要水口——泽口，也是荆州通往沔阳与汉阳的驿道节点，设有白洑驿，也在城池制度空间体系基础上形成了发达的内外街衢商贸体系。

3. 廊道两侧的边区卫城——城池与附街边缘依存

荆襄历史廊道的区域流通格局主要以内部南北向的荆襄驿道与荆襄水道为骨架，而廊道东西两侧的山麓地区，尤其是西侧的边区，为区域性商贸流通格局中的边缘地带。但是，沮漳河与蛮河等重要水系出山区的河谷门户地带，却是军事上的戍防要地并设有城池驻守，以拱卫廊道内侧的重要城市。不同于上文廊道端部的区域中枢或内部的商驿重镇，该类城市作为卫城存在，军事防御职能明显胜过商贸流通职能，且城池规模相对较小，多为县级建制，由历史中心、标志、轴街与边界构成的制度空间体系虽较为完善，但在礼制建筑配置上却较为基础。同时，由于外围交通多为地方性支路，加之缺乏广阔的经济腹地作为支撑，其商业贸易多为简单的城下街区形式依附于城门边缘，以当阳、南漳、远安城最为典型。

当阳古城，古称"玉阳"。当阳古城 [图 4-6（a）] 位于沮河河谷与江汉平原交会之处，为荆州古城西北之门户，现为湖北省级历史文化名城。当阳为荆州、宜昌与荆门三地交会之地，群山环绕，山谷险隘，沮、漳二河萦绕交汇于东南，实属四固之地与用武之国[2]，对川陕上游地区防御与地方流民统治都发挥着重要作用。尖山与锦屏山夹沮河对峙成川，上下游险要之处分别以百宝寨与河溶市巡司守固，古城负山阻水，东南以玉泉河、沮河为池，西北跨玉阳山而筑并引真武港水环之，后修郑公长堤以御水。古城共开四门，各守一方，东曰紫盖、南曰凤川、西曰玉阳、北曰清漳；双丁字轴街、阁楼居中。根据县志街衢记载，可以洞悉城内主要标识要素与街巷系统的连接方式与城外关街概况：正街自东门至西门在县署前，南门街自南门至正街，北门街自北门至大魁阁，玉阳街在县署后自玉阳山下至北门街，府馆街在

---

[1] 同治六年（1867 年）《钟祥县志》。
[2]《湖北省湖泊志》编纂委员会.湖北省湖泊志[M].武汉：湖北科学技术出版社，2014.

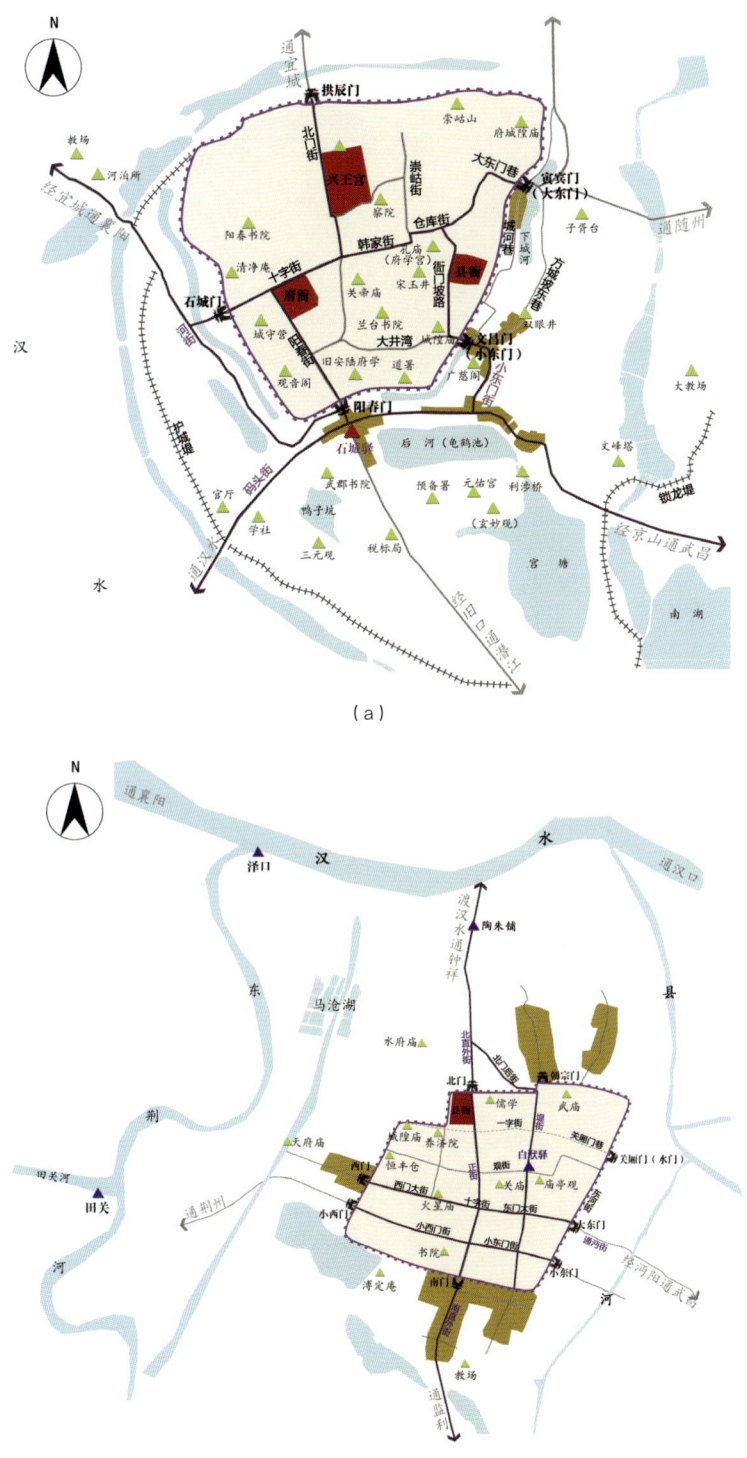

图 4-5 钟祥古城与潜江古城整体关系图示
（a）钟祥古城；（b）潜江古城
（图片来源：自绘）

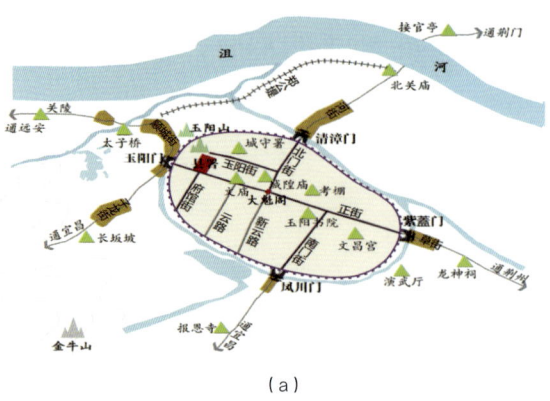

(a)

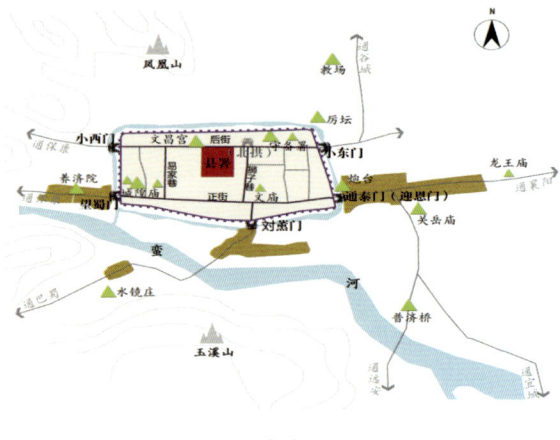

(b)

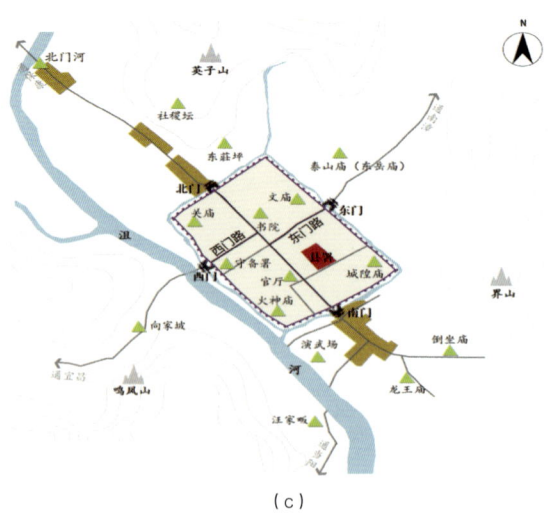

(c)

图 4-6 当阳古城、南漳古城、远安古城整体关系图示
(a) 当阳古城；(b) 南漳古城；(c) 远安古城
(图片来源：自绘)

县署前自照墙至外城，云路在学宫前，新云路在大魁阁南，董家巷在县署西，自玉阳山至西门正街，草街自东门外至龙神祠，顺城街自西门外至汉忠烈祠（关陵），子龙街自西门外至长坂坡，河街自北门外至北关庙[1]。从中可见，当阳城虽小却坚固，官署、祠院等礼制标识要素配置较为基本，与各街巷首尾相继、有序连接。四座关街分别依附城门向外自由延伸至对应标识节点，进而通往邻近城市，形成了内冷外热的功能特点。

南漳古城［图4-6（b）］的山水格局与当阳古城相近，位于蛮河自西向东出群山与襄宜平原交会的河谷地带，凤凰山与玉溪山对峙如门，故据险筑城以御敌，并在南、西、北三个重要防御方向设有重关堡寨以为固，共同构成襄阳古城西侧屏藩。方形城池南侧以蛮河为池，清凉河环绕其东侧及北侧，城设有六门，东门曰通泰（迎恩），西门曰望蜀，南门曰对薰，外接通济桥，北门曰北拱，后因城墙向北外扩另开小东门、小西门二门，通过后街连接，北门由此废弃[2]。县署居中靠后街，正街在县署前，连接东西二门及文庙、城隍庙等标志建筑。另有狮子巷、易家巷等多条南北向支巷连接正街与后街，形成"两街多巷"的空间骨架，出东门、西门、南门分别通往襄阳、保康与巴蜀方向的支路依附于各城门形成了三片关街，进而形成内外一体、结构关联的整体秩序。

远安古城［图4-6（c）］作为荆州西北门户，方形城池、十字轴街、县署居中靠南与其他官署等礼制建筑共同锚固为制度空间体系，沮河、龙洞二水汇流于东南，鸣凤山、鹿溪山二山对峙于西北，地锁宜昌、荆州、荆门、襄阳四地，城池规模虽不及其他城邑，亦为用武之地[3]。北关外有营盘坡与北寨、洋坪三处军事据点呈犄角之势，三者相互应援、可攻可守，为城邑北侧之屏障。南有猴子岩险隘，既可屏藩本邑，也可策应邻封当阳。此外，南北轴街出北门分别在城门与沮河桥边形成附城关街与草市，与上述山水格局及制度空间格局共同构成整体关联形态。

将三种类型所有历史城市及区域主要水陆交通等要素一起概念化表达于区域空间上，以历史城池为核心锚点，便可进一步明晰城镇聚落内外一体、区域关联的整体秩序。而这种概念图景不仅反映了一种地域特色，也可为认识特定聚落的价值特色提供整体的空间参照（图4-7）。

---

[1] 同治五年（1866年）《当阳县志》。
[2] 同治四年（1865年）《南漳县志》。
[3] 同治五年（1866年）《远安县志》。

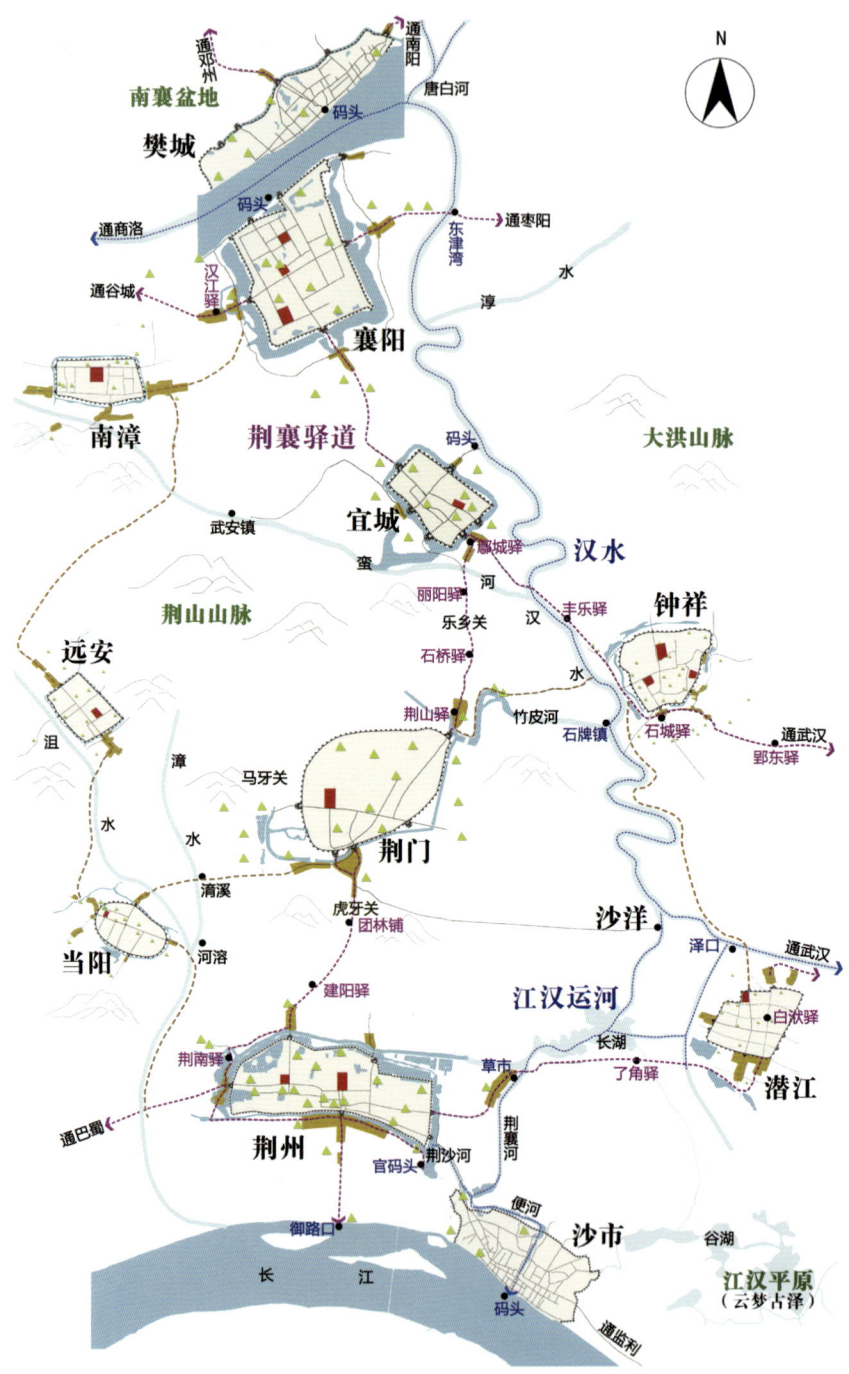

图 4-7 荆襄历史廊道各城池锚定的整体关联图式[1]

---

[1] 改绘自参考文献：许广通，何依，王振宇. 历史城区结构原型的辨识方法与保护策略——基于荆襄地区历史文化名城保护的相关研究[J]. 城市规划学刊,2021(01):111-118.

第二节 传统市镇：交通网络节点生发的"街－市"关系

传统市镇作为联结历史城市与乡村的中间枢纽，通常是依托区域交通网络节点逐渐壮大成为一个集货物转运、商品贸易甚至军事防御等功能于一身的聚落类型。其空间形态也因此在乡土社会的基础上叠加了商市空间、军事防御等多重属性特征[1]。在古代，古道驿站、关梁津渡、江河湖口等不同类型交通网络节点是形成市镇聚落及街市秩序的重要"发生器"，商业老街则是统一的空间标识要素，并因节点类型的不同而生发多种不同模式的"街－市"秩序关系。具体而言，这些交通网络节点作为一种"控制要素"主导着聚落空间秩序的建构，成为市镇聚落空间拓展的"原点"，而商业老街多以其为依托重心集中布局、生长，并以一种整体空间骨架锚定了各民居院落与田野环境等要素的组织关系，进而以一种自成一体的人居体系融入区域网络结构的建构当中。传统市镇的"街－市"秩序关系具有较强的空间稳定性与历史连续性，是今天串联"商－居－野"三重空间联系秩序的重要载体。

荆襄历史廊道的传统市镇在聚落空间组织上具有较强的相似性，由水陆交通节点设施、集市老街、街头巷尾节点、会馆、庙宇、院落、河堤、田园等自然与人工要素为典型的要素构成，"街－市"空间格局则是它们相互联结形成的整体秩序，制约着聚落的整体形态与要素组织。同时，由于古道驿站、江河津渡等节点的地缘环境与动力作用不同，聚落形态的标识要素与连接秩序也有着不同的组织特征，其中，以渡头水市、古道街市、围垸堤市、关隘寨市四种模式最为典型。下面便以区域交通网络节点为基础，以街市格局关系为线索，分析不同类型市镇聚落的典型标识及秩序特征。

1. 渡头水市——因渡成街、亲水生长

荆襄历史廊道依托长江、汉水、沮河与漳河四条主要河道与外部区域建立长路商贸联系，并通过各支流水系对内部腹地完成短路经济辐射。因此，干流与支流水系交汇转航的水口地区和水路与陆路相会的水旱码头，成为生发传统市镇聚落的重要节点。聚落形态也深受水运渡口的控制，多以渡口节点为重心向后岸延伸，形成垂直于江岸的老街、平行于河岸的老街或纵横交汇的十字街等多种亲水市镇聚落景观体系，其中渡口为关键标识要素，渡头街或码头街则为主要的连接要素。同时，各聚落又以水运航道为联系纽带，商贸能力层层在下游汇

---

[1] 何依,程晓梅.宁波地区传统市镇空间的双重性及保护研究——以东钱湖韩岭村为例[J].城市规划,2018,42(07):93-101.

聚，又必然在更高级别的江河要津催生出一个区域性商贸重镇，最终在区域层面依托航道形成一个密切联系的水运市镇联合体。聚落因水而兴也因水而衰，有的渡口甚至一直沿用至今。汉水沿线的太平店镇、仙人渡镇、茨河镇、旧口镇、多宝湾镇，长湖周围的后港镇以及沮漳河沿岸的河溶镇、淯溪镇等市镇老街都是渡头水市的典型代表。下面便以太平店镇、河溶镇与淯溪镇为例，分析该类聚落景观的关联特征。

（1）太平店镇——汉江津渡、垂直生长

太平店老街，曾称"青泥湾"，位于襄阳古城西郊的汉江东岸，是控扼襄樊、老河口、谷城与邓州四城之间往来的水陆要冲，为重要的水旱转运、贸易枢纽，也是汉江之滨津渡型市镇的典型代表。今天，老街入选第一批湖北省级历史文化街区，也是襄阳历史文化名城在市域层面的重要物质载体。作为一个汉江北沿江通道上的古镇，太平店介乎于襄樊与谷城之间，距二城距离均约 30 千米，为商旅行人中转休息的重要节点，同时，该镇还是北上邓州的水旱转运枢纽，集市老街、商贾巨镇也由此应运而生，并在明清时期达到了鼎盛。可以说，它是襄樊、谷城与老河口之间的重要锚点与文化斑块，也是区域城镇商贸体系构成与演进中不可或缺的一环。

其"商－居－野"街市秩序关系可以从"码头－集市""集街－聚落""聚落－野涂"三个层次来把握。其中，水陆埠头是集市老街拓展的起点与原动力，而太平店老街与横向支巷共同构成的鱼骨状街巷系统，与"两堂、三馆、一宫、一阁、六庙"等标志性建筑一起形成锚定聚落景观的空间框架，各民居院落则以其为骨架进行布局与伸展，最终形成层次分明、脉络清晰的历史建成环境。而聚落通过不同方向的交通线路与外围山水、郊野等环境建立联系，进而一起融入区域关联网络的建构。其中，西出太平店，过八里桥、禹王宫、城隍庙等节点，接仙人渡可达谷城与老河口；东出老街通樊城方向，经龙家巷、八里庙、朱家坡、茶棚等节点可达牛首；向北分别经财神庙、关庙达龙王集，经黄金埠口、鲁家庙抵李家集，最终通往邓州；向南经胡家洲，涉汉水接南沿江通道，上通庙滩、谷城，下抵茨河与襄阳［图 4-8（a）］。

（2）河溶镇——沮漳合流、沿河拓展

河溶镇，曾属荆门州，今属当阳市，位于荆州、荆门与当阳三市交会之地，老镇区傍漳河东岸，因沮河、漳河二水流经此处汇合为一后继续向南注入长江而得名。河溶镇所在地，历史上与古麦城隔水对望，是依附于麦城的一座卫星城邑，名为"乌扶邑"，同时也是漳东江汉地区通往麦城的要津；而在沮河、漳河二河合流之后，这里便作为两河流域的深港渡口，逐渐取代麦城壮大而成为流域的重要货物集散中心，改称"溶市"，上可溯远安、当阳、南漳等山地，下可至长江航道及沙市、汉口等大城市，荆山的山货、江汉平原的米粮及外界的

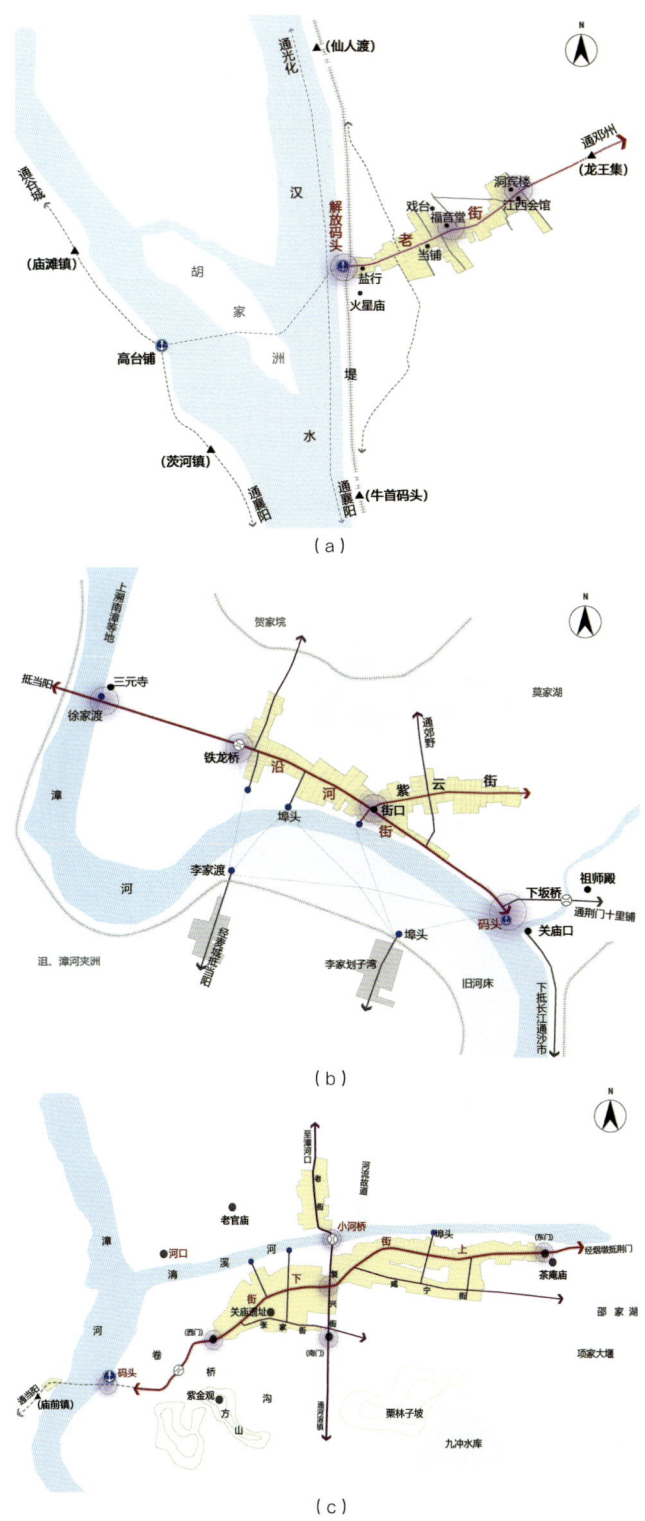

图 4-8 渡头水市型古镇空间关系秩序图
(a) 太平店镇;(b) 河溶镇;(c) 淯溪镇
(图片来源:自绘)

物产，在此集散转运、互通有无。后来又有了"合溶"与"河溶"等名称，从中也折射出其发展历程与功能变迁[1]。明末清初，巡检司设于此，商品贸易达到鼎盛时期，素称"小汉口"，为当阳三大古镇之一。就如同汉水流域物资层层汇聚成就汉口的商贸繁荣，沮漳河的"水"与荆山的"马"则奠定了河溶镇与沙市的商贸地位。

古镇的"商—居—野"街市秩序关系同样可以从码头、老街、镇区及田野几个层次来把握。其中，沿河街依着漳河北岸斜接于河溶码头，并与紫云街呈"T"形相交，西临漳河，东侧则被溪水与莫家湖长堤环抱，河流上下两端分别流经铁龙桥与下坂桥后注入漳河，老街与河堤分别构成了古镇的连接要素与空间界域，与古镇历史上"九宫十八庙"所积淀的标识要素共同锚固了街区的空间骨架。但是，这些作为各地商帮会馆的宫庙，随着古镇商贸地位的衰落，现今仅剩关庙、天后宫、紫云宫、文昌阁的瓦砾残垣，但是关庙口至今是河溶人极为重要的心理地标。河溶"挟清漳之通浦兮，倚曲沮之长洲"，其外围自然环境至今还以湖滩、河堤、夹洲及农田为主，并通过不同方向的野涂与人工环境紧密联系，进而融入区域网络的建构之中。铁龙桥北上经三元寺、徐家渡，过沮河、漳河夹洲通慈化与当阳古城，东北穿贺家垸，沿莫家湖堤过莫家庙，可达荆门古城；正东通荆门十里铺，东南通荆门建阳驿；向南沿沮漳河则依次抵达草埠湖镇、万城市，陆路则接马山镇、梅槐桥等地，最终抵达荆州与沙市［图4-8（b）］。

(3) 淯溪镇——淯溪河口、跨河交汇

淯溪镇，坐落于当阳与荆门的边际地区，为当阳古城的东北门户。同时，位于河溶镇上游漳河与淯溪河汇合的河口，也是当阳通往荆门古城大路的中心节点。独特的地理区位、水陆交通条件及沮漳河平原腹地经济，共同成就了淯溪作为当阳三大古镇之一的历史地位，使其兼具地区商贸、交通集散与军事防御等多重职能。淯溪镇今为湖北省首批历史文化名镇与第七批中国历史文化名镇。

古镇的街市关联秩序，可从河流、街巷、防御及野涂等角度进行分析。上街与下街首尾相接，平行于淯溪河，成为古镇的主街，同时串接着咸宁街、复兴街与张家街三条背街，而老街过漳河（大河）与淯溪河（小河）对应设有大河桥与小河桥，另外，上街、下街分别设有通往淯溪河的码头，"一主三背"的街巷体系与关庙、大小河桥、码头等标识要素共同构成了古镇的中心骨架。此外，古镇过去西侧与北侧以大河、小河为天然屏障，南侧与东侧则

---

[1] 董乐义. 古乌扶邑的变迁与河溶镇[J]. 中国方域, 2004(1):27-28.

筑土城墙与护城河作为人工屏障环抱古镇，并开有东门、南门与西门，外围淯溪河口与方山寨分别耸峙于古镇南北两侧，形成了合围的防御体系。东北出古镇过烟墩集（今漳河镇）通往荆门古城，东南过小烟墩集（今庙前镇）抵达当阳古城北关，向南可顺漳河与小路而下抵达河溶镇与沙市，向北溯漳河可达南漳与襄阳，这些通路从不同方向将古镇与田野自然环境、寺观庙宇乃至区域网络结构紧密联系为一个整体[图4-8（c）]。

2. 古道街市——驿铺节点、古道穿街

不同于渡头水市空间形态的高度亲水性，以陆上驿路为依托的集镇则多位于古道驿站节点或道路交叉口等特殊位置，并沿着古道两侧延伸形成"古道穿街"的秩序关系特征。其中，驿铺等交通处所或其他道路节点为重要标识，也是聚落空间拓展原点；而道路本身也是聚落空间拓展的轴线与连接载体，街头巷尾与各标识要素共同构成线性空间序列，作为古道上一个重要的枢纽节点，进而在区域层面按照特定的路程规律有序分布。

荆襄古道为廊道内部最为重要的南北陆上通道，沿途分布着众多驿铺等设施站点，供官员、戍卒、行旅等休息与补给，在古代交通运输与信息传递中都发挥着重要作用。长此以往，驿站借助独特的交通区位优势逐渐壮大为市镇聚落，并成为古道上一个重要空间节点。例如建阳驿、石桥驿便与荆山驿、丽阳驿一起成为荆门境内古道上的四大驿站，除了各驿署建筑本身的规整布局，大门、社仓、正厅、内宅、庭院、马棚、马房及马王庙等标志性要素共同组成了一个整体方形院落（图4-9）。各聚落节点因驿兴街，至今还保存着较为清晰的古道穿街的格局印迹，成为荆襄古道的重要历史见证与空间坐标。

其中，建阳驿位于荆门古城南约45千米处，曾为荆门与荆州两座古城之间的唯一驿站，北与五里铺相接，南与十里铺相连。因位于建水之北而得名，亦可通过建水（大漕河）向东南经拾迴桥入长湖转江汉水运航道，明清时期兼设建阳巡检司，也是一个重要商业市镇。荆襄古道自北向南穿街而过，至今留存有长约500米的老街，沿线商铺林立且多保持清末民初的建筑风貌，驿署旧时位于老街西侧，现今只剩遗址。此外，老街外围还发现有椭圆形土城垣印迹，并结合自然水系筑有一圈城壕环绕，城河故道至今保存较好。而内外标识要素有"五庙六井两书院"之说，其中庙宇分布在驿城周围，古井与书院则分布于城内，现多已消失，老街西侧还有军事信息传递设施——烽火台，多被拆除，仅剩两处依稀可辨的遗址。南门外500余米古道过建阳河设有建阳桥，曾为南北交通必经之地，故较为繁荣[1]。总而言之，老

---

[1] 参照荆门社区网（https://app.jmbbs.com/wap/thread/view-thread?tid=4792963）及田野调查。

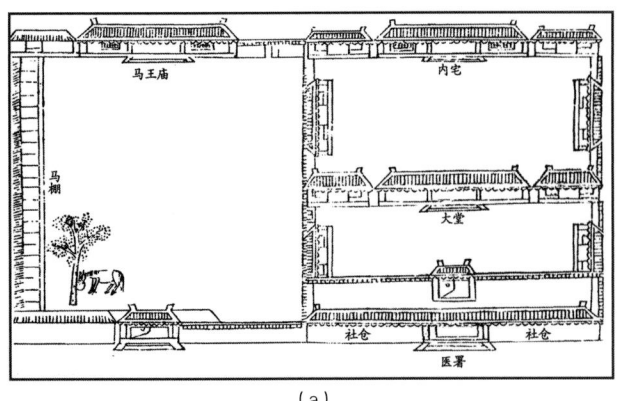
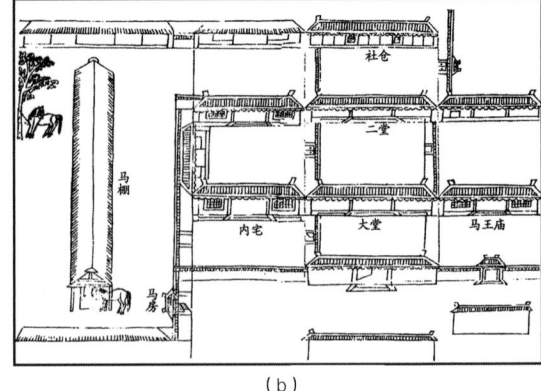

图 4-9 荆襄古道沿线建阳驿与石桥驿两座驿署图[1]
（a）建阳驿；（b）石桥驿

街与各标识要素在相互联结及与四至区域的联系中蕴含着建阳驿的历史价值与商贸繁荣。

　　石桥驿始建于唐代，在荆门古城北 30 千米处，同建阳驿一样，为荆襄古道四大驿站之一。向南经南桥铺、子陵铺抵达荆门北关街；出老街向北经乐乡关、丽阳驿抵达宜城、襄阳等地；向西可达盐池庙与仙居镇等地，利河曾从其北向东蜿蜒，经双河镇从利河口汇入汉水，为荆门与宜城之间的中心节点。驿站因为一座石拱桥而得名，在今古驿路老街尽头的原石桥驿中学内尚存有"建复古石桥碑"，为清朝修复石桥时所立，也是驿路老街的南端重要节点。沿着古驿老街向北前行，老街尺度格局维持相对较好，两侧还留有较多传统商住混合的老店铺，在老街与今文昌阁路交叉口街尾附近的文昌阁旧址，为另一个重要节点，抗战时期曾用作炮楼，在古代则为石桥驿驿署所在地。因此，石桥驿同样为古道街市的典型代表，一桥、一阁的首尾节点与古驿老街共同构成古道穿街的线性空间序列，是荆门古城北侧重要的交通节点与聚居中心，与荆门古城南侧建阳驿遥相呼应，并与其他驿铺节点共同勾勒出荆襄古道的历史图景，因而具有重要的历史意义与保护价值，也正因为它们的存在，荆襄古道的历史记忆才有了可以体验的空间载体。这类格局尚存的古道街市同样应被纳入保护范畴，并在未来的城乡建设中予以传承与展示（图 4-10、4-11）。

---

[1] 李勋明，罗天福. 荆门直隶州志（清同治版壬辰校勘本）[M]. 北京：中国文化出版社，2012.

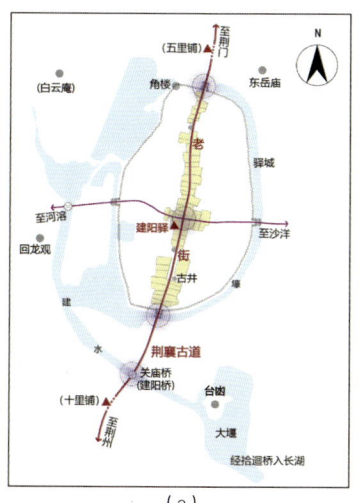
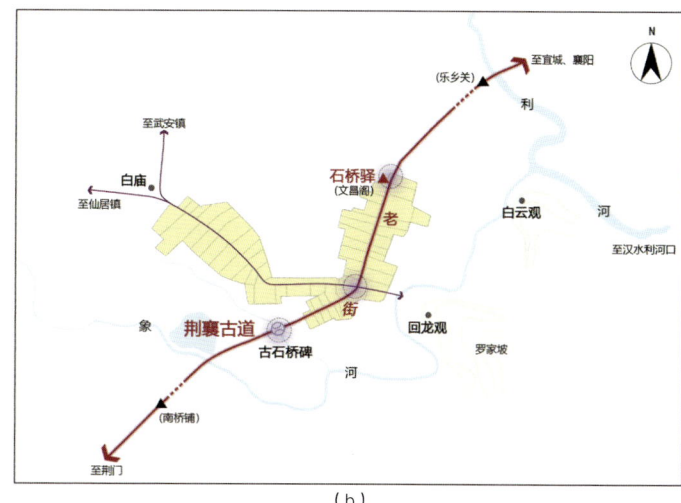

图 4-10 建阳驿与石桥驿空间关联秩序图
（a）建阳驿；（b）石桥驿
（图片来源：自绘）

图 4-11 建阳驿与石桥驿老街现状图
（图片来源：自摄）

第四章　廊道秩序传导的城镇聚落空间要素关联形态

值得一提的是，上文提及的渡头水市与本节的古道街市，并不是绝对二分的两种街市类型，分开论述是为了更好地揭示各自主导的联系特征与内在逻辑。那些位于水陆交通交会处的集镇，则通常以水运与陆运为重心形成相互叠合的联系秩序，甚至呈现出水陆相互分离的两大片区，聚落规模往往也相对较大，而街巷的格局取决于陆路的数量及其与江河的相对关系。

3. 围垸堤市——沿河筑堤，依堤列肆

在荆襄历史廊道南段水患频发的平原湖区，沿河湖水系筑堤御水形成围垸型生产生活单元的同时，穿行在围垸之间的河流水系则为沟通区域联系的重要载体，而河流两岸的堤坝同样承担着与之相伴相生的陆路交通功能。因此，就如同水运渡口及古道驿站一样，重要河口或湖咀等节点处的河堤同时也是聚集商贸流通的媒介与依托。为了避免水害侵扰，传统老街多选择基面较高的堤坝延伸，几乎所有此类集镇均位于河流两岸并平行于河道沿堤生长，依堤列肆形成店铺林立的堤市景观形态，呈现出街心高、两侧低的特点。其中，河湖水系、堤市与垸田为一个共存互补的整体，并在区域层面构成一个密切联系的商贸网络。今天荆州的程集镇与周老嘴镇两座国家历史文化名镇便是该类市镇聚落的典型代表，下面便以其为例，深入分析围垸堤市型老街的标识要素与街市秩序特征。

（1）程集镇——老长河节点

程集镇地处荆州监利县西北门户地区，毗邻江陵与石首二县，可以说有"地锁三县"的区位优势。江汉平原历史上湖群密布、河网交织，尤其后期堤垸纵横、水陆线路相接，并长期以水路交通为主导。程集镇依托程集老长河西通沙市、东接监利与汉口、北达潜江入汉江水运、南经拖船埠入长江航运，实为水陆交通联系枢纽，自宋代开始商业兴起，不断聚集壮大，至明清时期达到鼎盛，成为区域性物资转运集散中心，商品贸易繁盛。今天古镇风貌保存完整，作为国家历史文化名镇，是江汉平原地区堤垸市镇景观的典型代表，也是荆州历史文化名城的区域构成部分。

古镇临水设埠，沿堤列铺，始成街市，其聚落景观的关联秩序可以从"河－街－堤－垸"的组合关系中进行把握。首先，程集老街位于范候垸、永丰垸及马鞍垸三垸的交会之处，沿程集老长河北岸河堤列肆，形成平行于河道的"堤街"，今称程集老街。街心基面仍高于外围地区2米左右，并通过支巷连接着老街与河道。随着古镇规模的壮大，老街跨河延展，沿河道南岸一弓堤进一步形成三岔街，并以魏桥作为连接，共同构成"一河两街、商铺竞列"的线性空间格局。其中，北入口牌坊与骑河廊桥、衔接两街的魏桥及三岔街尾端的文昌宫为三处重要场所节点，与街河平行的鱼骨状街巷系统共同锚定为古镇的关联格局，这也奠定了各商居院落的生长骨架。各商居院落"面街临水"，通过前店后宅及后院埠头又进一步强化

了老街与河道的联系。今天古镇区域外围田园阡陌及河湖关系依旧清晰可寻，向北沿堤通姚家集，向西通过水运抵达邻近的拖茅埠市，向南穿围垸陆路可达堤头市，向东则可达四车埠，并通过老长河接内荆河等区域性主要水系［图4-12（a）］。

（2）周老嘴镇——内荆河节点

周老嘴亦名周家嘴、周家渡，旧处监利县与沔阳州（今天门、仙桃与洪湖一带）交会地区。东荆河与内荆河为江汉平原两条主要航道，分盐河北起东荆河新沟嘴，向南流经彭家口后注入内荆河，可直通洪湖及长江，而周老嘴镇则位于分盐河与其分支河道胭脂河的重要分流穴口，水路四通八达，商贾云集，明清时期因渡成街。同时，古镇位于洪湖边缘地区，河湖港汊纵横，凭借外围水域天险，军事攻防优势明显，因而也是革命战争时期湘鄂西革命根据地的首府，政治、军事与经济中心。

作为一个千年古镇，老街的关联秩序主要体现在以下几个方面。首先，是"一河两街多巷"横向关联骨架，老正街与沿河街分别聚集着不同的业态类型，两街店铺沿河堤展布，并有唐家巷等纵向支巷作为中间联系，共同形成了主次并行的"双街"格局，一个个标志性大院有序分布于老街两侧，现多为革命旧址。其次，河流、堤垸地理形态进一步塑造了古镇的"垸田—店铺—街道（堤）—店铺—墓—埠头—河道—长堤—垸田"横向关联秩序。此外，据相关文献记载，历史上在老街东西南北的主要出入口位置还设有栅子门，其他方向则为河流与实墙所围合，构成了老街简单的防御体系。最后，上述人工建成环境外围被合尚垸、铁黄垸、新围垸等荒湖台垸包围，并通过阡陌交通相互沟通，桥梁、寺观、垸口与高台为重要节点，而主街则直接通过水道和河堤与区域建立联系［图4-12（b）］。

4. 关隘寨市——交通咽喉、重关锁街

历史上，荆襄历史廊道地区重要的山隘或水关，尤其是两种地形过渡的交通口，一方面既是军事防御上的战略据点，另一方面也是区域交通必经的咽喉要地，带来了大量的商旅人流与货物流通。因而在军事与商贸需求的双重作用下，形成了兼具商业特性与防御特色的市镇聚落，聚落据险成街并在商市格局外围增设多重防御屏障，在街市格局关系的基础之上又叠加了防御空间体系，进而形成内外钩锁、结构关联的关隘寨市景观体系，呈现出有别于上述三种商市类型的寨市景观形态（图4-13）。同时，不仅关隘有山隘和水关之分，寨市形态也有"类城"形态的全包围式防御和以点封线的定点式防御两种类型，前者表征为"寨市一体"的连接秩序，后者则表征为"寨市分立"的形态特征。下面便结合荆襄历史廊道传统市镇的具体实际做详细阐述。

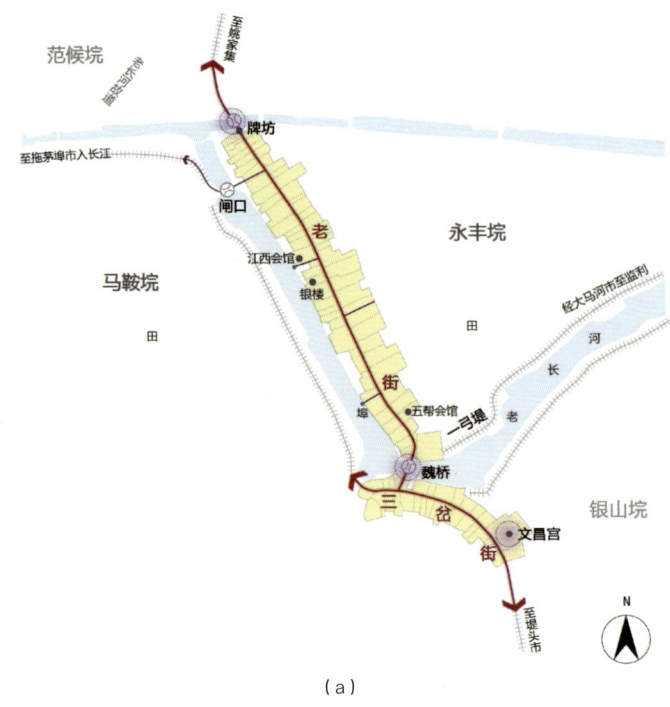

(a)

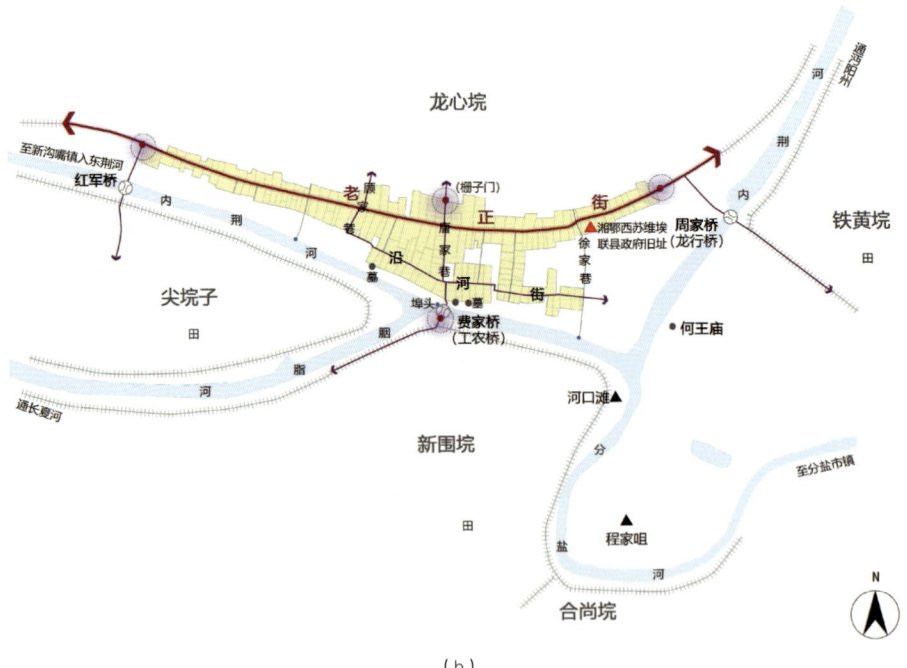

(b)

图 4-12 程集镇与周老嘴镇空间关联秩序图
(a) 程集镇；(b) 周老嘴镇
(图片来源：自绘)

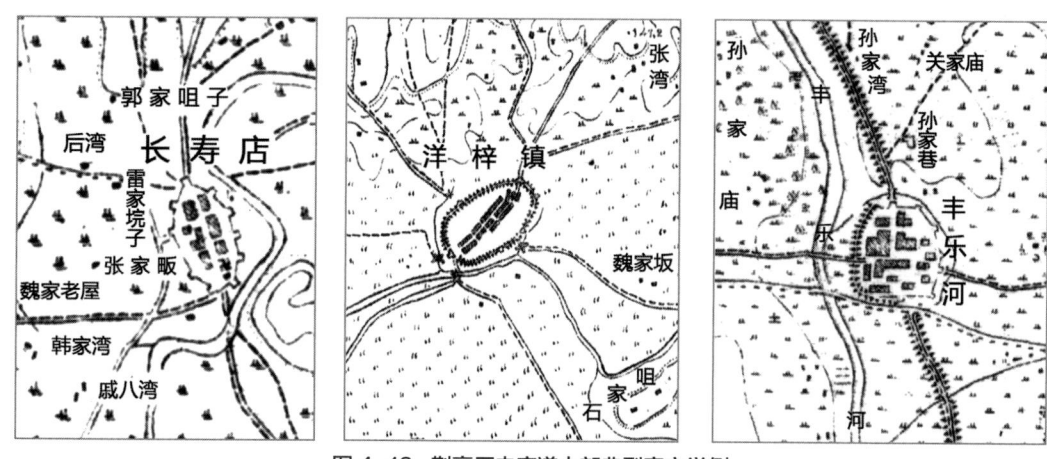

图 4-13　荆襄历史廊道中部典型寨市举例

（1）张集镇——山隘 + 寨市一体

张集镇位于大洪山西麓向平原过渡岗地、长寿河与张畈河两河谷口交汇水口，地锁宜城、钟祥、随州三市，扼四集交通之咽喉，为钟祥北通枣阳、随州的必经之地，素称"钟祥东北门户"，自古为兵家必争与商贾云集之地，其街市空间布局也深刻体现了这种"寨市一体"的典型特征。古镇聚落景观的关联秩序可以从街巷体系、标志系统、防卫布局及自然环境等方面进行把握。聚落背山靠水，一条主街平行于河道，自东向西拾级而上，串起三条南北向支巷，魁星阁、关帝庙等标志性建筑沿主街靠寨门分布，联合街巷交会节点共同构成聚落内部空间骨架。街区南侧临水而筑、以水为防，东、北、西三面筑有石墙，南面临水侧则是连续的院落高墙，寨墙与街巷交会处各开一门。同时，在东门外通往随州的大路上设有阙平关，向南出斗迎门，过连三桥，在通往客店镇的要道上设有朝阳关[1]，并在西北与东南对峙的山顶上分布有堡寨，整体呈现为"山-寨-关-门-街"关联一体的防御体系。此外，张集镇域范围内尚留存较多古山寨遗址，也是大洪山堡寨文化的重要物质空间载体（图 4-14（a）、4-15）。

（2）东津湾——水关 + 寨市一体

如果说张集古镇街市空间形态体现的是一种山隘型寨市聚落景观，那么襄阳的东津十字街便是水关型寨市聚落景观的典型代表。东津十字街旧称东津湾，也叫东津关，位于汉水之滨，与襄阳古城隔江对望，为古城东郊的重要关镇，也是襄阳东渡汉水通往随枣走廊的必经之地，明清时期便壮大为襄东大市。可以说，作为津渡关梁，东津十字街是襄阳古城在汉江对岸的

---

[1] 李百浩，刘炜. 荆楚古镇沧桑[M]. 武汉：武汉出版社，2012.

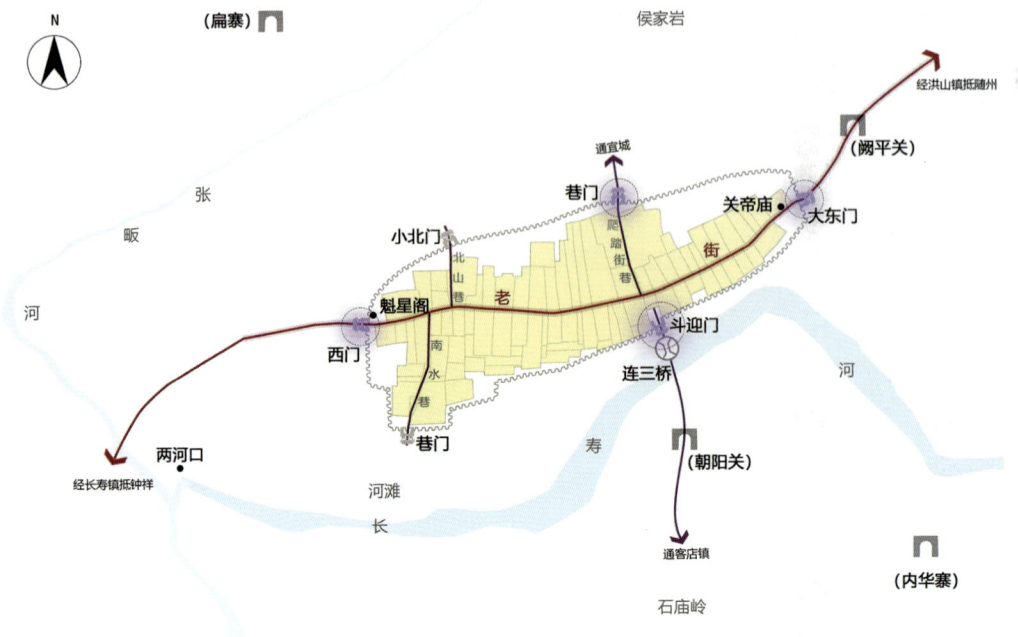

(a)

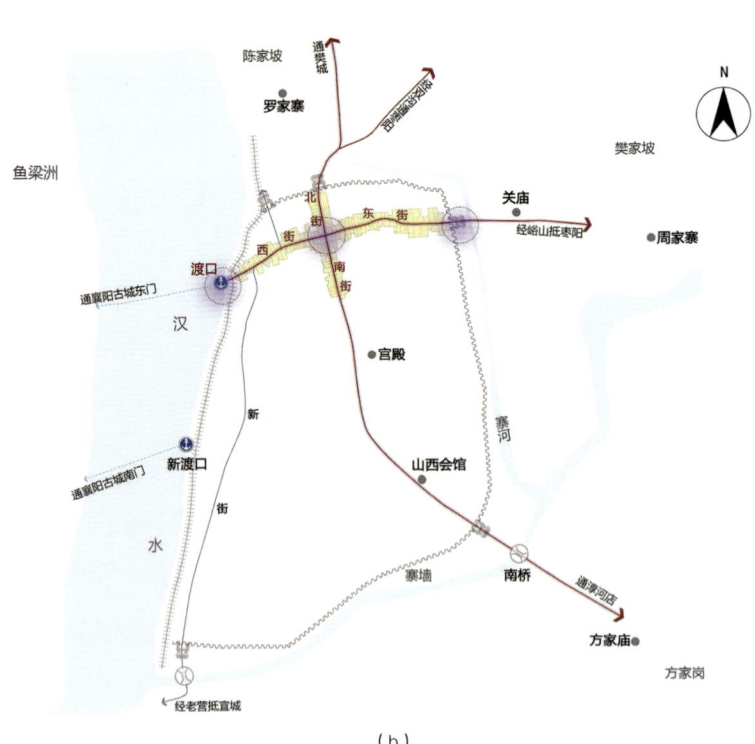

(b)

图 4-14 张集镇与东津湾镇空间关联秩序图
(a)张集镇；(b)东津湾镇
(图片来源：自绘)

图 4-15 张集镇老街与寨墙关系现状
（图片来源：自摄）

重要锚点，其空间形态也是在渡头水市的基础之上又叠加了一圈防御体系，现为湖北省历史文化街区，是襄阳历史文化名城的重要载体，也是古城文化在郊外的集中体现。

其"商-居-野"的街市关联秩序同样可以从汉江古渡、十字老街、寨堡及四至野涂来把握。其中，东津渡旧为官渡，是十字街生长的重要依托，东街、西街垂直于渡口方向率先兴起，商铺林立，进而又于街中位置向南北方向拓展，形成十字街结构，成为古镇的关键锚固要素，一直延续至今。十字街交汇处为中心，西街以"海不扬波"碑为中间节点，穿过江堤一直延伸至河岸与渡口相接，渡汉水、鱼梁洲，经龙池寺可达襄阳古城东门桥，西街是药堂、盐行、茶馆等商铺最为集中的段落，后来沿河堤向南延伸出新街直通老营市，并在闸口以南形成新渡口，西过汉水直达襄阳古城南关厢。东街出关庙分两路通往大埠街与峪山镇，可达枣阳。南街则以宫殿、山西会馆为节点，过南桥通往淳河店。北街有四方井，向北沿河堤通往唐白河口，抵樊城新打洪，东北野涂通往双沟古镇。此外，参照历史地图可知，东津湾除了十字街，还筑有寨墙，西侧以汉江水域为自然天险，北、东、南三侧寨墙及寨河和汉江河堤共同围合形成闭合形态，与十字老街一起构成了"寨-市"体系。现状虽然寨墙已被拆毁，但是寨河仍断续存在。同时，根据同治时期的《襄阳县志》记载，因为古镇的防御地位，历史上长期有官兵把守，也是寨与市规模明显悬殊的重要原因（图 4-14（b））。

（3）古驿镇——一驿两街+寨市分立

除了上述"寨市一体"的关联特征，还有一种典型的寨市形态关系，便是"寨市分立"。以襄阳北郊的古驿镇为例。古驿旧称"吕堰驿"，为荆（州）襄（阳）、宛（南阳）洛（阳）之间南北驿道上的重要节点，有"襄阳门户"与"襄北第一驿"之称，是荆襄历史廊道地区与中原地区之间的联系枢纽与陆路交通咽喉，兼具商贸流通与军事防御双重职能。古镇围绕驿站，沿驿道两侧形成商街，形成了"一驿一桥接两街"的商市格局。其中，"一驿"便是吕堰驿古驿署；"两街"便是南侧驿站老街和北侧港沟河岸的小港街，前者即现存的古驿老街，后者现已颓败；"一桥"即连接南北两街的通济桥。在老街的外围还有"一河两岸、八里三寨"共同构成的防御屏障，自西北向东南沿港沟河现尚存郝寨、孙寨与敖寨三村，呈现环形拱卫之势，过去均有修筑寨墙与寨河，每逢战争动乱时期便安兵扎寨，三寨相互联卫，与港沟河一起构成老街北侧的防御屏障，正所谓"兴衰一驿两街，成败八里三寨"[1]。因此，古驿镇的寨市联系秩序，本质上为古道街市形成的商市格局叠加了外围防御体系所形成的"寨市分立"型市镇景观形态，今天看似零散的各要素应被视为一个整体来认识与把握（图 4-16）。

综上所述，在荆襄历史廊道地区，传统市镇聚落的街市形态关系表现出丰富的类型特色，渡头水市、古道街市、围垸堤市与关隘寨市是其中最为典型的四种街市格局模式，其关联秩序有着较强的相似之处，也有着各自的差异性（表 4-1），这是在区域网络秩序中把握特定聚落形态特色与要素组合关系的个性参照。除此之外，古刹庙市，如当阳的慈化（寺）老街，便是因玉泉寺山下"脚庙"——慈化寺，作为众朝圣者前往玉泉寺的第一站而香火旺盛，因寺成街，形成了老街与古刹相融合的"庙市"景观特质；城外飞地型草市，如荆州古城的东关草市也是有着特殊关联逻辑的市镇聚落景观，但并非廊道内普遍存在的街市类型，故本书便不再一一赘述。

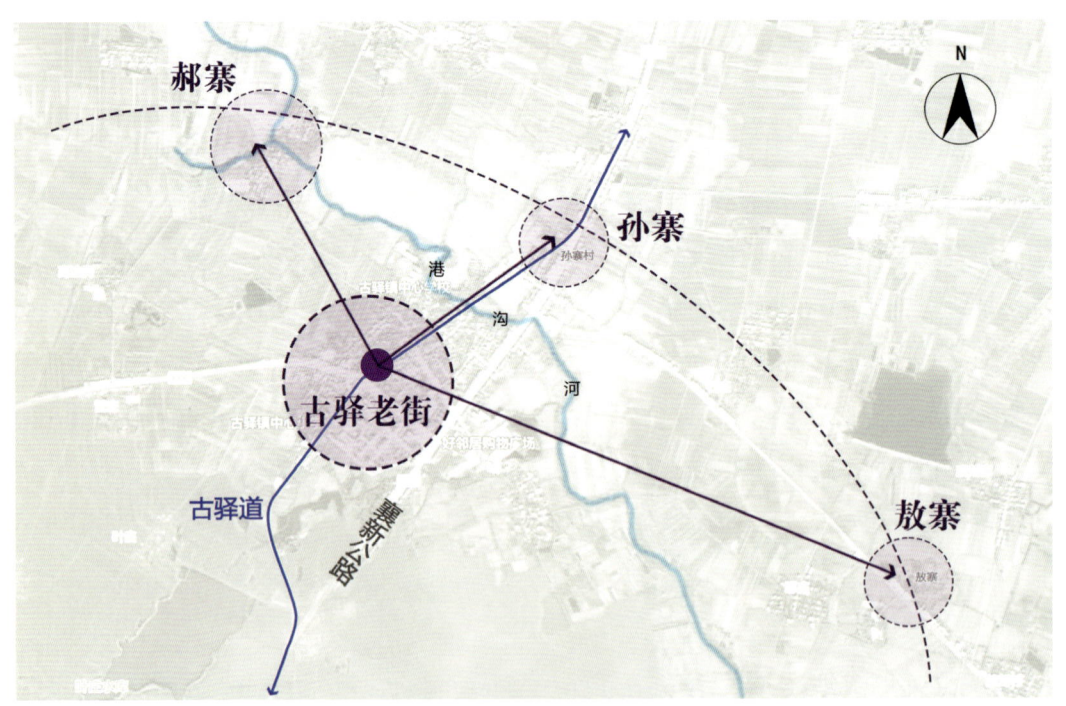

图 4-16　古驿镇寨市关系图示
（图片来源：自绘）

---

[1] 覃俊东. 古驿寻古 [M]. 武汉：湖北科学技术出版社，2014.

表 4-1 荆襄历史廊道不同类型市镇空间关联图式对比表

市镇类型	地理位置	典型标识	空间秩序图示	典型案例
渡头水市	江河水口水旱码头	水运渡口	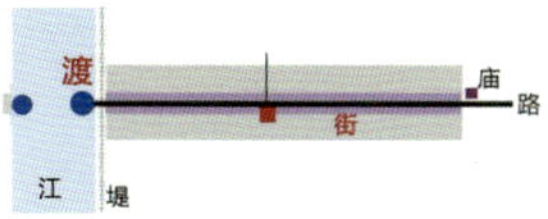	太平店镇、茨河镇、旧口镇、多宝湾镇、河溶镇、洧溪镇、后港镇等
古道街市	驿道沿线	驿铺节点		石桥驿镇、建阳驿、十里铺镇等
围垸堤市	平原湖区	河汊堤坝	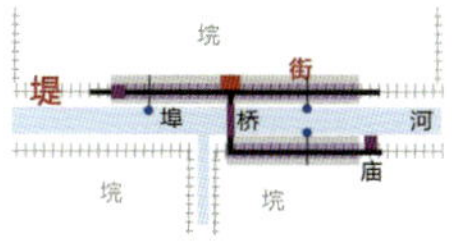	程集镇、周老嘴镇、拖茅埠镇、资福寺市、沙岗镇、汪家桥市等
关隘寨市	地形过渡区的交通咽喉	山隘水关	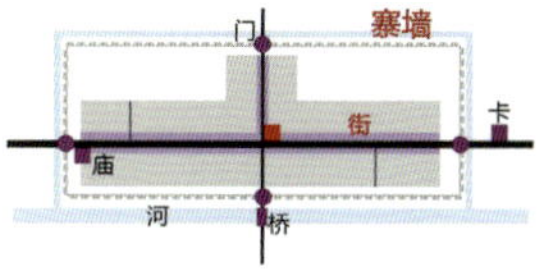	张集镇、石牌镇、东津湾等

表格来源：自绘。

  本章以上文揭示的荆襄历史廊道的区域整体秩序为基础，进一步回到城镇聚落个体层面，根据历史城市与传统市镇两类聚落特点，分别以其"城-市"关系与"街-市"关系为分析线索，揭示廊道整体秩序中城镇聚落空间要素的关联秩序及其类型特色。其中，历史城市主要有三种类型：一是廊道南北两端作为区域中枢的水陆都会，如荆州与襄阳古城，其聚落形态表征为城池与港市并置的"双城"形态，二者分别遵循礼制与商贸的秩序逻辑并在空间上高度关联；二是廊道内部处于南北流通格局核心区的商驿重镇，军事防御与商贸流通功能并重，如荆襄驿道沿线的荆门与宜城古城及荆襄水道沿线的钟祥与潜江古城，各城市均有驿道穿过并都设有驿站，其聚落形态则表征为城池制度空间体系与商贸流通体系相互耦合共构为一个有机整体，空间具有明显的"多构性"特征；三是位于廊道两侧山原交会地带的河谷口，一方面地当孔道，为四固之地，另一方面由于地处商贸流通格局的边缘，多为县级建制且军事防御需求远大于商贸需求，其聚落形态以基本的制度空间格局为主，并依附城门在通往外部的小路两侧聚集一定规模的城下街区，内政外市的整体特征显著。总而言之，各历史城市"城-关-

郊"曾是一个内外一体、结构关联的整体形态,制度空间格局是把握其要素关联秩序的重要线索。传统市镇主要有渡头水市、古道街市、围垸堤市与关隘寨市四种类型,分别有着自身的主导标识要素与秩序特征,而以老街为轴线的街市关系格局是厘清市镇聚落"商-居-野"内外关联秩序与类型特色的关键媒介。

第五章
关联形态控制的城镇聚落景观演进特征

在城镇聚落景观的连续发展与演进过程中，一直蕴含着在"历史或既有"环境中再建设的现象，而既有建成环境如何影响后续建设和新要素，又以一种怎样的方式巧妙地融入当下环境，也是一个贯穿于城镇聚落景观营建的始终且无法回避的问题[1]。据前文分析可知，不同要素有着自身的生命周期、演进速度与文化意义，聚落空间形态的演进是一种长时段"稳固要素"、中时段"半稳固要素"与短时段"非稳固要素"相互交织、有延有续的动态平衡，日常性变化通常零星地发生在个体要素层面，而稳固的关联秩序则对改变有着很强的抵抗性，对聚落空间的整体性与连续性有着重要作用。同时，历史意识与关系思维也是我国传统营建体系当中非常重要的两种思维[2]，例如"因原址重修""按旧基复建""循故道疏浚""为后朝所因袭"……反复出现在各地方志的文字记载中，便是这种营建思维的直接体现。因而，即便个体要素以不同的速度在持续变化，但聚落空间当中一些整体的、本质的关系并不会轻易发生改变。

因此，关联形态是城镇聚落空间当中的整体关系与稳定秩序，并作为一种全局性的支配要素对聚落空间和一般要素的演替发挥重要的控制作用。同时，关联形态在聚落景观的演化过程中始终具有"在场性"，也为解读聚落空间关联演进的过程规律提供了时空参照。可以说，关联形态的整体关系是回溯聚落空间演进过程与层积特征、把握"变"与"不变"内在关系规律的重要线索与时空坐标。本章便以标识要素、连接秩序与空间界域这三个控制要素为线索进行回溯，从区域整体与聚落个体两个空间层次，继续探讨荆襄历史廊道城镇聚落景观关

---

[1] 周俭，张恺. 在城市上建造城市：法国城市历史遗产保护实践[M]. 北京：中国建筑工业出版社，2003.
[2] 李欣鹏. 区域历史遗产网络的文化内涵和理论思考——基于中国传统人居思维的"整体性"和"关联性"[J]. 中国名城，2021,35(08):68-73.

联演进特征、关联形态的层积作用及其当代变迁规律，力图厘清聚落景观的传统与现代关系、整体与局部关系及新旧要素关系，进而为后文顺应这种关系特征进行关联重构的整体保护工作提供判断依据与决策指引。

第一节 荆襄历史廊道城镇聚落的关联演进

以荆襄历史廊道为考察尺度，在城镇聚落联合体的整体关联演进中，历史城池、传统市镇等关键节点便是重要的标识要素，对区域关联体系有着重要定位作用，表征为对区域关系的锚定与对周围要素的聚合；水陆交通等连接要素则有着定向作用，表征为连接秩序的有序生长，并将沿线的要素或可能跃迁的变化拟合到既有秩序上进行；山河天险等边界要素则有着重要的定界作用，表征为对空间的领域限定与内外融通的平衡。三者共同构成一种区域聚落体系关联演进的稳定载体与内在约束力。下面便结合荆襄历史廊道的具体实际进行阐述。

1. 历史城池节点的定位作用

在城镇聚落联合体中，历史城池等标识锚点作为一种区域性地标，有着重要的定位作用，是交通组织、功能联系及景观营建的重心所在，它们就像一个个扎根于土地的"锚"而被周围要素所追随，进而以相互联系的整体主导着区域关联网络的建构并发挥锚定作用。一般而言，区域地形地貌与气候条件作为一种相对稳定的自然因素，是塑造一个区域基本空间构架的初始原力，对地方人居活动特征起着长时段的规定性作用[1]。同时，历史城池聚落的选址及其关键要素落位，也是人工对自然地理环境的一种因应行为。在"负阴抱阳""择中而立""居贤为要"等文化传统的影响下，那些符合自然与人工择址标准的优势区位一般是相对有限的。因此，早期聚落由于城池规模较小、营建简单且选择充裕，择址新建现象比较常见，但伴随人地关系的紧张与城池规制的完善，另起炉灶再建新城面临着择址与建设成本的双重困难，这也是秦汉以后荆襄历史廊道地区城址普遍趋于稳定的重要原因[2]。而城址作为区域聚落关联体系中的关键要素，其稳定后便开始对后期区域网络结构的建构与完善发挥连续的控制作用。下面便以主要历史城市为标识锚点，通过其定位作用回溯区域聚落体系的演进过程，以厘清其廊道网络重心转移与兴衰的规律。

---

[1] 鲁西奇.区域历史地理研究：对象与方法——汉水流域的个案考察[M].南宁：广西人民出版社，1999.
[2] 鲁西奇，潘晟.汉水中下游河道变迁与堤防[M].武汉：武汉大学出版社，2004.

(1) 从"一心主导"到"三极锚定"的城邑体系变迁

从更广的荆楚地理和更长的历史长河角度考察荆襄历史廊道城邑聚落整体关系，可以发现，今天荆襄历史廊道城镇聚落的区域关系一定意义上是以战国时期楚都纪南城及其周边要津为"锚点"不断聚合、建构起来的，蕴含着从"多点"散布到"一心"统领，再到"廊道"主导，继而"三极"锚定等多个时段特征，关联网络重心也呈现出随之渐次东移的特点。

在楚国统治汉西之前，地区城邑聚落尚不成体系，为多点散布的状态。以荆门屈家岭遗址为代表的新石器聚落，多分布于江汉平原外围较为宜居的山麓平原地带。商周时期，开始出现众多大小邦国且纷争不断，尤其中原政权为了保障今天大冶一带铜矿资源的运输和对抗日益强大的楚国，在汉水沿线北岸设置了一系列诸侯方国，以曾国（今随州）最大，史称"汉阳诸姬"[1]。

到了战国时期，楚国迁都至郢都纪南城之后便开始不断壮大繁盛[2]，逐步建立起以纪南城为核心主导的区域城邑网络体系。一方面，将之前各自为政的邦国兼并，作为拱卫国都的屏障与突破中原势力封锁的基地；另一方面，进一步占领区域其他关键据点以完善军事与商贸体系，并陆续开发水陆交通线路加以连接，形成了以国都纪南城为中心，各成国、津要拱卫其周的城邑体系，不仅完成了对地区城邑区域网络的一次重要重组，也基本锚固了今天湖北汉西地区历史城镇格局的基本骨架。其中，都城所在地（今荆州城区）在很长一段时期内都是荆楚大地最为重要的政治、经济与文化中心；北津戍（今襄阳古城西侧）连同对岸的邓城（今邓城遗址）共同作为郢都北侧防御据点与渡汉水北征的前哨，也是今天襄阳古城空间的拓展原点；控扼蛮河与汉江水口的鄢郢（今宜城楚皇城遗址），为当时楚国陪都与北侧另一道防线；江津戍作为楚都南侧外港与入江门户，同时也是古夏水入江口，称夏首，为今天沙市老城的前身；汉津（今沙洋县马良镇一带）与郊郢（今钟祥）共同作为东侧屏障与渡汉水东征的基地，也是联系汉水两岸、转运江汉的水陆枢纽[3]；地处三峡门户的西陵（今宜昌），号称"川楚咽喉"，为楚都西侧屏藩；今天的武昌与鄂州一带，则是楚国控制鄂东铜矿资源与防御下游吴国的重要基地，有"吴头楚尾"之称[4]。因此，这些拱卫楚都纪南城的区域津要，后期都逐渐壮大为重要城镇。

---

[1] 张正明.湖北通史：先秦卷[M].武汉：华中师范大学出版社，1999.
[2] 吴成国，张敏.荆楚古代史话[M].武汉：武汉出版社，2013.
[3] 李伯武，汪威，李维鸿.荆襄古道[M].武汉：湖北人民出版社，2011.
[4] 陈邵辉，董元庆，黄莹.荆楚百件大事[M].武汉：湖北教育出版社，2007.

秦汉以后，襄阳古城因为政治及军事地位的提高并借助"南船北马"的交通优势逐渐崛起，与荆州古城（旧称江陵）共同作为区域中心，形成了荆襄"双中心"主导的廊道关联网络体系。但从隋唐开始，湖北省境的经济重心开始向下游武汉地区转移，尤其是元明以降，区域的政治首府与经济中心全面东移至武昌，实现对襄阳与荆州的全面反超[1]，但后两者依然有着较高的政治与经济地位，形成"一主两副、三极锚定"的新区域关系网络，而荆州与沙市、武昌与汉口、襄阳与樊城，都为城与市互补相依、临江鼎峙的"双城"格局，作为稳定的"三极"，基本锚定了荆楚大地的整体空间关系，进而主导着地区要素的归化与结构过程（图5-1）。总而言之，襄阳与武汉相继兴起的过程，也是荆州地位逐渐衰落的过程，但东周楚国以郢都纪南城为中心逐步占领周边城邑与交通要塞形成的区域网络节点，一直扮演着重要的锚点角色，不断聚合周边要素成为今天的大小县市，直接或间接对后续城市及联系起着历史的规定性作用，至今其位置基本未出现大幅变迁，依然清晰地存在于区域网络当中。

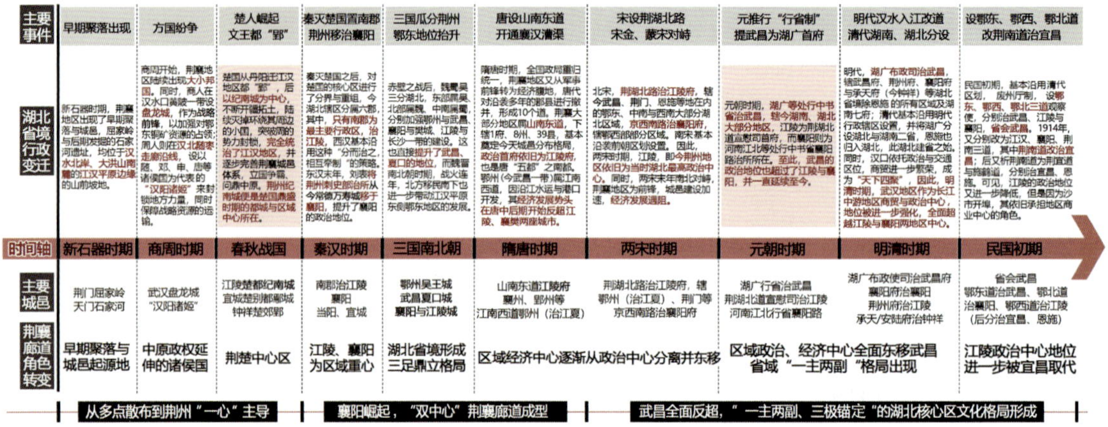

图 5-1 区域城邑体系关联演进的整体脉络特点
（图片来源：据《湖北通史》（先秦至民国卷）等资料整理绘制）

（2）荆州城池锚定下城郊关联域演进的时段特征

作为区域关联网络中锚点的城镇历史聚落，与其周围环境共同构成一个关联整体，同时也是现代城镇建成环境拓展的原点。进一步将此整体视为一个有意义的关联域，以聚落为核心主体，考察其与周围环境节点的关联演进过程，是分析现代城镇建成区中历史环境的关联秩序与层积演进脉络关系的重要方法。以荆州古城为例，其曾为区域关联网络中尤为重要的

---

[1] 张建民. 湖北通史：明清卷[M]. 武汉：华中师范大学出版社，1998.

一极，现代城区中实际上蕴含着由荆州古城、纪南故城、郢城遗址与沙市老城四座城池共同锚定的关联演进与层积转换过程。其中，今天的荆州古城所在地为楚都纪南城在江滨的官船码头，沙市则为设在长江边上的"外港"，郢城为设在水口的"卫城"，万城所在地则是沮漳河入江口的戍防要地，潜江龙湾遗址则是当时最大的园林宫苑——楚王别宫（章华宫）所在地，纪山、八岭山等低丘岗地则是楚墓集中分布之地，并通过河湖水系等连接要素联系，从而，各个要素在整体的关联中形成了一个有意义的空间系统（图5-2）。在新旧交织的现代环境中，这种要素之间的相互关系依然有迹可循。

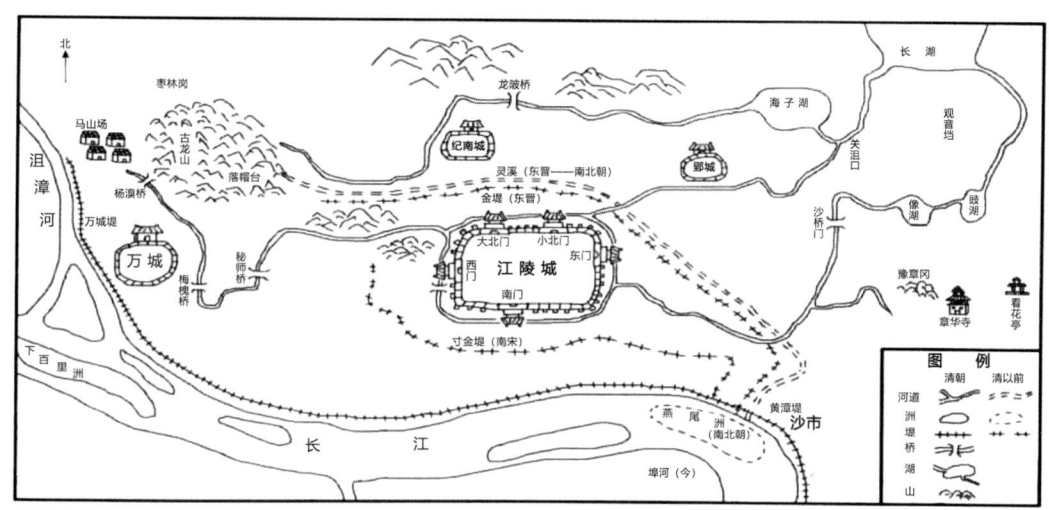

图 5-2　荆州古城及其周围环境的历史关联域图示[1]

今天，认识荆州古城的内外关系与层积价值，需要将其植入由上述四座城池锚定的关联域中进行综合分析，具体可分为以下四个主要阶段。

首先，是作为江滨"飞地"的荆州古城。在荆州古城北侧约5千米处发掘的大型方形城垣遗址，便是先秦时期楚国都城郢都的故址（后称"纪南城"）。而今天古城所在地，当时则为依附于都城在长江边形成的楚王别宫和官渡码头，也是"长江—纪南城—汉水"连接水道的入江门户节点[2]。同时，为了加强对周边重要水口的驻守，楚王又在都城东南约3千米处筑郢城以御外敌经水道入侵。秦破楚都之后设南郡，郡治初期便置于此。秦统一六国后，区域政治环境趋于稳定，郡治又进一步南移至江边水运更为便捷的现荆州古城所在地［图5-3（a）］。

---

[1] 陈曦. 从江陵"金堤"的变迁看宋代以降江汉平原人地关系的演变[J]. 江汉论坛,2009(08):64-71.
[2] 贺杰. 古荆州城内部空间结构演变研究[D]. 武汉：华中师范大学,2009.

其次，是作为区域"中枢"的荆州古城。秦汉时期，荆州古城成为新郡治之后，逐渐从附属飞地转为区域核心，长期作为荆楚地区最高的政治与经济中心，并于东汉时期在今古城西北角位置始筑土城墙；三国时期，关羽镇守荆州时，又在旧城东南侧再筑土城以加强防御；而到了东晋，两座城池合二为一以备战[1]，这也是奠定古城东西双城格局的重要历史成因[图5-3（b）]。

再次，是"城""市"相依的荆州古城。到了唐代，荆州的战略地位进一步提升，同时荆襄古道改道经荆门抵达荆州，与荆襄水道并行，为国家的南北通道之一。这也使得荆州古城进一步成为区域性商贸重镇，而位于江边的码头沙市也逐渐成为商业行会的聚集之地。到了宋金对峙之际，荆州古城作为战略据点与交锋前线，其政治与军事职能进一步上升。沙市商贸地位也进一步崭露头角，通过漕运水道与古城相联系，两城之间的沿江大堤上商铺院落依堤排列、绵延数里，进一步形成"城"与"市"相互依存的格局[图5-3（c）]。

最后，是"城""市"分立的荆州古城。宋元以后，区域水环境变迁进一步增速，长江岸线进一步南移，沿江大堤也逐渐连成一线，沿线的穴口与水道多被堵塞、隔断，南来北往的商旅舟车便绕过古城，从外港沙市入长江，沙市则逐步取代荆州古城的商贸地位，尤其到了近代开埠之后，地区商贸中心职能已基本转移至沙市。回观荆州古城，城内设置东西界墙，满、汉分治，政治职能进一步强化，形成"城"与"市"分立并置的荆州、沙市双城特征，这种城市特质一直延续至今[图5-3（d）]。

总而言之，荆州城镇历史景观为四座城池关联锚定、重心伴随长江水道变迁渐次南移的有机集合体，周边环境要素与组织则是与之相伴生的归化过程。今天的郢城遗址与纪南城遗址的城垣边界依旧清晰可辨、郊墟融合，共同作为荆州大遗址保护片区的核心组成。荆州古城至今完璧，是城郊关联集群的中心所在，港市一体则是沙市老城的文化特色所在。这种整体关系是今天在新旧交织的现代城区中整体把握古城价值特色的重要线索，在未来的保护中，也可作为讲好荆州故事、探索荆州保护模式的核心框架与主要抓手。

2. 水陆交通线路的定向作用

在区域层面，如果说历史城池的"定位"作用是以地缘邻近关系为前提进行的锚定与聚合，那么作为各主要城池之间的驿道或水运航道等连接要素，因为明确的空间走向而对城镇

---

[1] 刘炜,沈玮,章微,等.荆州古城防御空间研究[J].华中建筑,2017,35(08):119-124.

(a)　　　　　　　　　　　　　　　（b）

(c)　　　　　　　　　　　　　　　（d）

图 5-3　荆州四座城池锚固下城郊环境演进的时段特征
（a）先秦时期：楚之渚宫、官渡码头；（b）秦至魏晋：南郡治所、军事要津；
（c）唐宋时期：南方重镇、荆沙堤市；（d）明清时期：荆沙有别、满汉分治
（图片来源：自绘）

第五章　关联形态控制的城镇聚落景观演进特征 | 113

聚落关联演进有着重要的"定向"作用，发挥的则是一种超城池邻近关系的间性关联与关系引导。以荆襄历史廊道内区域性古道与水道这两类典型要素为例，作为区域层面的重要连接要素，是在集体实践中被选择并遵循的一种"规则"，对区域关联网络演进起着重要的维持与平衡作用。首先是维持与纠偏作用，由于这些要素的稳定性、控制性及明确指向性，当连接对象发生更替或局部段落发生偏离时，便会将周围潜在的变化拟合到既有秩序框架中进行，从而使得聚落关联网络在演进过程中一般不会发生明显的跃迁现象；其次是生长与层叠作用，连接秩序并非亘古不变，而是会顺应既有线性秩序继续生长并建立起新的连接，并在历史变迁过程中成为层层叠加的线性载体（图 5-4）。

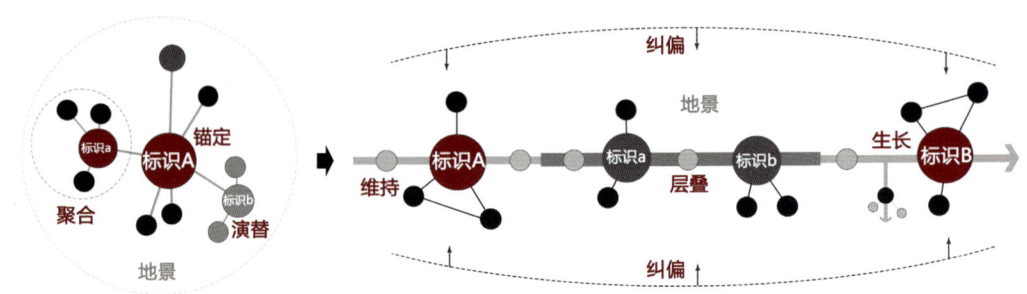

图 5-4　关联形态标识要素与连接秩序的层积作用示意
（来源：自绘）

（1）古道驿路的节点生长与线路纠偏

历史时期，古道驿路是区域城镇节点之间联系的主要通道，而在中心城市的锚定之下，它们通常有着较为明晰的空间走向，线路也在累朝历代的承袭优化中趋于稳定，进而将沿途普通城池或市镇逐步拟合到该条稳定、便捷的联系线路上，并激发新的城镇聚落诞生与设施完善。尽管伴随聚落规模的变化，局部路段的线路可能会有所调整，但很快又会再次回到整体线路方向之上。

以荆襄古道为例，在其早期雏形阶段便有夏路、周道等名称，作为联系中原大地与江汉平原等南方地区的重要通道，尽管当时的具体线路已无法考证，但是我们可以从荆襄历史廊道这种"走廊式"地形当中窥见一二。到先秦楚国定都纪南城之后，根据襄阳邓城与北津戍遗址、宜城楚皇城遗址及荆州纪南城遗址等重要区域节点位置，我们便可推测出楚道的大致走向[1]。而后从秦楚交好到秦破楚都的过程中，在楚道的基础上形成了沟通咸阳与纪南城的

---

[1] 张昀东. 荆襄古道的历史探寻 [J]. 中国民族博览,2020(14):89-91+94.

秦楚古道，并在秦统一六国之后，经整治升级后被纳入全国驰道体系，成为贯通南北的重要通道之一[1]。到了两汉时期，作为沟通长安、洛阳二京与南方的大道，根据南郡十八县的分布概况，荆襄古道此时主要途径邓城、襄阳、中庐（今南漳东北）、编县（今荆门西北仙居一带）、当阳（今荆门西南郊）、江陵等县。到了隋唐时期，伴随着区域政局的稳定以及荆门城邑的兴起，古道经历一次大幅改线，从沿荆山东麓、漳河沿岸的旧线东移取道荆门，"襄阳—宜城—乐乡关—长林（荆门，北宋移治今象山东麓）—江陵"一线路成为唐代南方驿路线，也称"襄荆路"。同时，沿线正式设立馆驿"邓城—襄阳（汉阴驿）—襄河驿—善谑驿—宜城（宜城驿）—蛮水驿—乐乡关—荆门（武宁驿）—团林驿—观凤驿—白碑驿—纪南驿—荆州（江陵驿）—临沙驿"，其中荆州与襄阳还分设五花馆与岘阳馆[2]。至此，荆襄驿道的线路走向便已基本固定，成为荆襄历史廊道内主要的陆上通衢。宋代在古道沿线设有很多邮传驿舍，形成了更为完善的邮驿网络。同时，南宋时期为了配合抗金战略需求，在襄阳与汉阳之间，大致沿汉水北岸经钟祥、京山与汉川等地开辟了新的驿道，称"汉襄驿道"，这一格局基本为后朝历代所沿袭。根据《明代驿站考》与《清代驿站考》等文献可以发现，明清时期荆襄历史廊道内古道线路基本维持了唐宋时期所确定的格局，仅在驿铺与关隘等设置上稍有调整，而明清两朝在驿站设置上也基本一致，大致关系为"南阳府（宛城驿）—林水驿—新野县（湍阳驿）—吕堰驿—襄阳府（汉江驿）—潼口驿—宜城（鄢城驿）—丽阳驿—石桥驿—荆门州（荆山驿）—建阳驿—荆州府（荆南驿）—沙市（白沙驿）/公安（孱陵驿）"，又"宜城（鄢城驿）—丰乐河驿—承天府（石城驿）—京山县（郲东驿）—汉阳府"[3][4]。而20世纪20年代，湖北省修建的第一条公路——襄（阳）沙（市）公路（于20世纪80年代被纳入207国道）也基本是在原有荆襄驿道的基础之上拓宽修建而成的（图5-5）。由此可见，荆襄古道经历了两千多年的兴衰过程，基于南北狭长的走廊地形，以荆州、襄阳两座区域中枢为核心，以西侧漳河河谷的历史原线、中部平川的主导干线、东侧江汉水滨的拓展支线等为支撑，以多条横向连接线为辅助，共同形成独具方向性与多时段特征的廊道交通网络格局。

结合荆襄古道的历史变迁过程以及对现状驿铺节点的考察，荆襄古道在荆州与襄阳这两极的锚定下，连接着沿线历史城镇的同时，也是国家南北通途的重要组成部分，其线路在唐

---

[1] 徐俊辉. 明清时期汉水中游治所城市的空间形态研究[D]. 武汉：华中科技大学，2013.
[2] 严耕望. 唐代交通图考[M]. 上海：上海古籍出版社，2007.
[3] 杨正泰. 明代驿站考[M]. 上海：上海古籍出版社，1994.
[4] 刘文鹏. 清代驿站考[M]. 北京：人民出版社，2017.

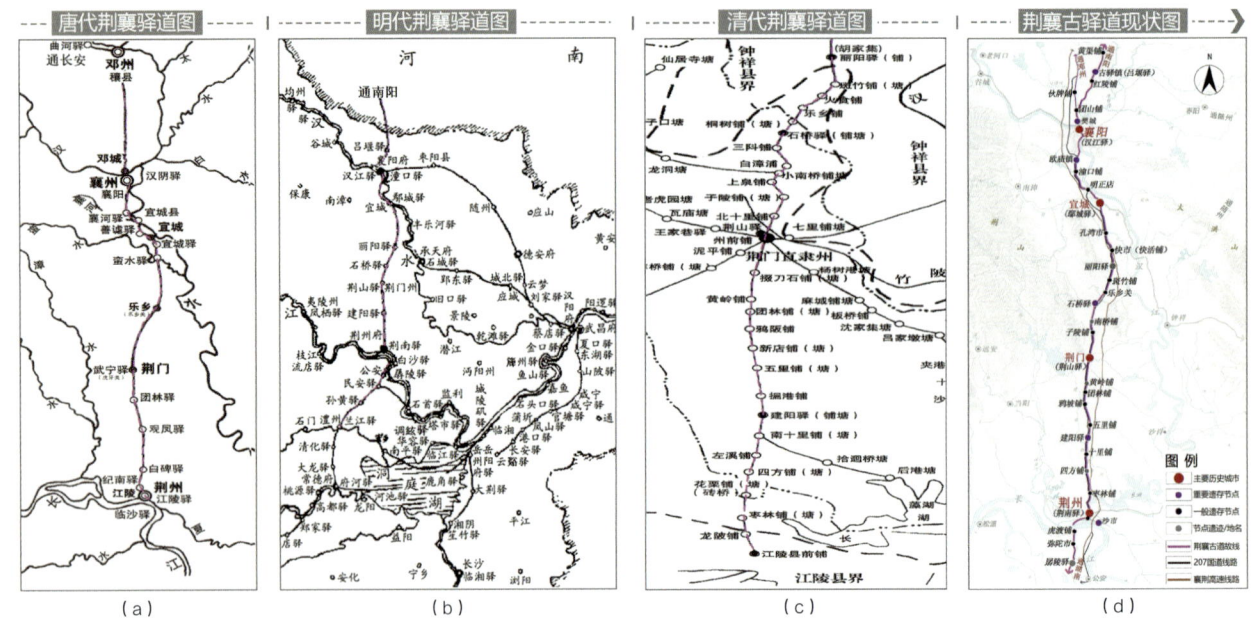

图 5-5 不同时期荆襄驿道线路关系图
（图片来源：图5-5（a）、图5-5（c）引自参考文献[140]、图5-5（b）引自参考文献[149]，图5-5（d）为笔者自绘）

代以后便基本固定，而后沿线关隘、馆驿、邮铺、市集酒肆等设施不断完善，明代以后驿站设置基本完备稳定。作为一条区域级连接要素，不仅连接了沿线的聚落、地景等物质空间，也连接了古往今来的文化脉络与历史事件。例如，荆门等城邑、关隘是为了加强古道沿线控制而设置的，十里铺、子陵铺、团林铺、胡家集等集市也是依托古道而诞生的，同时，古道作为主导线路的地位与稳定性促进了其支线与横向连接线的生成与连接。区域内的现代公路、省道或国道也基本是以这些主线及支线为基础修建而成的。在区域层面，大部分区段与其重合，仅局部路段根据现代需求进行了"裁弯取直"。而在聚落层面，历史城市普遍规模较大，因此多拆除建筑，以拓宽马路实现穿行，传统市镇由于规模较小，则多绕历史建成区边缘便继续回到区域干线上，围绕老街形成层推的半包围式外环结构，有的聚落甚至迅速围绕新的公路聚居成区并在新旧两区之间建立横向连接，进而在下一次道路修建时再次形成横向推出的外环线，这生动反映了古道线路的拟合与纠偏作用，对研究区域历史城镇聚落景观变迁与空间组织具有重要意义。例如，从荆襄古道到襄沙公路再到207国道的历史变迁过程，是建阳驿、石桥驿等市镇景观的空间拓展过程，呈现出相似的新旧关系特征（图5-6），也为依据历史图文信息进行自上而下式聚落遗产筛查与价值判断提供了规律性预判。东津湾、周老嘴等滨水市镇，则因水运功能的衰退，逐渐形成背水的现代交通与亲水的历史街巷相交叠的新旧两套交通体系。

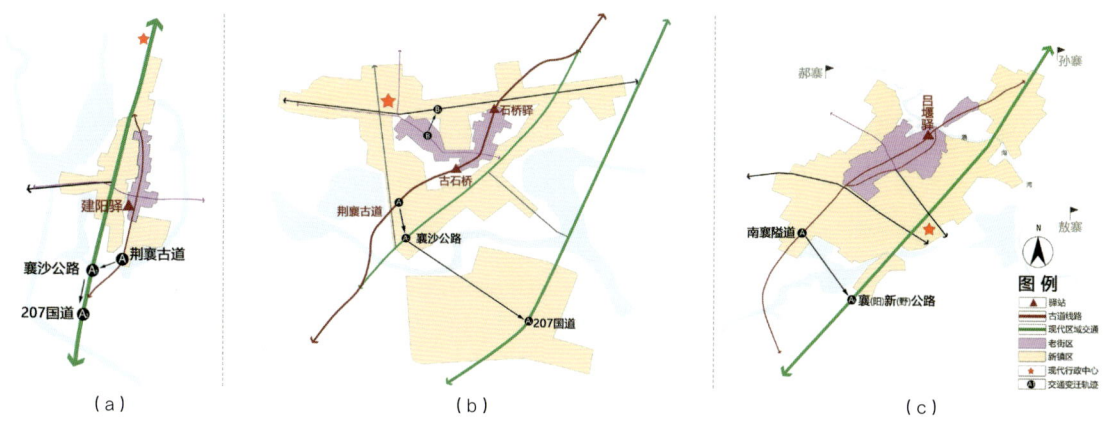

图 5-6　荆襄古驿道沿线市镇聚落空间变迁规律图示
（a）荆门建阳驿；（b）荆门石桥驿；（c）襄阳吕堰驿
（图片来源：自绘）

（2）百里长渠从"战渠"到"灌渠"的秩序生长

在区域层面，除了水陆商贸通道为典型的连接要素，河堤、灌渠等水利工程也是一个典型的线性空间系统与社会治理现象。例如，江河湖堤沿土堤筑石堤，从"穴口"满布到一线横亘，稳定了河床，也固定了沿线的组织要素，体现了连接秩序的拟合与叠加作用，而从单线干渠到成片灌区的灌渠系统同样也是连接秩序不断生长的过程。襄阳的百里长渠、荆州万城堤与江汉平原的堤市都是较为典型的代表，它们对沿线聚落景观与区域社会的塑造起着主导性作用，同时其本身的形成也离不开沿线社会的组织化。

以世界灌溉工程遗产——长渠为例，其最初开凿的目的并非农业灌溉，而是用作军事水利工程。公元前 279 年，秦楚两国交战之际，楚鄢郢（今宜城楚皇城遗址）作为楚国国都纪南城北侧的重要屏障，设有重兵把守，城池久攻而不破。秦将白起便率兵于蛮河上游（今武安镇）附近拦河筑坝，修建战渠，以水代兵，起水攻城，最终，冲溃鄢郢而大获全胜，长渠因此也被称为"白起渠"，由西向东蜿蜒近百里[1]。战争结束以后，这一巨型军事水工并未由此荒废，两岸先民充分利用其故道引水灌田，并不断疏浚、治理，最终形成一个完善的水利灌溉系统。整体上，干渠、支渠、农渠、毛渠等多级渠道相互连通，堰坝、陂塘、水库等蓄水设施，起水门、冲水闸、滚水坝等调节设施，拦河堤、导洪槽等防护设施，碑、庙、寺等水利文化或信仰设施，以及良田、村镇等人居景观相互连接、相辅相成，最终，通过高蓄低泄、以丰补缺的方式

---

[1] 陈松平. 百里长渠的两千年沧桑 [J]. 中国农村水利水电,2015(12):12-13.

实现了水资源供需的时空平衡,也完成了从最初的"拦河坝-战渠-鄢郢"单线式战渠到"长藤结瓜、陂渠互联"的立体复合式灌溉系统的模式转变[1]。在此过程中,长渠虽经屡废屡兴的治理过程,但每次修缮都是基于干渠故道进行扩充完善,干渠故道在连接地区生产、生活与生态等多种要素的同时,也将可能的聚落变迁逐渐拟合到其系统的建构当中。此外,作为一个区域巨型灌溉系统,长渠的每一次修竣与日常管护都离不开地方社会的共同协作,在共修、共享与共管的"水利共同体"中,村民个体的组织化得以实现。同时,在水权与水责的分配过程中,"分时轮灌"的管理制度形成了[2],上、中、下三个管理单元与各级管护主体各司其职。因此,长渠对把握地区聚落景观价值与演进特征具有重要意义(图5-7)。

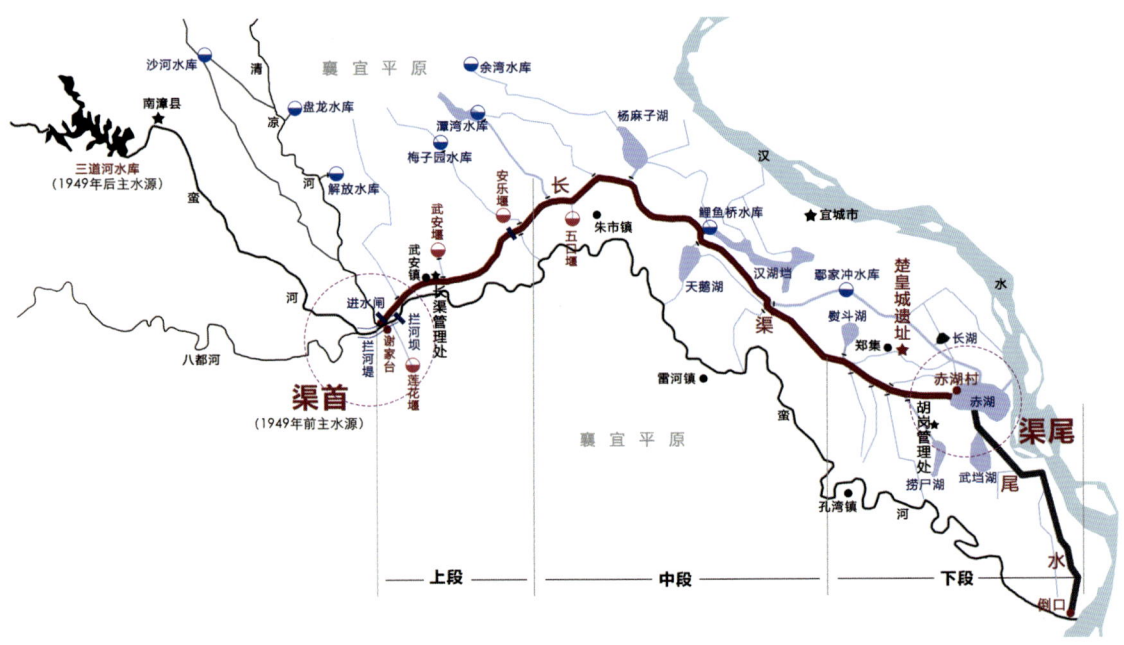

图5-7 百里长渠从"战渠"到"灌渠"的生长示意
(图片来源:自绘)

3. 区域山河天险的定界作用

相较于历史城池的"定位"作用、水陆交通线路的"定向"作用,区域山河天险等界域要素因为较难跨越,而在城镇聚落关联演进的过程中具有明显的"定界"作用,并通过边缘限定与内外融通双重机制,塑造了城镇聚落关联形态的主导特征。以荆襄历史廊道北侧大别山、南侧长江两大天险要素为例,它们作为人工防御设施与自然天险相互叠合的区域防御边界,

---

[1] 乔余堂. "华夏第一渠"长渠的前世今生 [J]. 湖北文史, 2020(01):72-84.
[2] 许杨帆. 水权与地方社会——明清时期湖北长渠水案研究 [D]. 北京:中国政法大学, 2007.

在冷兵器时代对区域城镇聚落关联演进发挥着重要的限定作用，而沿线的关口与水口则是衔接内外的重要节点，成为区域水陆交通线路的必经之处，进而连横"围合"的防御体系与合纵"融通"流通体系，在平衡交织中塑造了城镇聚落关联形态形成、生长与变迁的层积特征。然而，伴随着冷兵器时代的结束，因为防御边界逐渐丧失实际功能，人工体系也慢慢走向衰落甚至解体，但天险要素仍然继续发挥着限定作用，重要节点则因商贸功能的进一步增强而不断壮大。

（1）北界山脉关隘连绵与缺口融通

自古以来，以荆州为中心的"长江"防线和以襄阳为中心的"秦岭—桐柏山—大别山"防线都是荆襄历史廊道一南、一北最为重要的两道天险，也是明清以后湖广或湖北省境的重要行政界线。其中，北侧"秦岭—桐柏山—大别山"防线主要凭借山险，三座主山脉自西向东连绵成线，同时沿线分布有众多关隘和戍堡，自古以来都是南北政权对峙的交锋地带，尤其是襄阳与信阳（古称义阳）两处山脉过渡处的缺口，更是兵家必争之地与南北交通咽喉，这也是襄阳城池和"义阳三关（平靖关、武胜关、九里关）"分别有着"华夏第一城池"与"中国九大雄关之一"战略地位的重要原因[1]。其实早在楚人统治汉西地区时，便以纪南城为国都、以襄阳北津戍等地为据点，步步为营、层层推进，逐步开拓了"方城以为城、汉水以为池"的辽阔疆域[2]，这里的方城便是沿南阳盆地边缘经河南内乡、鲁山、方城、泌阳等地构筑的军事屏障，其与桐柏山、大别山等天险相接，俗称"楚长城"。其中，方城关与上述"义阳三关"为两处重要"城口"，为控扼荆楚与中原、江淮等地间联系通道的咽喉与修关构隘要地。秦汉以后，襄阳与南阳长期分属鄂、豫两地，襄阳北郊黄渠河便为主要界线，沿线设有黄渠铺堡与泰山庙堡等重要关口，也是荆襄古道北出襄阳分别通往南阳、长安的南襄隘道与武关道的必经之地，现代 207 国道、襄荆高速、焦柳铁路等主要南北交通线路也因历史、地理等因素有着大致相同的空间走向。元代以后，中国北方都城从关中河洛一带向东移至北京地区，这也直接影响了湖北内部政治、经济中心东移至武昌，同时，"义阳三关"取代了襄阳地区成为南北越江干线的首选要地，清末修建的京汉铁路与现代建设的 107 国道、京珠高速的选线，在北侧防线的限定与融通作用下，有着与荆襄历史廊道相似的史地动因，对区域城镇聚落的关联网络形态及重心变迁也产生了重要影响（图 5-8）。

---

[1] 吕兴邦. 垸的生成——以清至民国时期的湖北省松滋县为例 [J]. 西华师范大学学报 (哲学社会科学版),2019(04):38-44.
[2] 李孝聪. 中国区域历史地理 [M]. 北京：北京大学出版社 ,2004.

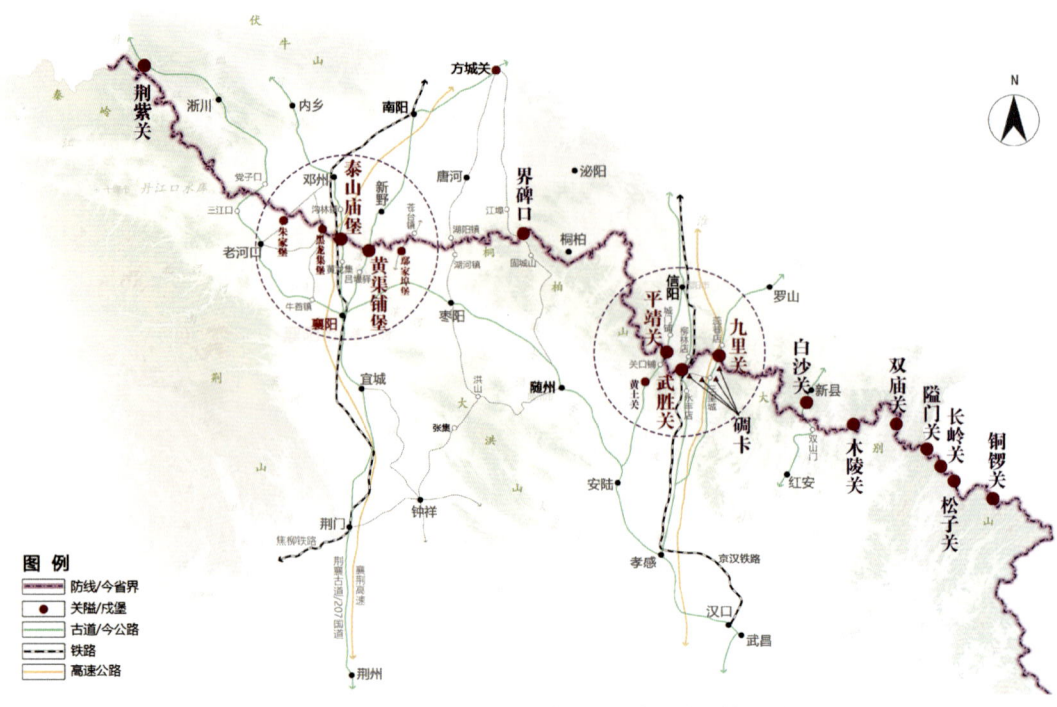

图 5-8 "秦岭—桐柏山—大别山"防线限定下的区域关系格局
（图片来源：自绘）

综合清代《鄂省全图》《湖北讲授地图》等历史图文资料可以发现，今天湖北省境北边界沿线自西向东还分布有荆紫关、双庙关、松子关等众多关隘，关隘的防御与流通机制是塑造区域城镇关联网络的主要原因，也是沿线聚落兴起与空间特色形成的内在动因。但是由于区域政局稳定，其互为首尾、横向联防的现实防御需求也随之减弱，逐渐由防御前线转为区域边缘，而横向联防体系逐渐瓦解的同时，便是关键区段纵向流通需求增强的开始。选取典型关口对其古今关系及内外交通做比较分析，具体详见表 5-1。这些关隘、戍堡或兴起为村镇，或荒废弃置，过去多曾参与城镇聚落关联体系的塑造，是区域历史的共同见证。

表 5-1 荆襄北防线上重点关隘古今关系与交通情况一览表

序号	古关名称	现存状态	古今交通情况	备注
1	荆紫关	荆紫关镇	丹江水道、商山—淅川—光化道	一脚踏豫、鄂、陕三省，中国历史文化名镇
2	黄渠铺堡	黄渠河村	南襄隘道、黄渠河	湖北省北界、襄北门户、鄂豫界碑
3	泰山庙堡	太山村	邓州—襄阳道/207国道襄荆高速	地锁襄、邓、新三县，秦楚通道、鄂豫交界
4	平靖关	三潭风景区平靖关村	信阳—平靖关—安陆古道淮新公路	"义阳三关"之西关，内外曾分别有关口铺、城门铺，从功能性存在变为景观性存在

（续表）

序号	古关名称	现存状态	古今交通情况	备注
5	武胜关	武胜关镇	信阳—孝感古道/京汉铁路/107国道	"义阳三关"之中关，南北交通干线咽喉
6	九里关	九里关村	罗山—孝感道、京港高速	"义阳三关"之东关，鄂豫交界
7	双庙关	双庙关村	商城—麻城道/乡道	鄂、豫、皖交界，举水河、灌河两河谷连接线
8	松子关	松子关村	商城—罗田道/县道	鄂皖交界，县级文物保护单位

表格来源：自绘。

（2）南界长江大堤横亘与水口融通

与荆襄历史廊道北侧山脉防线不同的是，南侧长江防线以水为屏障，并根据各支流河口分布特点分别设置了以宜昌、江陵、武昌为代表的防御重镇，以沙市、虎渡、石首为代表的普通城镇，以及以白螺矶、城陵矶为代表的设防据点等沿江多层级防御险要。它们在战争时期为相互联合的防御体系与军事重镇，而在和平时期则是长江与内河水运转航集散的枢纽津要，因水而兴，壮大为长江沿线的典型城镇聚落。其中，虎渡、调弦、藕池、郝穴、松滋、采穴等城镇都曾是长江（荆江段）沿线的重要水口，且在不同历史时期也分别有着"荆江四口""九穴十三口"等说法[1]。作为联系长江两岸的重要水陆节点，对区域水陆交通网络也有着重要的塑造作用，例如虎渡口便是长江水道转航洞庭水系的重要水口，也是荆襄古道渡江南下的重要津要。今天，长江的防御功能丧失且水运职能也明显减退，这些穴口也多因长江大堤建成等因素而陆续淤塞，城镇聚落开始转盛为衰。但是，长江始终为贯穿于这些聚落兴衰过程的共同机制，也是它们在区域层面互动生长的重要载体，长江河道迁移也是聚落形态变迁的影响要素。

第二节 城镇聚落空间要素的关联演进

历史城镇聚落形态受制于一些习惯的营建传统与秩序体系，有着固定的标识要素和相近的组合方式，而形态中那些经典的要素与连接，也会在不断聚合与联系当中积淀为一种空间经验、内在范式与普适规则，生命力与约束力由此而来。这也是为什么罗马时代的城市结构

---

[1] 湖北省水利志编纂委员会. 湖北水利志[M]. 北京：中国水利水电出版社，2000.

与规划经验经历了几个世纪的社会变迁，仍有很强的适应力并清晰地存在于今天巴塞罗那的老城中[1]。因而，在城镇聚落层面，以历史节点为代表的标识要素、以历史街巷为主导的连接要素与以城池要素为典型的边界要素，有着与上述区域层面各对应要素相似的控制作用与层积意义。下面便结合研究区域的具体实际，以关联形态为基础，以空间拓展与要素更替为线索进行详细阐释。

1. 历史标识的锚定与演替

在城镇聚落层面，那些聚落中心、出入口、津梁等标识性节点与治署、文教、驿站会馆、祠堂庙宇等公共建筑，都是聚落空间秩序安排中极为重要的一环，也十分注重对自然地形环境的考究与对场地特质的推敲，或建于高阜，或择贤而筑，或镇风水之冲，有着依山、临水与傍盛景的特点。这既巧妙地将外围山水环境纳入聚落的整体营建，也由内而外地锚固了聚落与周边地景的融合关系，在强化山、水、城/镇的整体关系的同时，也完善了聚落内外的空间秩序与景观层次。同时，这些锚点及其周边要素，又分别因政治意义、军事防御、商品贸易、公共生活、景观游憩等目的而"聚"、而"构"，成为承载公共生活、社会记忆与集体情感的人文地标，并在后续营建活动中被不断遵循、强化与拓展。以国家历史文化名城武汉为例，黄鹤楼、晴川阁分别占据蛇山与龟山的核心位置，对周围景观体系有着重要的组织与塑造意义。而作为景观复合体的龟、蛇二山，又在汉阳与武昌两座古城的整体营建与历史演进中发挥着各自重要的锚定作用。进而，龟山与蛇山隔江对峙，形成"龟蛇锁大江"这样一个相互嵌合的关联锚定框架，连接着武昌、汉阳与汉口三镇，成为千百年来武汉城市空间聚合生长过程中长期、统领、支配性的要素。今天，即使这些要素是以一种新的形式被整合到现代城市空间体系中，但依旧在彼此呼应与相互关联中，成为人们感知城市整体价值特色的重要媒介与时空注记（图5-9）。

因此，在聚落形态的演进过程中，历史标识节点与公共建筑也发挥着重要的控制作用且有着相似的演替规律。这不仅关乎空间的整体性，也关乎历史的连续性，尽管部分要素在现代建设当中可能已发生更替，但是其替换要素或遗址在现代建成环境中具有重要的辨识意义，是研究一座聚落整体关系变迁的重要参考。以荆门古城为例，历史城池空间标识要素的锚定作用不仅体现在物质空间层面，它们在长期互动的过程中也叠合了历史文化事件、集体记忆、

---

[1] 克里尔. 城镇空间：传统城市主义的当代诠释[M]. 金秋野, 王又佳, 译. 南京：江苏凤凰科学技术出版社, 2016.

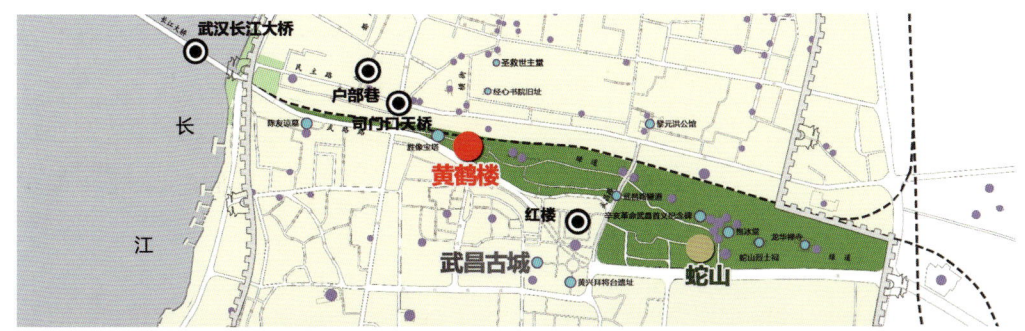

图 5-9　黄鹤楼之于蛇山景观体系乃至武昌古城的"锚定—聚合"意义
（图片来源：据"长江主轴城市双修专项实施规划——历史之径与街区活化专题研究"项目改绘）

公共生活及个人体悟等多重因素，形成了整体的记忆关联图式。虽然经历过日军轰炸与现代建设叠加，城墙与众多民居多已损毁，但是通过问卷、访谈等分析方式发现，在当下支离破碎的历史环境中，古城内居民依然对各标识普遍有着清晰的空间记忆，并可通过这些要素进行认知性重构，还原出一个整体的古城关联意象。例如荆门古城西侧以象山书院为中心的景观文化集合体，是古城象山文化的承载；北关街、惠政桥、荆山驿遗址等要素聚合而成的北厢，是荆襄古道的重要历史见证，也是当地居民极为重要的心灵地标；向东桥与护城河为东侧门户节点标识；南薰门与凤鸣门二门，门、桥、街与南门台地共同构成古城最鲜明的历史意象，成为城池内外与众条集街的空间转换……"南门""北厢""西院"与"东河"作为要素聚合的锚点，在相互联系的历史意象中彰显着古城的认知结构与关联图式（图 5-10）。

同样，在荆州古城的标识要素中，城墙历时千年至今完好，是一座"城"的象征与关键要素。各城门节点同样保存完好，是门内"正街"与门外"关街"的联系节点，在相互对应的方位上不断凝结周边其他相关要素，关联着不同的历史环境，成为"进城"与"出城"的空间转换和一座"城"的重要体验方式。荆州"三观"[开元观（唐）、玄妙观（唐）、太晖观（明）]一直保存至今，以此为代表的寺观庙宇环城、靠门分布，进一步引导了街巷组织，完善了格局关系，锚定了空间序列。同时，太晖观、湘献王墓与西郊湿地，开元观与西湖、

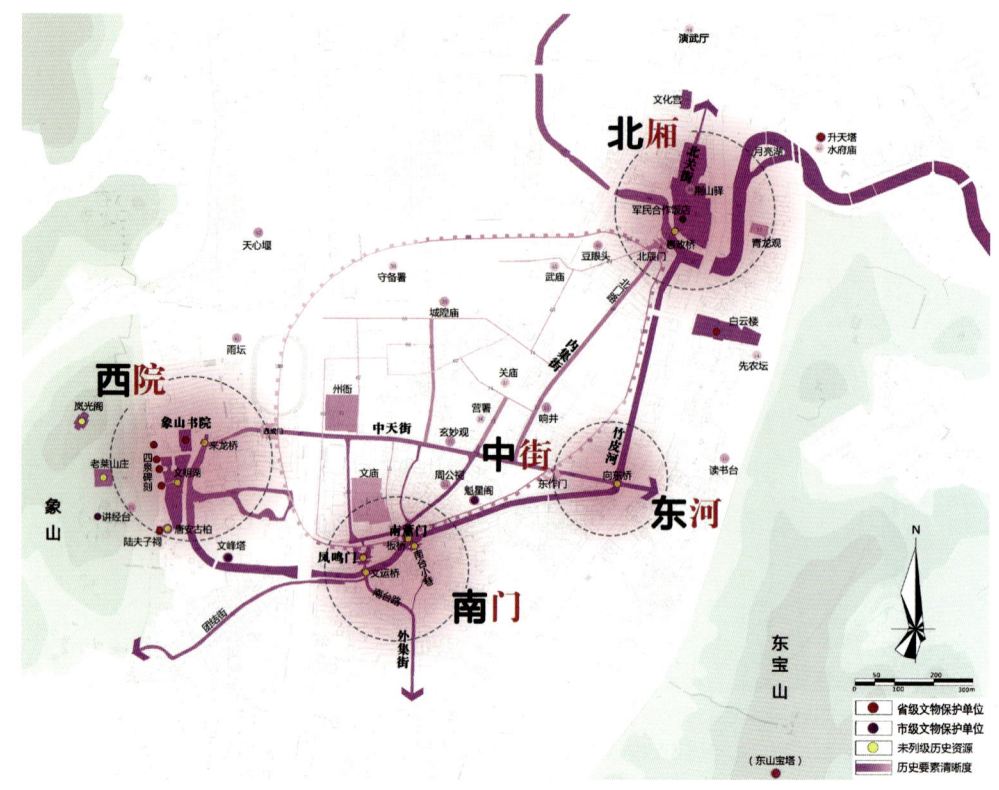

图 5-10 荆门古城的意象关联图式
（图片来源：自绘）

北湖，玄妙观与江陵盆景园，文庙与泮池等节点都是自然与人文层层积淀形成的有意义的空间集合，也呼应着城池跨河湖水系而筑的营建特点。其他一些人文景观标识要素虽然已损毁，但单元边界的约束及其替换要素同样有着较高的历史见证意义并承载着居民的集体记忆。正是因为这些要素的稳定存在与锚定作用，荆州古城的整体关系与特色今天还可知、可感、可体验，也是未来重塑古城秩序关系的基本参照及活化利用的触媒引擎（5-11）。

进一步研究城镇聚落景观标识要素的古今转译规律可以发现，以传统衙署为代表的行政建筑，因政权更迭多已转化为单位大院，并有着较强的功能联系性。例如荆门古城治署，从（隋）行宫依次到（唐）凤凰台、（宋以降）州署与（今）公安局的变迁过程有着明显的功能性联系及阶段性特征；以学宫、书院、文庙为代表的文教建筑，则多变更为今天的中小学，而历史建筑多以局部保留和格局延续的方式存在于今天的校园中；寺、观、阁、塔等标志性建筑多集中分布于城外或环城地带，因承载独特的精神寄托而留存较多且质量普遍较好，一般作为景观地标节点而聚合相关环境要素成为现代公园。此外，以城门遗址为中心的场所节

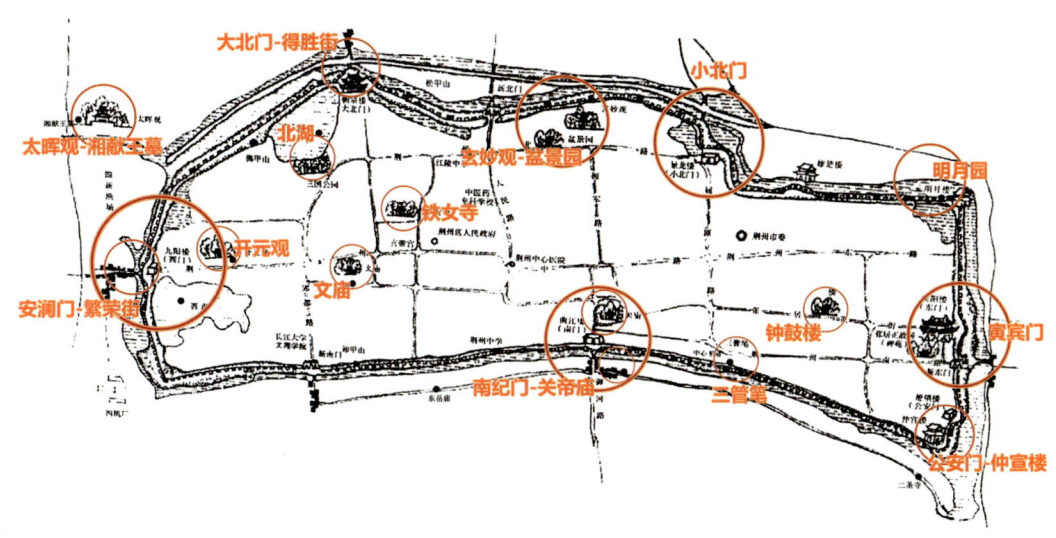

图 5-11　荆州古城内外主要锚点的整体分布情况[1]

点，包括城门楼、城门桥、护城河与城下街区等，作为城池内外"围"与"通"的交汇节点，是进出城的空间体验场所，并在四至的对应方位中标识了城池边界，关联着不同的地景环境。荆州与襄阳两座城池历时千年至今"完璧"自不必说，但是以荆门为代表的城池，城墙基本消逝，而护城河上的城门桥或环城马路与城内大街交接处，作为城池内外空间拓展的要地，同样为认识古城整体形态格局、演进关系与确定保护范围提供了历史见证。城门节点与其他关键要素同样也是识别聚落景观轴线的重要标识，如襄阳古城"北门—昭明台—襄阳王府—南门—岘首山"几个节点锚固的城市历史轴线、荆州古城"玄妙观—府衙—关帝庙—南纪门—御路正街（今御河路）—御路口"所呈现的古城南北轴线与礼制秩序，有的标识节点即使实体建筑已经损毁，却依然具有很强的层积作用与辨识意义（表5-2）。

表 5-2　历史城市典型标识要素的古今转译与空间作用

关联形态的标识要素			古今关系		
要素类别	结构性控制作用	要素名称	荆州古城	襄阳古城	荆门古城
关键场所	要素的聚合场所延续与定位	城门桥	城门桥	城门桥	城门桥
		城门	城门	城门与城墙缺口	城门与城门遗址
		水口	草市	市镇	塔+公园

---

[1] 浦士培.荆州钩沉[M].北京：作家出版社，2008.

（续表）

关联形态的标识要素			古今关系		
要素类别	结构性控制作用	要素名称	荆州古城	襄阳古城	荆门古城
公共建筑	空间的锚固功能延续与参照	治署（府）	军分区	市委党校	—
		治署（州/县）	区政府	监狱家属院	市公安局
		钟鼓楼	钟鼓楼市场	昭明台	
		文庙	实验中学	襄阳五中	红旗小学
		城隍庙	区武装部队	荣安大厦	荆门宾馆
		关帝庙	关帝庙	医院	实验小学
		书院	龙山书院/中学	鹿门书院/家属院	象山书院/中学
		寺、观	荆州三观	铁佛寺	白云楼
		阁、塔	明月楼/公园	观音阁/复建	文峰塔、升天塔/公园

表格来源：自绘。

而在传统市镇聚落中，渡口、驿铺、会馆、塔、庙、寺、阁、桥、牌坊等建（构）筑物，抑或是街头巷尾、中心节点等主要场所，同样具有相似的锚定与聚合作用，成为把握聚落景观整体关系与动态演进的时空坐标。例如，程集老街的街口牌坊、跨河连接老街的魏桥、街尾的文昌宫与土地庙等标识要素，将老街的序列关系与内外关系紧紧地锚固在老长河两岸的河堤上并一直延续至今。而汉江及沮漳河沿线传统市镇的津渡码头比古道沿线驿站有着更强的层积作用与空间稳定性，其与水市老街关系普遍较为清晰，并且多数依然作为居民水边浣洗与交往的场所，个别码头甚至现今还继续发挥着水运职能（图5-12）。吕堰古镇周边的分立式堡寨则是当下三个自然村形成的重要原点与动力。总而言之，聚落的主导建筑或特色场所在自我建构的过程中占领并"扎根"于特定的空间位置，并在往复的建设活动中不断被强化，成为聚落空间演变过程中较为"稳定"的存在，不仅在聚落景观关联演进中发挥重要的锚固与聚合作用，也是聚落历史空间要素遗存的主导类型，成为识别城镇聚落历史秩序、把握空间演进中"变与不变"关系及重构整体关系的重要参照。

2. 历史边界的限定与融通

聚落层面的历史边界与区域层面的山河天险作为界域要素在不同尺度的两种表现形式，在"定界"与"跨界"的内外双重需求下，有着相似的限定（天险/城墙）与融通（关口/城

图 5-12　荆襄历史廊道传统市镇典型遗存标识示例
（图片来源：自摄）

门）作用，形成了多层次的连接秩序。如果说在前文区域层面，山河天险等界域要素的"限定"作用主要体现在聚落体系的建构与交通格局的形成等方面，折射出聚落由近及远的尺度转换特征，那么在城镇聚落层面，历史边界则对建成空间的拓展有着直接的形塑作用，蕴含着聚落规模由小到大突破一道道空间"门槛"的阶段性生长特征。

以治所城市的城池体系及市镇聚落的寨墙为代表的聚落边界，作为一种连续性实体边界，在历史时期始终将城市的拓展圈定在城墙内，城外仅在城门节点附近形成小规模的非正规型关厢地带。纵观新中国成立前各城镇的历史影像地图，当时城镇建成空间拓展始终没有突破城墙的"禁锢"，城墙或寨墙体系就好似一道整体的"模具"，塑造了内外有别的聚落形态与秩序关系[1]。此外，由于当时生产力水平有限或居民日常通勤距离的限制，聚落外围的山体、江河水系、护城堤等环境要素，通常也是限制其空间拓展的一道道"门槛"边界。而新中国成立以后，历史城镇的空间演变则是伴随多次"拆墙"运动与现代建成环境不断外拓的过程，也是聚落空间不断突破城池边界、山水阻隔等"门槛"并建立内外联系的演进过程。此外，由于时代变迁，空间界域的作用由于各种原因出现了不同程度的衰退，城墙或寨墙等边界要素的现代变迁也有着整体保存、局部拆除、环城马路、环城绿带等多种古今转换方式。但是城门作为城墙连续边界上的重要入口标志，在城墙已不复存在的情况下，依然是建构新旧城

---

[1] 何依. 四维城市：城市历史环境研究的理论、方法与实践 [M]. 北京：中国建筑工业出版社，2016.

区关系的重要结构性枢纽，荆门古城的南薰门与凤鸣门便是典型代表。即使像南漳与宜城这类城墙与城门都已拆除的古城，今天的环城马路与城门大街的交汇节点，依然能够维系城门的这种结构性作用。

以襄阳古城为例，从清代历史图文信息可以判断，襄阳古城周围至少存在三重限定城市空间发展的界域。其中，城墙与护城河构成了限定古城空间外拓的第一重界线；老龙堤与护城堤首尾相连的围合区域则因防洪保障而成为限定城外建设拓展的第二重界线；在外围的万山、凤凰山、岘山、鹿门山与汉水等山水要素，则是生产力水平与人居传统均无法突破的另一道屏障。这三重界线也刚好与城市空间向外拓展的过程阶段相契合，1949 年以前，城市建设基本被限制在城内且城内东南侧与东北侧尚留有大片未建设空地。1949 年至 20 世纪 60 年代，由于西城门等城门在战争中被攻破，加之军事需求减弱，城市建设除了在城内填充补齐，也开始突破城池的约束而向外拓展，但基本上还是被限定在护城堤所形成的第二重界域内。而从 1962 年开始，襄樊（现襄阳）被纳入国家"三线建设"的重点区域，在新的工业布局推动下，城市进一步突破护城堤范围，在山脚的一个个山冲内或樊城外围快速建设工厂。改革开放以后，伴随着城市经济发展加速，在余家湖、东津湾及油坊岗等外围组团的牵引下，城市空间又进一步突破山水阻隔并快速向外扩张（图 5-13）[1]。

与襄阳古城相似，荆州古城城池边界及环城地景基本保存完好，号称"南国完璧"。在城池边界的限定之下，城内、环城、城外三层区域形态的差异显著，古城的空间形态、交通体系及生活方式在现代城市中也具有较强的独立性。在 1949 年以前，荆州古城的城市建设一直没有突破城池边界的限定，城内靠近城墙还有一圈未建设用地，城外除了城门附近聚集了各具特色的关街，其他区域则多为散落的田舍与成片的河塘渔场。20 世纪 70 年代起，同样在工业建设的牵引下，突破了城墙的限制，江汉石油管理局第四机械厂布局古城西南之后，德生纺织厂等一批工厂及单位相继在古城南门与东门建成。20 世纪 80 年代以后，随着人口快速增长，古城东、南两侧及城内环城空地也开始相继建设工厂宿舍、公租房及单位宿舍。目前仅剩古城西北与东南还保留着成片的郊野湿地或公园绿地，与护城河水系一起被纳入环古城国家湿地公园与绿道建设体系。但与襄阳不同的是，为了满足现代交通需求，荆州古城并未直接采取拆除城门、拓宽城内大街的简单做法，而是分别在南、北、东三侧另开三座新

---

[1] 襄樊市城建档案馆. 襄樊城市变迁 [M]. 武汉：湖北人民出版社，2009.

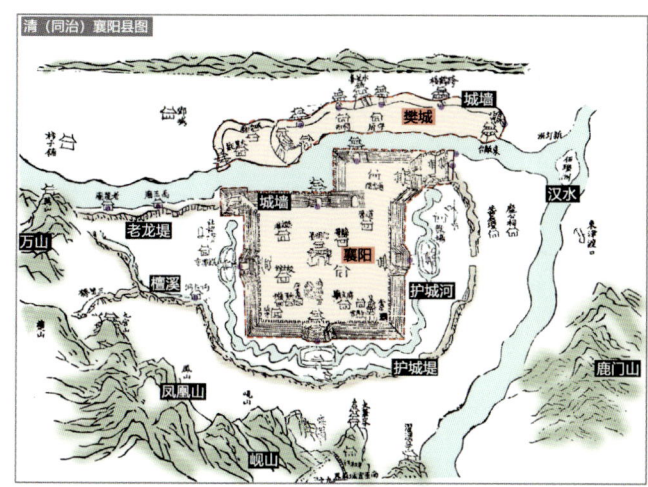

图 5-13 襄阳古城历史边界要素与城市空间拓展
（图片来源：左图底图引自参考文献 [119]，右图由襄阳城市规划设计研究院提供）

城门以满足内外通勤，形成了与原有街巷体系相对错位的"干道+环路"体系，从而六座老城门及关街均得以保存下来，并与城墙共同"锁"住了老荆州、慢生活的传统生活样貌与空间特色，使得人们今天在进城与出城的空间转换中，还有着一种"穿越时空"的场景体验（图5-14）。

回观城池边界本身，除了荆州古城与襄阳古城两座城池基本原物保存且催生环城绿道予以固边，其他城市在经历了民国时期的破门通路、1949年前后的拆城毁城及改革开放以后的建设性破坏之后，城池空间体系不断衰落瓦解，其形态限定作用也随之减弱，城墙主要有替换要素整体叠加和意象符号局部残存两种转译类型。其中，宜城、南漳、远安、潜江等城市则有拆城墙填公路的建设历史，但通过道路这一统一替换物，城址边界在现代建成环境中依然清晰可辨；而荆门、钟祥与当阳等城市由于战争瞬时性炸毁等原因，城址边界没有整体的替换要素，仅在城市环境当中留存几处标识性片段符号，且内外建设互渗严重，城址边界多已模糊难辨。以荆门古城为例，经历过抗战时期的毁城与现代建设的不断叠加，城墙基本已无实物保存，仅剩南侧两座城门，但东、南两侧护城河水系与五座城门桥保存较好，同时，北城墙在今民政局停车场处尚残存片段基址遗迹，通过这些片段符号还可以在现代城市环境中大致拟合还原出一个粗略的城池意象性形态。

相比较而言，在传统市镇聚落当中，张集这类有实体界墙的少部分"类城"聚落，有着与历史城市相似的空间拓展规律，并因为寨门、桥梁等标识要素的存在，聚落历史环境的整体秩序关系与内外边界在现代建成环境中依然清晰可辨。尤其是石牌古镇，除了外部寨墙围合，

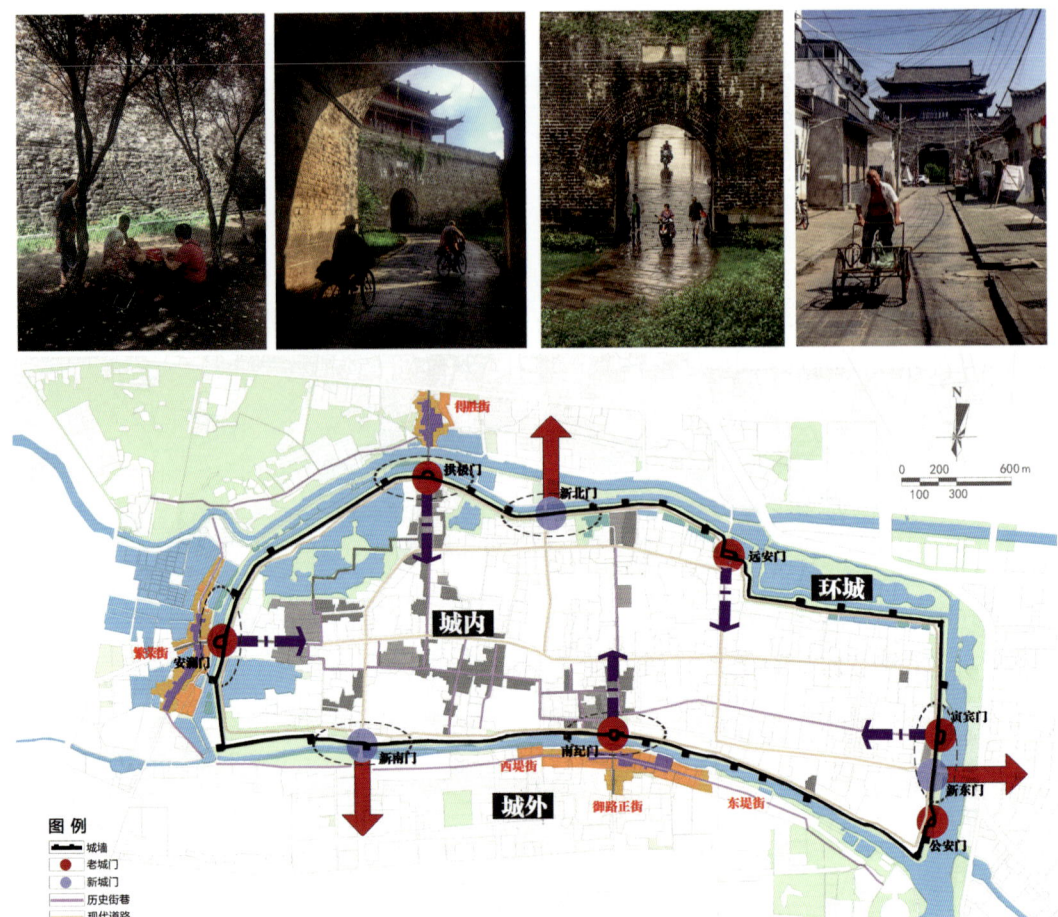

图 5-14 荆州古城新旧城门与内外空间关系现状
（图片来源：自绘）

在街巷交汇处设置的"闾门"与连续的街巷院墙在聚落内部形成了另一重空间界域并起到了限定作用（图 5-15）。但其他大部分聚落过去都是以街头、巷尾、渡口与桥梁等边缘性场所节点界定了聚落内外空间领域，并形成了内部街巷与区域网络相互衔接、联系紧密的秩序关系。由于没有实体边界，这种限定更多的是一种心理层面的精神性界定。但面对强劲的现代化建设与聚落无序蔓延，历史平衡体系很容易被打破，进而形成新旧环境交织、结构体系交错的现状空间，边缘性场所节点也多被整合到新的聚落空间体系当中，使得聚落也多由一个稳定整体变为一个首尾不明、空间失序的松散状态，限定作用也明显衰退。

3. 历史街巷的拓展与层叠

在聚落层面，一方面，街巷等连接要素与其他公共节点共同构成锚固地块与院落等单元组合关系的整体逻辑框架；另一方面，一条条大街小巷有着各自的功能特色，也是一张张传统生活百态图，或喧闹、或幽深、或肃穆……人们的日常行为也在日复一日的重复中被固化

图 5-15　石牌古镇闸门与巷口空间现状
（图片来源：自摄）

为某种生活格局。历史街巷的这种稳定性与约束力，也决定其在聚落形态演进过程中具有重要的层积作用，对聚落空间的层积演化起着重要的维持与平衡作用。尽管在经历了旧城更新改造浪潮之后，聚落当中历史街巷多已被现代马路层层叠加并拓宽，两侧建筑也变为多层甚至高层建筑，但在原有秩序的约束下，基本都保持了历史空间的线性走向，而历史秩序也因此被整合到现代城镇空间形态中并继续发挥作用。

在步行及马车时代，荆襄历史廊道城镇聚落的主要街巷多依托古道驿站、水运码头等交通节点生长拓展，表征为区域交通直接穿街而过，外部线路与内部街巷有机衔接、自成一体。但进入汽车时代之后，不同于区域层面交通线路那样两侧建设相对较少，更新方式也通常依照原有线路直接进行拓宽升级或在局部路段裁弯取直以满足新的通行需求；在聚落层面，历史街巷沿线有着大量的传统店铺，这也增加了直接拓宽的难度与成本，从而形成多种新旧交通体系衔接的方式。同时，不同于前文传统城镇的绕行而过，历史城市因规模较大等原因，不得已拆除主街沿线部分房屋进行道路升级，让汽车可以直接入城，但历史街巷的线路走向与格局关系多被继承下来。以襄阳古城为例，各大街小巷以昭明台为中心，首尾相连、内外相通，大街聚集着主要公共机构与喧闹的商业活动，小巷则多为幽静的百姓邻里生活空间或小型市井商铺，并有着特定的专业分工，聚集着各类生活场要素。对其主要街巷古今转换关系进行比较分析可以发现，历史街巷的变迁方式以整体维持、横向拓宽与纵向延展这三种形式为主，仅有少数次要支巷被现代建设要素所覆盖。换言之，城内现代道路基本都是在历史街巷规定下形成的，这也使得城池历史形态关系在当下建成环境中依然清晰可辨（表 5-3）。其他城市也多表现出类似的变迁规律，尽管城墙不像荆州与襄阳那样完整保留，建筑风貌也多已异化，但东西、南北城门大街基本维持历史格局，通过它们与护城河或环城马路相连和相交的方式，我们在新旧交织的城镇环境中依然可以建构起一座"城"的整体认知与关联图式。

表 5-3 襄阳古城主要街巷古今关系对照表

序号	街巷名称	起	止	沿线代表要素（古／今）	场景类型	当下状态
1	十字街	东西南北大街交汇处		昭明台（钟鼓楼）/鼓楼市场等	商贾中心	拓宽更新
2	东街	十字街	古城东门	"三宫"（宏庆宫、皇宫、净乐宫）、文昌祠/剧院	文化主街	拓宽更新
3	西街	西门桥	十字街	涌泉井，外通铁佛寺/银行	市井主街	拓宽更新
4	北街	小北门	昭明台	小北门码头、单家祠堂、杨家花园/商业步行街	市井主街	修复重建
5	南街	南城门	十字街	谯楼、清真寺/博物馆、小学、银行	礼制轴线	拓宽更新
6	古治/荆州街	大北门	东街	荆州古治、大北门码头、鹿门书院、道署、提督署、守备署/传统美食街	官署林立	分段拓宽更新
7	府街	南街	陵园路	襄阳府衙/法院、财校、卫校、七中	府衙大街	宽度维持
8	县街	北街	荆州街	襄阳县衙(1949年后废)/省五监狱	县衙大街	宽度维持
9	跃鱼街	大北门外	小北门外	大北门码头、小北门码头、汉江大堤/江岸广场	商贸街市	沿江大道
10	新安街	县街	鼓楼巷	伙牌店街（旧名）/新中国后改为新安街	信使住宿	宽度维持
11	米花街	西街	府街	北侧四眼井、米花和米花糕店铺	专业街市	维持改造
12	校士街	西街	府街	西侧有校士馆建筑群/学堂、党校	文教大街	覆盖模糊
13	马王庙街	北街	卉木林巷	中段南侧有马王庙	香火旺盛	宽度维持
14	长门街	汉水一桥	闸口路	汉水、长门小街/长门遗址公园	关厢老街	沿江大道
15	落轿街	南门外1.5千米，胜利街中段		张公祠/张公祠森林公园	门户标识	拓宽更新
16	积仓街	北街	卉木林巷	官仓、镇总兵署、县文庙/襄阳五中	粮饷收售	维持改造

（续表）

序号	街巷名称	起	止	沿线代表要素（古/今）	场景类型	当下状态
17	新街	北街	荆州街	原名老棚街，有提台衙门（天黑两端落栅）/公安局、检察院、法院	督查官署	维持改造

表格来源：根据参考文献[1]等资料及实地考察绘制。

除此之外，在聚落空间演进过程中，城镇历史建成区作为现代建成环境的空间拓展"原点"，历史街巷，尤其是主要正街，则是引导聚落由内而外拓展的空间"坐标轴"，是牵引聚落跨越历史边界限定的重要动力之一，直至城镇空间围绕新的枢纽、中心组团或交通干道等现代要素重新聚集成区。同时，这些正街也是新旧建成环境之间结构转换与过渡衔接的重要媒介（图5-16）。因此，历史街巷及其层叠道路体系是识别城镇聚落整体形态特色的关键线索，也是厘清聚落空间新旧关系、表里关系与内外关系等内在特征的主要逻辑。

城镇聚落景观的不同构成要素都有着自身的发展周期，使得整体形态演进表征为稳固要素与非稳固要素相互交织、有延有续的动态变化特征。同时，在历史思维与关系思维这两个重要传统营建观的影响下，特定要素的空间变迁往往并非个体层面的自由更替或新旧割裂式推倒重来，而是整合了既有要素特征与整体秩序逻辑的形式接续。关联形态作为聚落空间整体的锚定框架与层积载体，在过去缓慢有序的发展进程中，对空间要素与整体秩序有着重要的结构性控制作用，并通过有效的自我调节机制实现一种时空平衡，这也是楚国以郢都纪南城为中心建立起的区域秩序在今天的城镇聚落关联网络中依然有迹可循的重要原因。本章从关联形态标识要素、连接秩序与空间界域这三大控制要素出发，在廊道与聚落两个空间层次总结了它们相似的结构控制作用与转化规律。其中，标识要素的作用主要体现在基于地缘邻近关系的空间锚定与要素聚合；连接要素则是超越这种邻近作用的秩序关联与关系引导，同时，其自身也是一个持续生长完善的过程媒介与形态结果，并对一般要素与形态跃迁有着纠偏作用；而空间界域则通过边缘限定与内外融合作用对聚落形态有着重要的塑造意义。三者相互制约，进而共同构成一种要素关联演进的整体框架与内在约束力。在廊道层面，历史城池节点的定位作用、水陆交通线路的定向作用与区域山体天险的定界作用，共同构成城镇聚落关联演进的整体约束力。在聚落层面，历史标识的锚定与演替、历史街巷的拓展与层叠及

---

[1] 郑浩，邓耀华，方莉.襄阳城古街巷的前世今生[M].北京：文化发展出版社，2018.

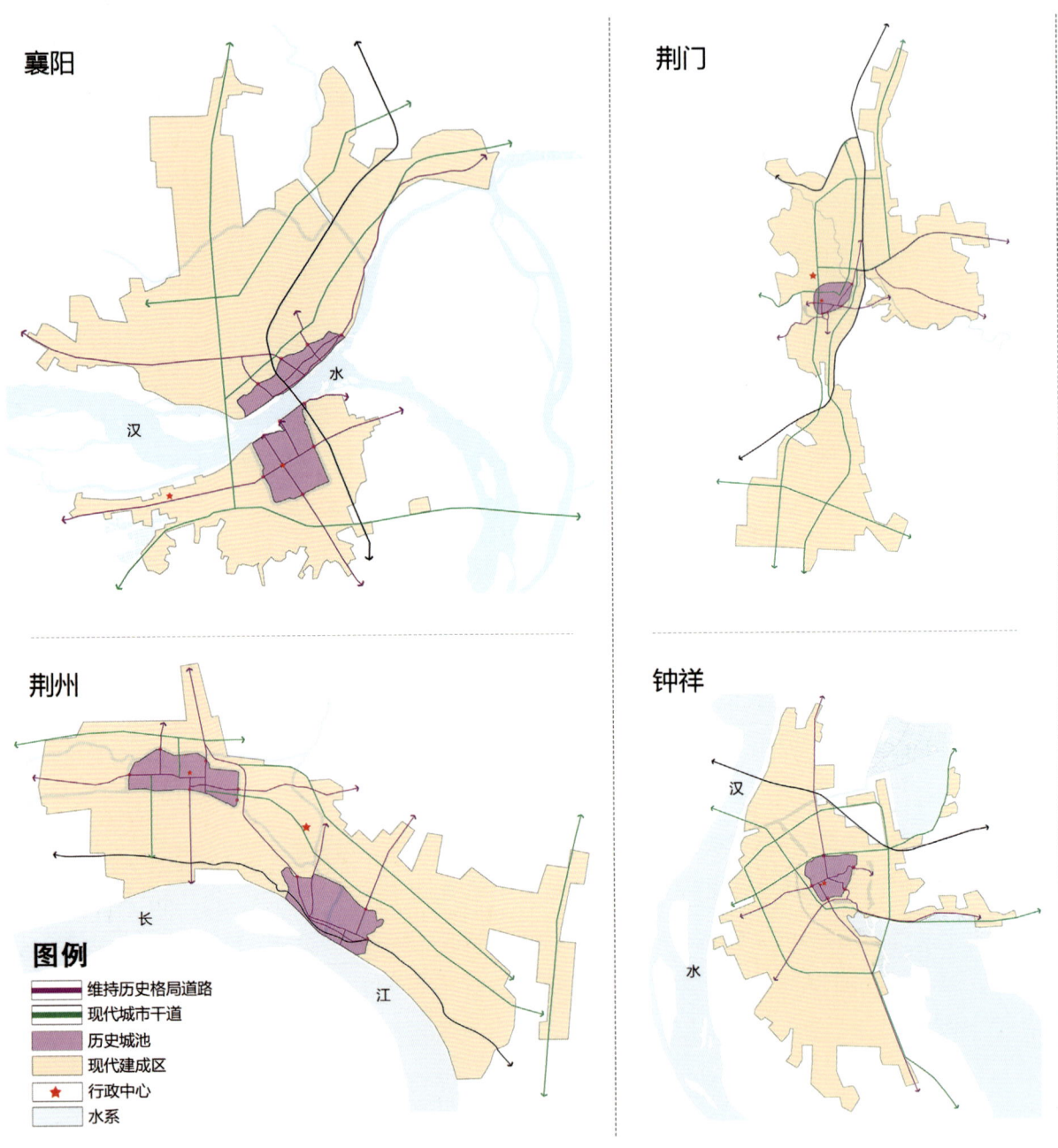

图 5-16 荆襄历史廊道地区城市新旧城区及交通关系示意图
（图片来源：自绘）

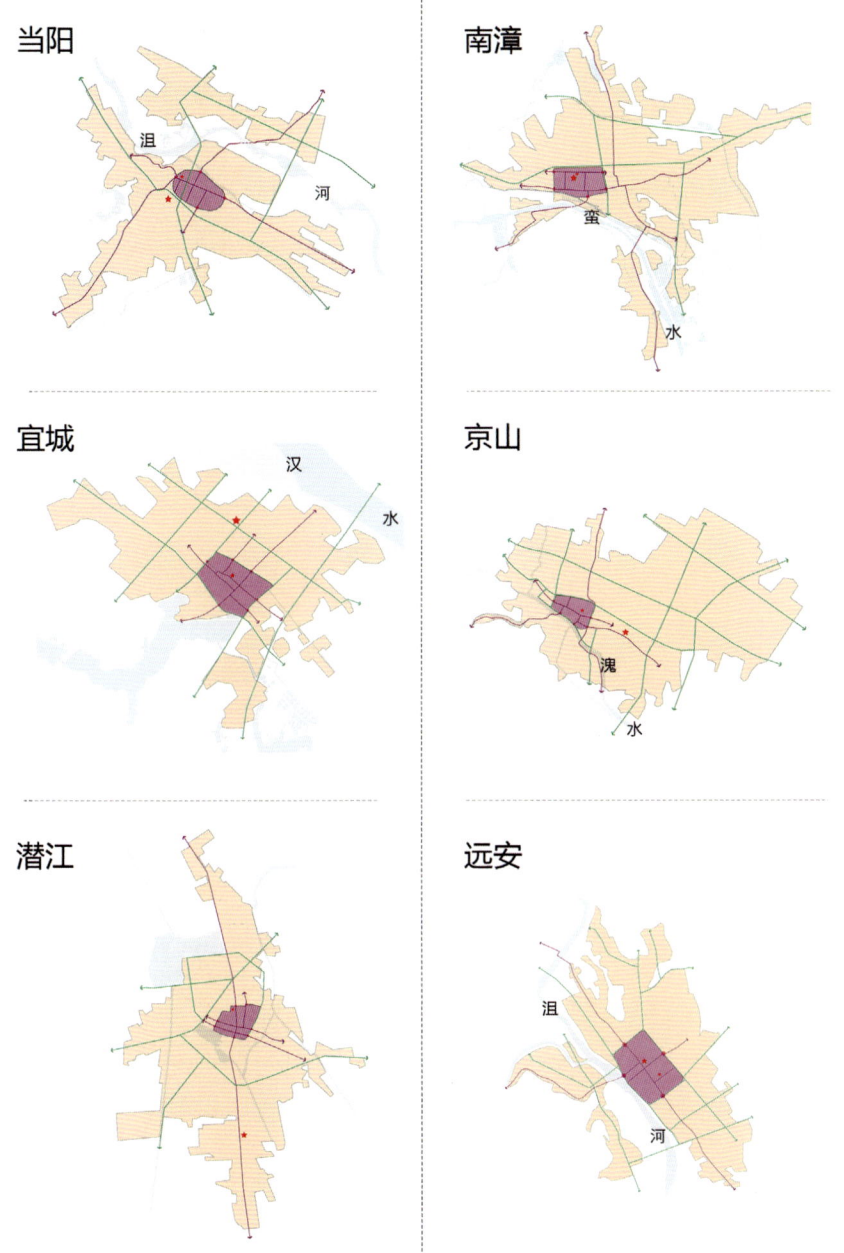

历史边界的限定与融通，则是空间要素关联演进的内在机理与空间表征。需要指出的是，进入现代社会以后，受工业化大生产、汽车、马路及现代住区开发等多方面冲击，巨尺度异质要素不断在聚落建成环境中出现甚至蔓延，历史关联秩序的空间载体无法在短期内消解这种时空巨变、失衡带来的冲击，从而出现不同程度的功能性解体与物质性解构，标识要素的更替、联系秩序的层叠与空间界域的消隐便是关联形态较为典型的转换形式，使得聚落整体秩序关系以一种隐匿的方式存在于今天新旧交织的空间表象之下，对把握聚落形态整体价值特色和回溯空间演进过程中"变与不变"关系的规律依然具有重要价值。

第六章
荆襄历史廊道城镇聚落遗产整体保护策略

关联形态作为个体要素共同依存的整体维度，是人们今天认知聚落遗产价值特色的理解框架。但是，在快速的现代化进程中，由于区域功能结构快速重组迁移、城镇建成环境不断扩张蔓延及历史空间要素反复更替，关联形态的控制性要素逐渐由显性的"体"存在转为隐性的"底"存在，整体秩序关系也逐渐隐匿于新旧交织的空间表象下，从而极易成为保护与建设实践工作的盲点。同时，伴随当前城市更新、城市双修、城乡一体与区域协同等治理举措不断向纵深推进，这种隐匿秩序也面临着新的威胁与挑战。因此，本章将回到当下城乡遗产保护的语境，针对荆襄历史廊道大量零落失序的文化遗存，面向新时期各级城乡历史文化保护与传承体系构建的迫切需求，借鉴遗产廊道、线性文化景观等区域性文化遗产保护理念，跳出聚落或要素本体保护的局限，讨论区域城乡聚落遗产的整体保护与关联重构等问题。

下面，结合荆襄历史廊道的具体实际，通过关联形态的历史"在场"来认识本体要素的当下"缺场"，进而在新旧交织的遗产环境中重新揭示聚落遗产的整体关系、古今关系、表里关系及内外关系，明晰廊道的整体价值、遗存特征及关联重构等问题，然后依据现有遗存与发展条件，重塑城镇聚落遗产多层次关联的整体特色，力图在现行的遗产保护制度体系下，基于关联形态的整体意义，探寻一种区域协同、城镇一体、自然与文化融合、保护与发展互促的保护性建构思路与方法。

第一节 新时期聚落遗产保护转向的关联形态应对

我国自1982年正式设立国家历史文化名城保护制度以来，逐步由文物保护拓展至名城与历史街区的保护，再到名镇、名村与历史建筑的全面保护，最终建立起一个分类型、多层次的保护制度体系。今天，在国家历史文化名城保护制度设立 40 余年的总结与反思之际，保护思路开始从重点保护走向全面保护，从分散保护走向整体保护，并着力探索构建从全域到全国"一盘棋"的保护格局。例如，无论是《中共中央　国务院关于建立国土空间规划体系并监督实施的若干意见》中强调的整体谋划新时代国土空间开发保护格局[1]，还是最新中共中央办公厅、国务院办公厅印发的《关于在城乡建设中加强历史文化保护传承的意见》所强调的空间全覆盖、要素全囊括，建立科学有效的城乡历史文化保护传承体系[2]，都强调了空间的全域覆盖、要素的应保尽保及格局体系的多层次构建，分别从保护视野、保护内容及保护重心与方法等方面对新时期文化遗产保护提出了新的定位与要求。

然而，以荆襄历史廊道为代表的广大地区，保护工作还普遍停留在过去名录要素本体层面的重点保护阶段，一方面使得要素之间的整体关系与关联语境不断让位于现代建设，另一方面对遗产体系的识别与建构也缺乏一套行之有效的经验与方法。因此，基于关联形态的整体秩序逻辑，从封闭的文物、街区、城区孤立保护走向开放的市域、区域关联保护，进而在差异共存的意义系统中探寻城乡遗产环境的古今关系、新旧关系与整体关系的连接策略，不仅要全面认识聚落遗产的"过去"，更要充分思考其"未来"。这既是对上述相关意见的直接响应与落实，也为地方的保护实践提供了理论与方法支撑。

1. 保护范围的拓展：从历史建成区到全域覆盖

任何一个聚落或遗产要素都不是一个孤立的点，而是以特定的方式存在于区域环境与功能网络结构当中。但长期以建成环境中文物建筑、历史街区、历史城区等历史碎片为焦点的保护视野，使得一些有意义的场所节点、环境格局及更为广阔的区域背景都无法有效纳入现有的保护体系，进而造成这些没有被认定过的保护"盲区"似乎没有历史价值的假象。因此，保护研究范围从历史建成区到全域覆盖逐渐成为新的保护趋势，而关联形态"内外一体、区域关联"的全局观与系统观对此有着重要的指导意义。

首先，在廊道区域层面，保护对象范围不再仅局限于历史文化名城、名镇这些有保护身份的聚落，其他那些有"历史"的城镇在建设发展当中也有被研究与保护传承的价值；其次，保护研究范围应超越一个个封闭孤立的历史城区、历史街区等历史片区，拓展至整个市、县的全域范围，覆盖包括城镇空间、农业空间、生态空间在内的所有建成空间与非建成环境；

---

[1] 参见中国政府网，http://www.gov.cn/zhengce/2019-05/23/content_5394187.htm。
[2] 参见中国政府网，http://www.gov.cn/zhengce/2021-09/03/content_5635308.htm。

再次，从更大尺度的湖域、流域等区域地理单元或省域乃至国土等层面的行政管辖单元，确定各尺度层级的保护内容与工作重点；最后，真正构建一个横向统筹到边、纵向控引到底的全域保护传承体系。例如荆襄历史廊道的保护研究范围便涉及廊道系统空间、区段集群空间与聚落建成空间等多个尺度层级。但需要指出的是，空间全覆盖并非管控范围不分主次、一视同仁地全覆盖，而是站在更为宏观的全局视野，基于关联形态的历史图景进行通盘考量与整体谋划，全面审视那些具有历史保护价值的场所节点及对地域文化空间格局有着关键意义的片区环境，深入挖掘保护要素的个体特色与整体关系，确保保护工作不留盲区。

2. 保护对象的增补：从名录要素到非名录要素

在全域覆盖的保护范围内，在现有保护名录的基础上，进一步梳理其他潜在的保护对象，做到要素全囊括与应保尽保，则是构建城乡历史文化保护传承体系的重要基础与支撑。换言之，在保护对象上，不仅要关注已有保护名录身份的优质遗存要素，也要重视那些有潜在保护价值的非名录要素；不仅要关注物质本体要素，也要考虑与之共存的背景环境与场所节点；不仅要关注历史较为悠久的古代要素，也要兼顾近现代要素的时代价值与时段特征。但传统自下而上逐级申报、择优登录方式显然无法满足要素"全囊括"的新要求，同时，这些多时段、多类型的要素又该如何进行筛选增补并进行体系构建也不可谓不棘手。而城镇聚落景观关联形态所锚定的整体秩序，则为自上而下式的要素遴选与价值判断提供了全局性理解框架，也为各要素能被纳入统一的观照体系提供了可能途径。

（1）名录保护要素 + 潜在保护要素

纵观当前我国城乡历史文化遗产保护实践，保护内容基本还是围绕文物保护单位，历史建筑，历史文化街区，历史文化名城、名镇、名村这类名录型要素展开，同时，与之相关的保护名录还有世界文化遗产、国家考古遗址公园、自然保护区、非物质文化遗产等分属于不同行政管理系统的自然与文化资源。该类要素因为有着较为严苛的登录条件、明确的保护主体与要求及配套的制度体系与支持资金，因此，在强劲的开发建设过程中，它们通常作为最后坚守的"保护底线"而普遍得以留存下来（表6-1）。

表 6-1 自然与文化资源保护主要涉及的名录

主要涉及的管理部门		主要法定保护名录对象
各级管理系统简称	对应国家级部门	
文物系统	国家文物局	世界遗产（包括"预备"名录）
		国家考古遗址公园
		全国重点、省级、市级、县级等各级文物保护单位，或其他未列级不可移动文物

(续表)

主要涉及的管理部门		主要法定保护名录对象
各级管理系统简称	对应国家级部门	
住建系统	住房和城乡建设部	国家或省级历史文化名城、名镇、名村，市级名镇、名村
		国家与省级历史文化街区
		中国传统村落、省级传统村落
		历史建筑
文化系统	文化和旅游部	文化生态保护区
		各级非物质文化遗产
		风景名胜区
工信系统	工业和信息化部	国家工业遗产
环保系统	生态环境部	国家自然保护区
林业系统	国家林业和草原局	各级森林公园与各级湿地公园

表格来源：自绘。

通过关联形态的整体观照，大部分区域除了已有的保护名录对象，尚有一批老城镇、历史风貌区、传统建筑及其他有意义的片区节点，由于各种原因还游离在保护范畴之外。以荆襄历史廊道地区为例，由于地方政府的保护认知水平与申报意愿参差不齐，加之省市级相关保护登录制度也相对滞后，很多具有潜在保护价值的遗存要素，由于地方未申报或未达到国家登录标准而没有被纳入保护名录，进而在开发建设或更新改造中屡遭破坏。如荆州古城外的西关繁荣街、东关草市街，以及沙市老城的廖子河片区，都是历史格局与建筑风貌保存较好的传统片区，由于在历史文化名城保护规划中仅被确定为"风貌保护片区"而非法定的"历史文化街区"，片区内传统民居在2019年前后的棚户改造过程中被成片拆除且一直荒废至今，使得荆州独具特色的关厢型历史街区特色乃至整个城市历史文脉都遭受了严重的破坏，这代表了当前全国的一种普遍现象。因此，保护对象的增补完善，在鼓励自下而上进行申报的同时，相关管理部门应组织多方力量自上而下地进行全面普查摸底，进而在"上下结合"的优势互补中，实现各个有意义的要素及场所节点应保尽保。而城镇聚落景观关联形态的整体秩序与标识要素则为全面普查摸底工作指明了方向并为可能的保护对象提供了提前预判。

（2）本体保护要素 + 地景环境要素

除保护对象的本体要素之外，地景环境也是与之密切关联、层累建构形成的有机整体，并对保护要素本体价值特色的维系与彰显都有重要意义，因而也应有针对性地将其纳入保护范畴。例如，今天荆州古城西北侧尚存的大片水乡湿地，不仅其本身是云梦古泽地理景观的基因标本，散落其中的太晖观等寺观、田舍也是构成城外"关厢型"历史文化线路的重要组成部分，它们共同构成彰显古城独特历史意境的重要空间载体。同时，这些低密度建设的郊野环境也是防止古城被现代高楼层层包围的缓冲地带，因而具有较高的保护价值。相比之下，乔家大院原本是与其周围乔家堡民居院落聚合而成的一个整体，共同见证了山西"晋商文化"的辉煌历史，但地方为了发展旅游，将其周边普通民居成片拆除以拓展旅游功能体量，最终使得大院成为建筑废墟中的一座"孤岛"而被降级处置，其教训与警示意义不可谓不深刻。因此，基于关联形态的整体语境，统筹考虑地景环境的保护与发展，不仅可以充分彰显本体要素的价值特色与历史意象，也能形成共同抵御外部建设侵扰的保护屏障，而且这些地景要素本身也可作为一起联动发展、补充历史特色与完善综合功能的潜在资源。

3. 保护重心的偏移：从要素保存到关系存续

中国哲学文化传统特别强调非实体性的关系思维，因而古代人居体系也十分注重物质本体要素与区域环境之间整体关系的建构与经营[1]，这成为城镇聚落本土文化内涵与地域特色之所在。在过去保护与发展并重的快速现代化进程中，名城保护制度抢救式保护了大量珍贵的建筑遗产与历史片区，并在聚落形态基因与建筑风貌特色保护等方面都发挥了关键作用，但对聚落内外这种整体空间关系的保护却作出了巨大让步且收效甚微。新时期在新的发展理念指引下，城市的发展模式逐渐转入集约的、渐进的、内涵的品质提升阶段，同时，国土空间规划体系也提出要立足全国"一盘棋"并依托"一张图"系统实现对历史文化资源全域空间、全要素与全生命周期的管理。这也对名城保护制度提出了新的目标、定位与要求，而以国家历史文化名城保护制度设立40周年为契机与动力机制，从分散保护走向整体保护，构建分类科学、保护有力、管理有效的保护传承体系来适应新的时代趋势与工作要求[2]，已成为新时期遗产保护研究的工作重心所在，这也是城乡文化遗产保护实践亟须补上的关键一环。

回顾我国城乡历史文化遗产的保护历程，从文物保护的启动（1956年）到名城保护制度的确立（1982年）、街区保护的试点（1996年）、名镇及名村保护的纳入（2003年）与历史建筑保护的官宣（2008年），再到区域保护的兴起（2014年），直至全国"一盘棋"保护体系的提出（2021年），这些阶段性变化节点标志着遗产保护的视野和内容一直在不断拓展并日趋完善。与此同时，国际的保护政策与内涵也依次经历了从对建筑物或历史纪念物的"保存"、对建筑环境的"保护"、在积极可行的使用中获得"复兴"和对土地经济与社会

---

[1] 李欣鹏,李锦生,侯伟.基于文化景观视角的区域历史遗产空间网络研究——以晋中盆地为例[J].城市发展研究,2020,27(05):101-108.
[2] 参见中国政府网，http://www.gov.cn/zhengce/2021-09/03/content_5635308.htm。

空间等可能性变化冲突的主动"管理"四个思潮历程[1]。这表明当代保护理念开始承认"变化"是历史环境动态演进过程中真实的一部分，也是历史遗存获得生命力与应变能力进而能够走向未来的关键所在，并从保护个体要素的"真实"走向保护整体关系的"意义"[2]。因此，一个可持续的保护理念并非是反对变化，而是鼓励积极有效地去管理变化的方式、规模与幅度，进而引导这些变化朝着助力于历史文化保护与整体空间特色塑造的方向发展。

综上所述，无论是当前的保护工作定位，还是保护对象与概念内涵，其重心都已经从过去关注物质要素自身形式的静态保存转向要素之间整体关系的动态存续，并在稳定的秩序中管理"变与不变"的演进规律。而关联形态作为一种聚落空间组织关系的凝练与表达，是把握聚落整体价值特色与历史层积关系的空间线索，也为建立与之相适应的保护传承体系提供了基本逻辑与结构载体。因此，未来保护范围的全域覆盖与保护要素的全囊括并非最终目的，而是要基于此探索新的保护体系以适应不同层级遗产空间关系的保护，进而落脚在以构建中华文明标识体系、讲好中国故事为指引的高标准保护，以塑造人居环境魅力特色为导向的高质量发展和以符合时代需求、具有中国特色为目标的高水平管理。

4. 保护措施的完善：从底线管控到关联重构

面对普遍碎片化的城乡遗产环境，要实现从要素保存到关系存续的保护目的，亟须建立与之相配套的保护措施。一方面，应在过去本体要素区划管控的基础上，进一步探索合理的方式以实现对要素之间秩序关系的底线管控；另一方面，在被动管控的基础上，通过适宜的规划设计方案与更新介入方式，将自然与文化资源聚零为整，探寻有效的路径与动力机制，把零散的要素关联为一个有机整体，进而在体系的建构中实现历史的整体展示、文化的系统叙事与空间的连续体验，也为特定要素的精准保护与可持续发展提供更为全面的理解框架和宏观条件。

（1）底线管控：本体要素+关联形态的"双管控"

当前城乡历史文化遗产的保护措施，一定意义上是综合了城市规划与文物保护两项工作体系的惯常做法，围绕历史建成环境与文物建筑等优质遗存形成了一个个分立并置的管控"圈

---

[1] 卡莫纳，蒂斯迪尔. 公共空间与城市空间：城市设计维度[M]. 马航，张昌娟，刘堃，等译. 北京：中国建筑工业出版社，2015.
[2]SALVADOR M V.Contemporary Theory of Conservation[M].Amsterdam：ELSEVIER,2004.
[3] 许广通，何依，孙亮. 历史文化名村的非整体性问题与整体应对逻辑——基于宁波地区规划实践的启示[J]. 建筑学报,2020(02):9-15.

层"。这种基于历史空间表象的本体式保护、重点式保护与封闭式保护方式[3]，对本体遗存要素有着重要的保护意义，但对聚落的整体关系则缺乏底线管控作用。关联形态的图式特征与整体意义的保护，亟须从"分散保护"转向"整体保护"，并完善管控措施[1]。借鉴历史文化保护区划定的经验强化对历史文化空间格局的保护，探索一种将本体要素与关联形态共同纳入保护底线的"双管控"模式，进而将历史文化保护线有效纳入国土空间规划"三区、三线"管控体系。最终，通过完善相关制度建设，形成针对关系空间严格管控的保护底线，使其在面对强劲的开发建设时，不能再因管控缺位而毫无底线地一再退让（图6-1）。

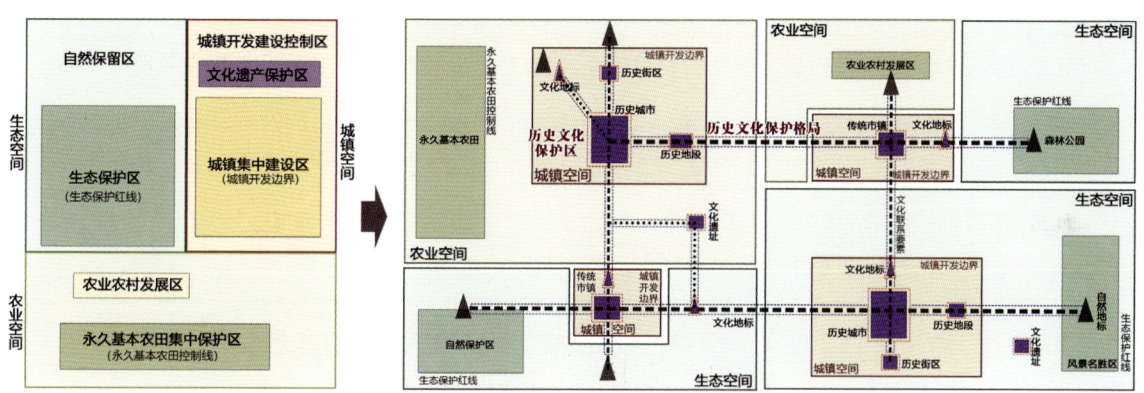

图6-1 城乡文化遗产本体要素+关联形态的"双管控"模式示意
（图片来源：自绘）

（2）关联重构：集群关联+系统关联

在一定意义上，历史的过去是确定的，但历史的未来则更具开放性[2]。因此，历史遗产的保护也不能盲目地封闭在过去当中，变化是保持其生命力的重要手段。换言之，聚落遗产的关联重构与创新发展既是可行的也是十分必要的。针对已经零落的遗产环境，保护工作不能止于过去"有什么保什么、什么好保什么"那种被动防御式管控，这样既无法满足新时期聚落遗产保护需求，也无法应对历史环境失序等诸多现实困境。因此，未来的保护还需要进一步寻求主动的建构性保护措施，将规划设计手段作为引导和管理空间变化的有效方式，在

---

[1] 张兵.历史城镇整体保护中的"关联性"与"系统方法"——对"历史性城市景观"概念的观察和思考[J].城市规划,2014,38(S2):42-48+113.
[2] 卡莫纳,蒂斯迪尔.公共空间与城市空间：城市设计维度[M].马航,张昌娟,刘堃,等译.北京：中国建筑工业出版社，2015.

底线管控的基础上辅以适应性的更新补充和景观化保护等措施，重塑遗产环境的秩序关系，把未来不确定的变化锚定在关联形态的确定当中，共同服务于整体关系的建构。

具体而言，在"建构性保护"逐渐成为遗产保护议题的背景下[1]，针对以荆襄历史廊道为代表的区域聚落遗产，应在新旧交织的聚落环境中，将不同层面的聚落遗产保护工作分别与区域治理、城市更新及社区营造等项目结合，依据关联形态的整体秩序与结构性要素，综合运用标识构"形"、连接构"序"及界域构"境"等建构性保护策略，将法定保护要素、潜在保护要素、背景环境要素及相关机会用地等要素重新关联为一个整体。首先，可以围绕某一优质历史锚点、特色文化主题或重点发展引擎进行集群关联，形成一个个保护发展集群。其次，通过主动的结构干预、要素介入和景观化修复等措施进行秩序强化与系统关联，进而在层层秩序传导中重构聚落遗产的整体性与关联性。最后，通过将各种资源整合到统一的保护与发展框架中，把更新建设作为补充历史保护的一个重要手段，实现在发展中解决城乡历史文化遗产保护的现实困境。

第二节　荆襄历史廊道聚落遗产的整体价值与现存特征

聚落景观普遍具有遗产价值，或承载着突出、普通的人类文明，或见证了稀缺、多元的地方文化[2]。而全面理解、尊重并保护城镇聚落的遗产价值与否，是制定科学有效、可持续的规划与管理方案的基本前提，也是衡量相关行动方案质量的重要标准。城镇聚落景观要素在自然、社会、经济等不同维度及不同聚落之间的整体关联，在很大程度上左右着其遗产价值认识与可持续管理。鉴于荆襄历史廊道内聚落遗产的区域整体价值与保护意义一直没有获得关注，下面便基于前文关联形态的研究成果，对其作为一种区域遗产的整体保护价值、现存特征及保护理念进行探讨，以便为后续廊道遗产资源的整体保护、价值维护与体系建构提供依据。

1. 荆襄历史廊道聚落遗产的整体价值

区域聚落遗产是人居活动与自然环境长期互动发展的结果，承载了一种特定的文明，记录着一段有意义的发展或见证了某个重要的历史事件，也是联系自然与文化、空间与社会、

---

[1] 何依. 走向"后名城时代"——历史城区的建构性探索[J]. 建筑遗产, 2017(3): 24-33.
[2] ICOMOS-IFLA. Principles Concerning Rural Lndscape as Heritage[S].2017.
[3] ICOMOS. The International Charter for the Conservation and Restoration of Monuments and Sites[S].1964.

过去与现在的重要载体，因而具有珍贵的文化意义和保护价值[3]。不同于点状的文物建筑和片状的建筑群落，区域聚落遗产作为一种大尺度遗产网络，其价值认知更具全局性与整体性，非某一单体要素或某一类型要素所能概括。这种整体价值未来也需要不同要素在相互联结的关联秩序中共同呈现。下面，在相关保护文件的基础上，基于关联形态的整体意义认识荆襄历史廊道聚落遗产的整体价值。

（1）国内外保护文件中的遗产价值标准

"遗产价值"在一定意义上与"文化重要性""文化意义"等概念有相同的内涵，蕴藏于遗产要素及其相互联系的构造中，涉及历史、社会与精神等多个维度，并可通过遗产资源的独特性、典型性及整体性等方面加以判断，而延续文化的重要性也是遗产保护的根本目的所在[1]。同时，遗产资源是区域社会经济合理、可持续发展的重要基石与文化驱动力[2]，且保护整合、传承创新历史文化资源，也可转化为发展的经济价值，激发地区活力。这也是里格尔早期提出将历史纪念价值与当代使用价值作为遗产价值体系理论一直被后面学者追随的重要原因[3]。

详细梳理国内外代表性遗产保护文件关于价值的描述，可以发现，针对文物古迹与聚落单体的遗产价值已经形成相对成熟、固定的评价准则。例如，《威尼斯宪章》（1964年）针对古迹遗址确定的历史、考古和美学价值，《内罗毕建议》（1976年）针对历史地区强调了社会与使用价值，《华盛顿宪章》（1987年）针对历史城区进一步认识到遗产所具有的传统城市文化与整体价值，进而在《关于城市历史景观的建议书》（2011年）与《关于乡村景观遗产的准则》（2017年）中相继强调了自然环境价值、区域背景价值及空间价值，并将突出的普遍价值推广至一般性价值，承认一切聚落景观皆有遗产价值。而在《文化线路宪章》（2008年）中，针对区域大型遗产则强调其整体的历史价值、文化意义和共享价值。受国际保护文件的启示与影响，国内主要保护性文件针对文物古迹与聚落的价值描述也基本以历史、艺术与科学价值为基础，以社会和文化价值为补充，同时，针对文化线路、遗产廊道、遗产运河及文化景观等新型文化遗产且契合我国文化语境，可能还会涉及自然遗产资源的价值认识与遗产的文化内涵、意义[4]，以及政治制度和现代建设层面的价值呈现等。总而言之，伴随着

---

[1] The Australia ICOMOS.The Burra Charter[S].1999.
[2] UNESCO.Hoi AN Protocols for Best Conservation of Historic Towns and Urban Areas[S].2005.
[3] 赵磊．基于遗产价值评估的"茶马古道"沿线聚落保护研究——以滇西大理段为例[D]．昆明：云南大学,2019.
[4] 国际古迹遗址理事会中国国家委员会．中国文物古迹保护准则[S].2015.

保护对象范畴与类型的不断拓展完善，尤其是线性、大尺度、跨区域等遗产类型的出现，逐渐形成了更加全面、立体、多元的遗产价值认知维度与评价体系，呈现出由单体文物古迹的历史、科学与艺术价值，逐渐转向聚落与区域遗产更为综合的社会、经济、自然等价值或文化意义的判别（表6-2）。

表6-2 国内外代表性保护文件中的遗产价值对比

序号		法规、条例文件名称	时间	价值主题	对象
国际代表性文件	1	《威尼斯宪章》	1964年	历史、考古或美学价值	古迹遗址
	2	《保护世界文化和自然遗产公约》	1972年	历史、艺术或科学的突出的普遍价值	古迹/建筑群
	3	《关于建筑遗产的欧洲宪章》	1975年	精神、文化、社会和经济价值	建筑遗产
	4	《内罗毕建议》	1976年	历史、社会和文化价值，强调了使用价值	历史地区
	5	《华盛顿宪章》	1987年	传统的城市文化价值、整体价值	城镇聚落
	6	《关于城市历史景观的建议书》	2011年	社会、文化、经济、自然和区域价值	城市聚落
	7	《关于乡村景观遗产的准则》	2017年	社会、经济、环境、文化、精神与空间价值（突出的或一般的）	乡村聚落
	8	《文化线路宪章》	2008年	整体的历史、文化价值和意义，共享价值	区域遗产
国内代表性文件	1	《中华人民共和国文物保护法》	2017年	历史、艺术、科学价值	文物古迹
	2	《中国文物古迹保护准则》（修订版）	2015年	历史、艺术、科学价值，增补社会、文化价值	文物古迹
	3	《历史文化名城名镇名村保护条例》	2008年	历史、艺术与科学价值	城乡聚落
	4	《历史文化名城保护规划标准》（GB/T 50357—2018）	2018年	名城的历史、科学、艺术价值和文化内涵	城乡聚落
	5	《关于在城乡建设中加强历史文化保护传承的意见》	2021年	政治、经济、社会、科技文化、地理价值	城乡聚落

表格来源：作者据相关文件整理绘制。

（2）区域聚落遗产的共同价值体系

区域聚落遗产作为一种多层次关联的活态遗产，其价值评估目前尚未形成统一的认识，多以单体文物古迹或聚落遗产等相对成熟的价值判别标准为基本参照。但大型聚落遗产除了单体要素的遗产价值，还有整体层面的共同价值，同时，荆襄历史廊道也有着自身的特殊性且遗产价值认识也在不断丰富完善，传统的价值评估难以全面描述或适用大型聚落遗产的所有价值类型。关联形态作为区域聚落遗产共同的历史层积与联系秩序，在历史与文化、社会与空间方面都有着重要的整体与统一意义，也为个体要素的价值认知提供了时空定位与理解框架。因此，关联形态是综合梳理区域城乡文化遗产价值体系的关键线索。

下面便从关联形态的整体视野出发，综合既有保护文件中的价值描述，尤其是文化线路的价值评估准则与遗产廊道的四个"选择标准"等新型大尺度遗产的价值评估方法与保护要求[1][2]，构建适宜区域聚落遗产的价值评估体系，进而为荆襄廊道聚落遗产的价值认识提供总体指导。首先，区域聚落遗产更加注重完整性的建构，而促进历史文化传承与当代社会经济发展是其价值评估的两大前提目标。其次，在单体要素的价值基础上，基于关联形态的控制性要素与整体图式进一步强调总体层面的自然、空间、社会与经济维度的共同价值体系，确定空间界域的环境价值、标识要素的个体价值及连接秩序的整体价值作为三个一级价值评估主题，即表层的要素价值、深层的秩序价值及背景环境价值，共同拼合为一个综合的区域遗产价值体系。再次，将不同维度的主要价值准则作为二级价值主题定位到该体系中，形成超越单体要素价值类别简单拼接的整体价值。最后，从整体和要素两个层面构建区域聚落遗产整体价值的评估框架，如表6-3所示。此外，遗产的价值评判也应兼顾价值叙述主体的特殊性与典型性，例如国际、国家、区域与城市等不同尺度层面的叙事价值，以及民族、集体、家族与个人等不同群体层面的叙事价值[3]。

表6-3　荆襄历史廊道区域聚落遗产的价值评估框架

前提目标	一级价值主题	二级价值主题	补充说明
历史文化传承 + 社会经济发展	空间界域的背景环境价值	自然环境价值	自然环境背景的独特性与整体性作用
		社会环境价值	社会环境背景的独特性与整体性作用
	标识要素的本体形式价值	历史价值	作为历史见证、纪念物的岁月价值
		艺术价值	艺术创作水平的见证与审美价值
		科学价值	科学技术水平的见证价值、教育与研究价值
	连接秩序的整体关联价值	空间组构价值	作为空间组织营造的特色、智慧等方面载体
		文化叙事价值	文化传播、文脉延续、集体记忆、文化认同
		经济共享价值	作为全域旅游发展、产业协同发展的媒介

表格来源：自绘。

---

[1] 四个选择标准分别为：历史重要性、建筑或工程上的重要性、自然对文化资源的重要性、经济重要性。
[2] BYRNE D. The Heritage Corridor: A Transnational Approach to the Heritage of Chinese Migration[M]. Oxfordahire: Taylor and Francis, 2021.
[3] 陈曦. 建筑遗产保护思想的演变[M]. 上海：同济大学出版社，2016.

(3) 荆襄历史廊道聚落遗产的价值分析

荆襄历史廊道作为湖北荆楚文化的发源地与联系古代中国南北方文化的重要纽带，承载了荆楚文化的全时段脉络，见证了国家与地方及不同文化区域之间长期互动发展的过程。参照区域聚落遗产的共同价值体系，以历史文化传承与社会经济发展为导向，对其整体价值与保护意义进行综合分析。

1）廊道的背景环境价值

自然环境价值：荆襄历史廊道独特的轴带型地形地貌环境，连接着南阳盆地与湖广盆地两个重要地理文化单元，也是联系我国南北方主要经济区的天然走廊，奠定了其在国家版图上的战略中枢地位。同时，这种自然地理格局对廊道内部的交通走向、聚落布局与文化风貌等各个方面都起着重要的塑造作用，成为今天认识区域聚落遗产地域特色的自然原点，也是区域聚落遗产整体价值的重要组成部分。此外，荆襄历史廊道地处大洪山与荆山之间的江汉交汇地区，连接着长江与汉江两大流域，内部以长湖、江汉运河、大洪山风景名胜区等丰富的自然生态资源作为文化遗产本体要素的自然基底，二者共同构成了区域文化景观意象。因此，廊道的区域自然环境与遗产要素的价值特色紧密地联系在一起，并对区域历史文化格局的塑造、维持及重构有着关键性意义。

社会环境价值：受独特的地理环境影响，荆襄历史廊道在古代历次南北对峙中都是军事交锋的前沿地带，也是古代国家商贸流通格局中南船北马、承东启西的转乘与集散中枢之地，并作为南北方文化交流传播与民族迁徙的重要通道。因此，军事防御、驿路漕运、多元文化等主题背景构成了区域文化遗产的文化底色并以有形遗产要素的无形价值形式存在。如秦楚战争、魏蜀吴三国之争、南宋时期蒙宋对峙等事件都促进了区域防御体系的完善，北人南迁也加速了江汉平原围垸的开发，而明清时期地方动乱则推动了大洪山、荆山堡寨群的修筑。可以说，荆襄历史廊道区域社会环境的结构化过程也是区域遗产体系结构化的过程，为认识遗产的整体价值提供了总体参照。

2）资源要素的本体形式价值

历史价值：荆襄历史廊道是楚都纪南城所在地和核心统治区，是楚文化的重要发祥地，文脉源远流长，历史遗存众多，构成了区域背景环境中的时空坐标，为国家或地方历史事件、故事、人物都提供了珍贵的实物证据链，成为今天湖北荆楚文化的核心承载。例如，以荆州纪南城遗址、荆门纪山楚墓群、宜城楚皇城城址、襄阳北津戍遗址等重要文物古迹为代表的楚文化历史标识，以荆州古城、当阳麦城、长坂坡遗址与关陵、荆门掇刀石、襄阳古城与古隆中景区为代表的三国文化历史标识，以世界文化遗产明显陵、世界灌溉遗产百里长渠为代表的突出的普遍价值，以城池聚落、堡寨、古战场及军事水利工程等防御工事为代表的军事文化遗存，连同日渐衰落的一般城镇聚落、古驿站、码头渡口、老街店铺、遗址等众多遗存要素所见证的商贸繁荣，可谓历史文化底蕴深厚、遗存价值突出。总之，这些历史遗存承载着区域历史文化特色、文化认同与集体记忆，并对社会文化教育与凝聚力的形成有着重要意义，是廊道整体保护的核心对象。

艺术价值：荆襄历史廊道地方民居、寺庙、宫殿、陵寝等建筑所代表的"荆楚派"艺术风格，强调了庄重与浪漫等美学特质，以及高台基、美山墙、深出檐与精装饰等风格特点，代表了湖北传统建筑的基本艺术风格与审美水平，成为当代建筑创新表达的设计语汇。同时，以楚辞、楚简、楚歌舞为典型的诗文乐舞，代表了古代极高的文学艺术成就。区域典型的建筑装饰和风格与多元文化艺术融合形成的生活场景都构成了今天区域文化遗产无形的价值内涵。

科学价值：荆州城池体系与外围的"三海八柜"军事水利工程遗址、襄阳城池体系与外围的"十二连城"攻防体系遗址等防御工事，都代表了我国古代在军事防御层面所达到的极高科学水平；荆襄古道的前身为秦代全国驰道体系的南北要道，江汉运河源自楚国开凿的早期人工运河"云梦通衢"，它们都代表了我国古代不同时期在交通领域达到的科学水平；而荆州古城外的东晋金堤、南宋寸金堤、明清万城堤、现代荆江大堤、全国重点文物保护单位"荆江分洪工程纪念碑"及江汉平原的围垸等区域要素，分别代表了历史时期的水利治理与区域开发所达到的科学技术水平。这些历史文化资源都体现了荆襄历史廊道地区在古代不同时期、不同领域的科学技术与思想水平，具有极高的学术研究价值。

3）区域连接的整体关联价值

以荆襄历史廊道的区域环境为背景基底，以标识要素为时空坐标，进一步超越遗存要素的个体价值，以遗产的连接秩序为线索，将一般的或被忽视的历史遗存整合到统一的体系中，认识各要素的整体关联价值。

空间组构价值：以荆襄古道与江汉运河为主线的水陆交通，历经两千多年的兴衰演替，形成了水陆并行、主次交织的空间网络，这一内连全境、外通四邻的网络结构，对区域历史文化格局塑造与资源整合具有重要的意义，承载了国家和地方政治、军事、文化、交通等多重文化意义，对今天识别文化遗产的整体关系与重构整体秩序具有重要的空间价值。例如，以楚都纪南城遗址为中心，通过区域连接秩序将廊道内众多文化遗址串联，可以清晰地窥见楚国统治汉西时期发达的城邑体系，及其对后续历史城镇网络体系的深远影响。而聚落或要素本体及其外围环境也可通过连接秩序联结起来，重现整体特色与景观意象，为城市历史之径或文化步道体系营造提供空间载体。

文化叙事价值：连接秩序同样是实现文化系统叙事与历史连续体验的空间载体，对讲好中国故事和地方故事具有重要的历史文化价值。荆襄历史廊道作为古代极为重要的南北战略走廊，见证了楚国北伐中原、秦始皇南征百越、魏蜀吴三国纷争、蒙宋八年对峙等历史事件，也是漫长的南北方经济交流、文化传播、民族迁徙及长江与黄河文明交融的中线通道。其中，长江、汉水、沮河、漳河等区域性水道保存至今，"长江—荆襄河—长湖—田关河—东荆河—汉水"等水运故道共同承载着江汉运河的繁荣历史，以207国道为代表的现代公路则是荆襄古驿道等区域性古道的历史见证，这些连接要素都是将区域历史事件、记忆与文化故事，以及古驿站、古战场、古渡口等遗存要素关联为一个整体进行系统叙事的媒介，也为不同文化主题线路的构建提供了空间基础。因此，廊道内部聚落遗产的连接秩序，对今天构建湖北省域或全国历史文化保护传承体系及中华文明标识体系具有重要的价值和意义。

经济共享价值：荆襄历史廊道内丰富多元的自然文化资源是驱动地方经济高质量发展的优势条件，而充分发挥这一潜质，还需基于线路等连接秩序将现已零散的自然文化资源进行关联整合，形成全域联动、产业协同、经济共享的整体发展框架，作为鄂中城市群共建、共治与共享的重要空间基础。进而完善相关制度建设，有效激发各地区、各部门和各要素之间的竞合关系，合力打造集历史文化体验与区域休闲游憩于一体的人居环境乃至文化旅游带，助力历史文化保护与区域治理良性互动的实现。因此，荆襄历史廊道的整体秩序对区域社会经济发展同样有着重要的意义，能够有效发挥资源的规模效益与集群优势，进而带动沿线产业的协同发展，形成历史文化保护助力经济发展和经济收益反哺历史文化保护的良性循环。

总而言之，上述廊道的背景环境价值、标识要素的本体形式价值与区域连接的整体关联价值，共同拼合为一个多维立体的荆襄区域文化遗产的整体文化意义与保护价值。其中，廊道背景环境作为时空基底，奠定了价值的主题基调；遗存本体作为时空坐标，是价值的核心载体；区域连接便如时空轨迹，是串联起遗产要素的整体价值与文化意义的关键。同时，这种整体价值的保护传承，无法通过简单地保护一批零散的文化资源点就能实现，而是需要在整体的体系建构中进行价值判别、维护与表达，让历史文化在整体的秩序中实现系统叙事。然而在当下，由于中部文化廊道整体保护工作的缺位，全国历史文化保护传统体系中各文化保护区之间存在明显的关系断裂。因此，荆襄历史廊道连同湘江等文化廊道的整体保护与共同建构，不仅对湖北省域城镇聚落体系构建与文化传承具有重要价值，对中华文明标识体系的整体构建同样具有重要的补缺与支撑意义。

2. 荆襄历史廊道聚落遗产的现存特征

历史文化资源与自然环境资源是廊道文化价值的重要见证与承载，也是区域历史文化空间格局重塑的重要抓手。基于对荆襄历史廊道聚落遗产的整体价值认识及前文的关联形态研究成果，下面进一步以城镇聚落为线索，自上而下地摸清廊道内聚落遗产的现存概况，进而增补完善现有保护名单和与之相关的其他保护要素，旨在为后续遗产的体系建构与整体价值呈现提供支撑。

（1）以城镇聚落为基础构筑的区域遗产体系

在多重历史背景环境影响下，"重城镇、弱乡村"是荆襄历史廊道古代聚落营建过程中的一个典型特点。今天地区丰富的历史遗存，也以城镇聚落遗存最为典型，乡村聚落遗存则寥寥无几。此外，廊道内各历史城市与传统市镇之间的连接秩序也是组织其他遗产要素极为重要的区域性框架。下面便以城镇聚落为主要锚点，从宏观、中观和微观三个层面，以及军政经略主题、商贸流通主题、水利生产主题、宗教祭祀主题、山水文化胜迹等多个方面，综合构筑荆襄历史廊道的区域聚落遗产构成体系（表6-4）。

表6-4 荆襄历史廊道区域聚落遗产的体系构成

空间层次	宏观区域层面	中观聚落层面	微观要素层面
军政经略主题相关的遗存要素	襄阳"十二连城"、荆州"三海八柜"、长江水口与大别山关口等军事攻防体系	荆州、襄阳、荆门、钟祥、潜江、春秋寨等戍防城池、堡寨聚落	关卡、炮台、烽堠、城墙、城楼、藏兵洞、敌台、教场、演武厅、治署、守备署、巡检司、古战场等
商贸流通主题相关的遗存要素	荆襄古驿道、江汉古运河等区域性水陆交通线路或府州县及市镇间一般连接线路	沙市、樊城、石牌、太平店、后港、河溶、淯溪等商埠市镇或老街	驿铺、会馆、递运所、仓库、津梁、渡口码头、历史街巷等交通设施或场所
水利生产主题相关的遗存要素	荆州万城堤、襄阳老龙堤、钟祥与沙洋官堤等江河大堤，百里长渠等灌溉河渠	护城堤、内河、堤垸单元等	水库、水柜、河闸、堰坝、碑刻、堤工局、水神庙、护堤庙等要素
宗教祭祀主题相关的遗存要素	玉泉寺、广德寺等区域性大型古刹	明显陵、湘献王墓、纪山楚墓群、关陵等陵寝建筑群	荆州关帝庙、玄妙观，荆门白云观，襄阳水星台等寺观坛庙或风水建筑
山水文化胜迹	荆山、大洪山、长湖、沮漳河、汉水等区域尺度山水人文要素	襄阳万山、鹿门山，荆门东宝山、西宝山、文明湖，荆州八岭山、环古城湿地公园等聚落尺度山水要素或子陵岗遗址、龙王山遗址等文化遗存聚集区	荆门龙泉书院、陆夫子祠、文峰塔，荆州文庙，以及其他众多古亭、古戏台、古树、水口等自然人文要素或节点

（续表）

空间层次	宏观区域层面	中观聚落层面	微观要素层面
其他相关遗存要素	"三线建设"工业遗产、红色文化遗产系列及荆州国家大遗址保护区等	屈家岭、纪南城、郢城等大遗址，乡村聚落遗产等	日常生活节点、大量传统民居和历史建筑、非物质文化遗产等

表格来源：自绘。

首先，在宏观区域层面，以府、州、县等历史城池为主要锚点，依照军事攻防体系、水陆交通线路及节点关系、水利生产共治关系等区域性遗存体系，分主题确认区域聚落整体秩序关系及其衍生关系的空间载体与遗存要素。例如，以荆州、襄阳、荆门、宜城等主要城池为中心，将荆襄古道与江汉运河等水陆交通的历史秩序关系投射到今天的区域环境中，最终确认了廊道中部荆襄古驿道陆路主线、东侧江汉运河水路主线及其滨河陆路支线、西侧山麓沮漳河河谷原线，以及横向钟祥—荆门—当阳连接线与荆门—潜江连接线等六条主要历史文化线路。

其次，在中观聚落层面，进一步在城镇聚落体系与区域关系中，对具有保护价值的历史城市、传统市镇、历史街区、文化风貌区、大遗址、建筑群、乡村聚落等片区状遗存进行全面摸底。以传统市镇聚落为例，依据关联形态的历史关系并结合相关文本资料进行实地考察，除了前文列出的保护名录，进一步确认了遗存质量较好的市镇聚落 33 处、格局保存型市镇聚落 39 处、历史空间模糊或消逝的市镇聚落 64 处。其中，汉水沿线历史上的东津湾镇、多宝湾、茨河镇，长湖湖咀的后港镇、拾迴桥镇，荆襄古道沿线的吕堰驿（古驿镇）、建阳驿与石桥驿镇，大洪山麓的张集镇，荆州古城近郊的江口司、岑河镇、汪桥镇、沙岗镇，都是传统市镇聚落当中遗存质量较好的典型代表（图 6-2）。

最后，在微观要素层面，在内外一体、区域关联的聚落体系或聚落片区中，对聚落内外的点状自然要素和人文要素及其他散落在区域中的相关传统配套设施遗存进行全面筛查。包括城墙、治署、驿站、会馆、寺观、坛庙、文庙、牌坊、戏台、关卡、津梁、渡口码头、古树等文物古迹或遗址，20 世纪建筑遗产、工业遗产、红色遗产等新型遗产要素，以及其他具有保护价值的要素遗存或场所节点，作为重点保护与体系建构的重要关联对象。

总而言之，基于邮驿、军事核心功能主题和衍生功能主题，以关联形态历史图景为总体参照，结合现状遗存特点对区域遗产要素进行自上而下的筛查与收录，在一定意义上兼及了全部具有突出或一般保护价值的对象，是对现有保护名录的重要补充。

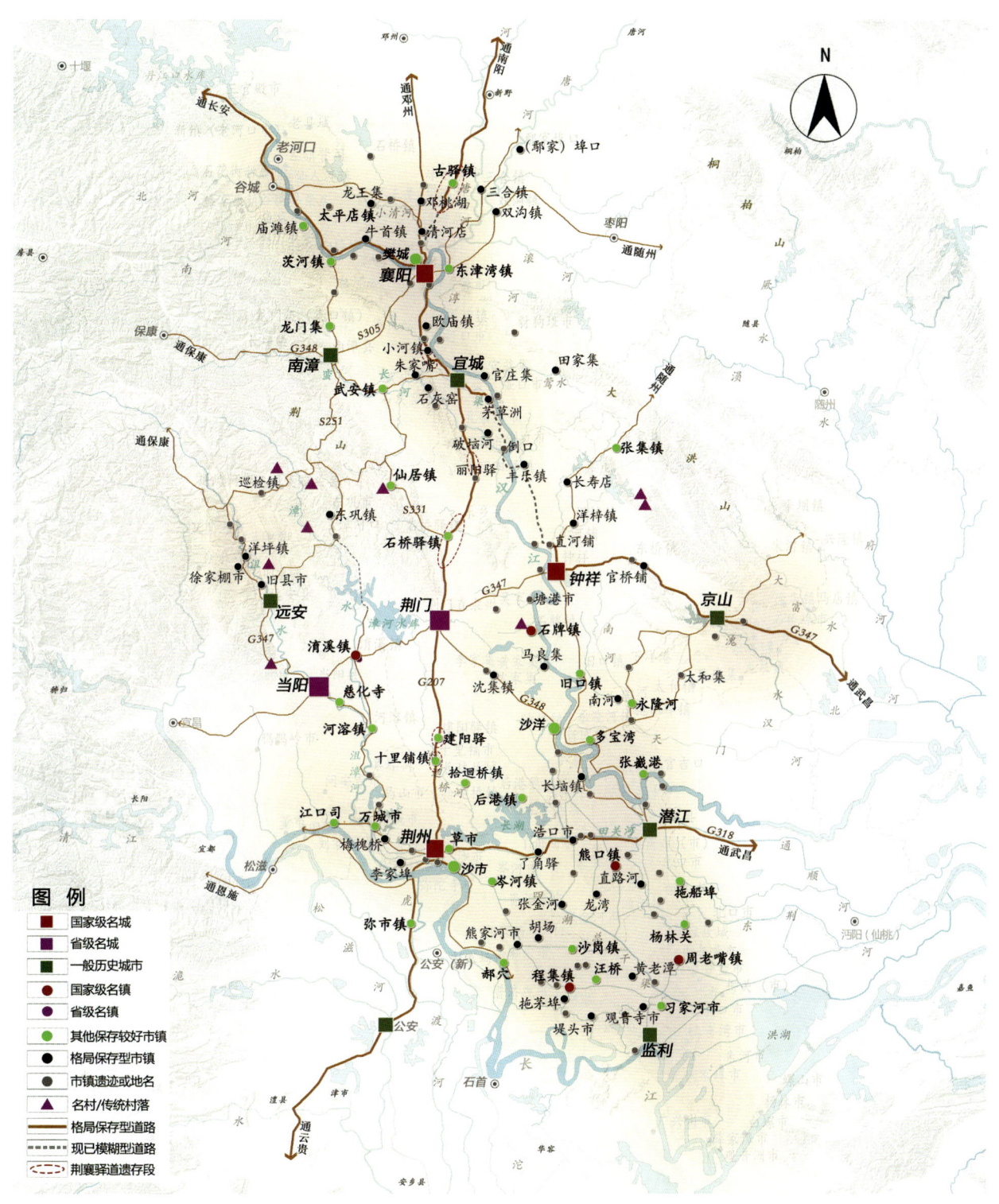

图 6-2 荆襄历史廊道城镇聚落遗存质量图
（图片来源：自绘）

（2）空间秩序关系尚存的城镇聚落

纵观荆襄历史廊道内城镇聚落本体的当前遗存情况，在长期重优质遗存本体、轻整体环境关系，重规划编制、轻实施治理等保护实践背景下，在分散保护与更新建设并行的历史进程中，大量传统风貌建筑被集中成片拆除、改造或新建，聚落遗产环境中历史格局关系与新旧拼贴的建筑风貌相互耦合呈现的"表里"关系，代表了一种普遍区域的普遍现象和特点。尤其像荆门这类省级历史文化名城或其他一般老城区，有格局关系无实体遗存的现状特点更为典型。荆门古城由于抗日战争时期屡遭轰炸及当代建设不断叠加等多重原因，存在历史环境碎片化与历史资源所剩无几等问题，这也成为当前名城保护必须面对的现实复杂困境。但以护城河为参照，将历史地图的空间信息转译到现代城市地图中，可以发现历史秩序关系以一种隐匿的方式完整地存在于新旧交织的建成环境中。今天"民主街—惠政桥—北门路—中天街—工商街—南薰门—板桥—南台小巷/凤鸣门—文运桥—团结街"共同组成的连接秩序，维持着荆襄古道穿城而过的市轴关系形态，成为连通南北两关、城池内外的重要线路载体。尽管街巷尺度、沿线建筑风貌方面出现了不同程度的异化，呈现北段历史风貌、中段现代风貌和南段传统风貌的段落分异特点，但这种整体秩序关系依然具有重要的文化意义与保护价值。此外，东西向的中天街等街巷节点同样延续着类似的历史秩序关系，成为东西两山之间的重要联系通廊，并与南北秩序、城河水系纵横交织形成古城的历史关联意象（图6-3）。

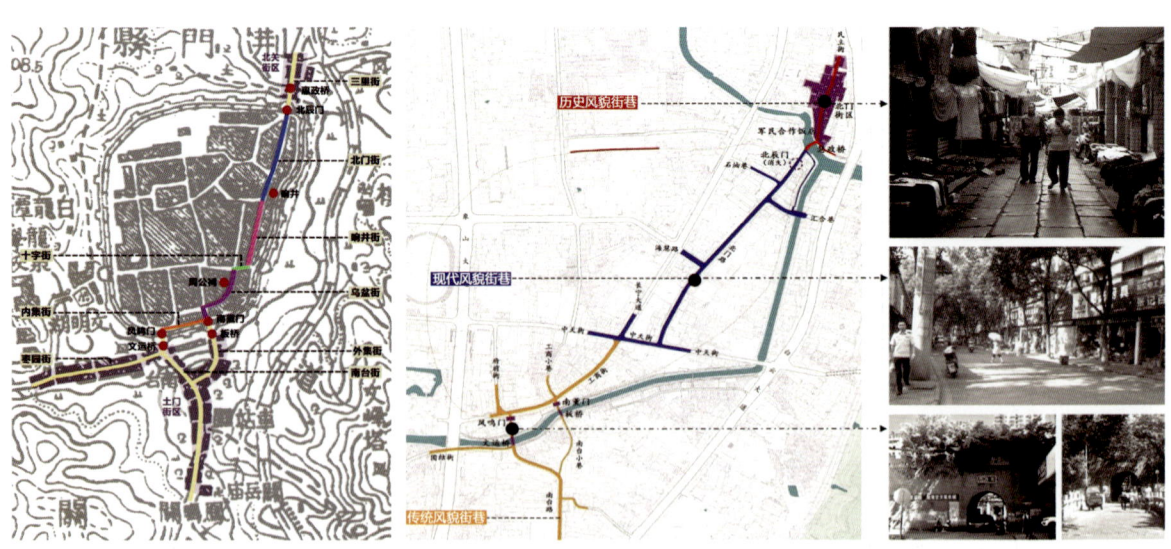

图6-3 荆门古城南北轴街秩序关系的古今对比图
（图片来源：改绘、自绘和自摄）

此外，荆襄历史廊道内传统市镇聚落，由于新、旧镇区普遍分开设立，街市的历史秩序关系多得以保留，且老街沿线建筑风貌也不像历史城市那样异化严重，成为城市乃至区域历史文化空间的重要组成部分和价值特色承载。如表 6-5 所列的对象便是一些未被纳入保护名录但遗存质量相对较好的市镇聚落代表，亟须在未来的保护实践中加以重视。

表 6-5 荆襄历史廊道"非名镇型"传统市镇聚落遗存现状举例

序号	城镇名称	历史区位与价值	老街现状照片
1	东津湾镇	襄阳古城东渡汉水的必经之地与重要关镇	
2	多宝湾镇	京山南部汉水通荆州的水陆节点与市镇，多宝湾战役发生地	
3	河溶镇	沮漳河口重镇、明清时期当阳三大古镇之一	
4	马良镇	内方山麓古汉津，汉水西岸的千年古镇，今属荆门	
5	慈化寺	当阳玉泉寺山下脚庙，因寺成街，沮河北滨河溶古镇通当阳古城的必经之地	
6	后港镇	荆门、荆州、潜江交界处，江河入长湖转航湖咀的市镇，今属荆门	

（续表）

序号	城镇名称	历史区位与价值	老街现状照片
7	拾迴桥镇	大漕河入长湖转航河口的市镇，今属荆门	

图片来源：现状照片为自摄。

（3）沿路附城的文物古迹

除了上文名录与非名录型城镇聚落遗产，荆襄历史廊道内尚存有丰富的古建筑、古遗址、古墓葬、石刻、近现代建筑史迹等各级、各类文物保护单位，其中，全国重点文物保护单位46处、省级文物保护单位110处、代表性市级文物保护单位147处，以及大量其他区县级或未列级文物保护单位若干，包括屈家岭等新石器时期重要文化遗址，楚都纪南城遗址及陪都楚皇城遗址等楚文化主题古迹，关陵、长坂坡遗址、荆州城墙、襄阳城墙、麦城遗址、牙门戍等三国文化主题资源，以及世界文化遗产（明显陵）、世界灌溉工程遗产（长渠）、国家级大遗址保护区（荆州）等类型丰富、保护价值较高的历史文化资源。根据《中国文物地图集：湖北分册》、各历史文化名城保护规划相关成果，将文物保护单位分级、分类投射到统一的地形当中，可以发现三个分布特征：第一，除了沿河谷地分布和缘山麓、湖泊团聚的自然分布特征，沿历史文化线路分布和依附治所城市集中分布是文物保护单位另一个鲜明的空间分布特点；第二，在不宜耕作的山间与反复变迁的古云梦泽沉积平原这两种地貌景观环境中，文物保护单位明显较为稀疏，并以近现代革命文物与红色文化旧址为主；第三，从地区内部的文物构成来看，不同类型的古遗址占据了主要地位，堡寨、烽燧等军事防御类要素呈现明显的聚集特征，全国重点文物保护单位以古建筑与古遗址为主要类型。作为一种地域文化坐标与发展资源，这些文物保护单位也是未来区域聚落遗产空间整合的重要关联对象，其分布特征也为遗产体系建构与协同发展提供了可能思路（图6-4）。

（4）纵向分段聚集的自然资源

除了历史文化遗存，生态资源既是区域城镇聚落景观的重要组成部分，也是人工建构要素的生发基础、联系载体与未来关联重构的重要媒介。荆襄历史廊道内现有大量价值较高的自然生态资源，如大洪山国家风景名胜区、湖北环荆州古城国家湿地公园、襄阳鹿门寺国家森林公园等一批不同级别的风景名胜区、森林公园、湿地公园与自然保护区。全面盘点国家与省两级价值较高的相关自然生态资源，其分布特点与廊道自然地理格局段落分异的特点相

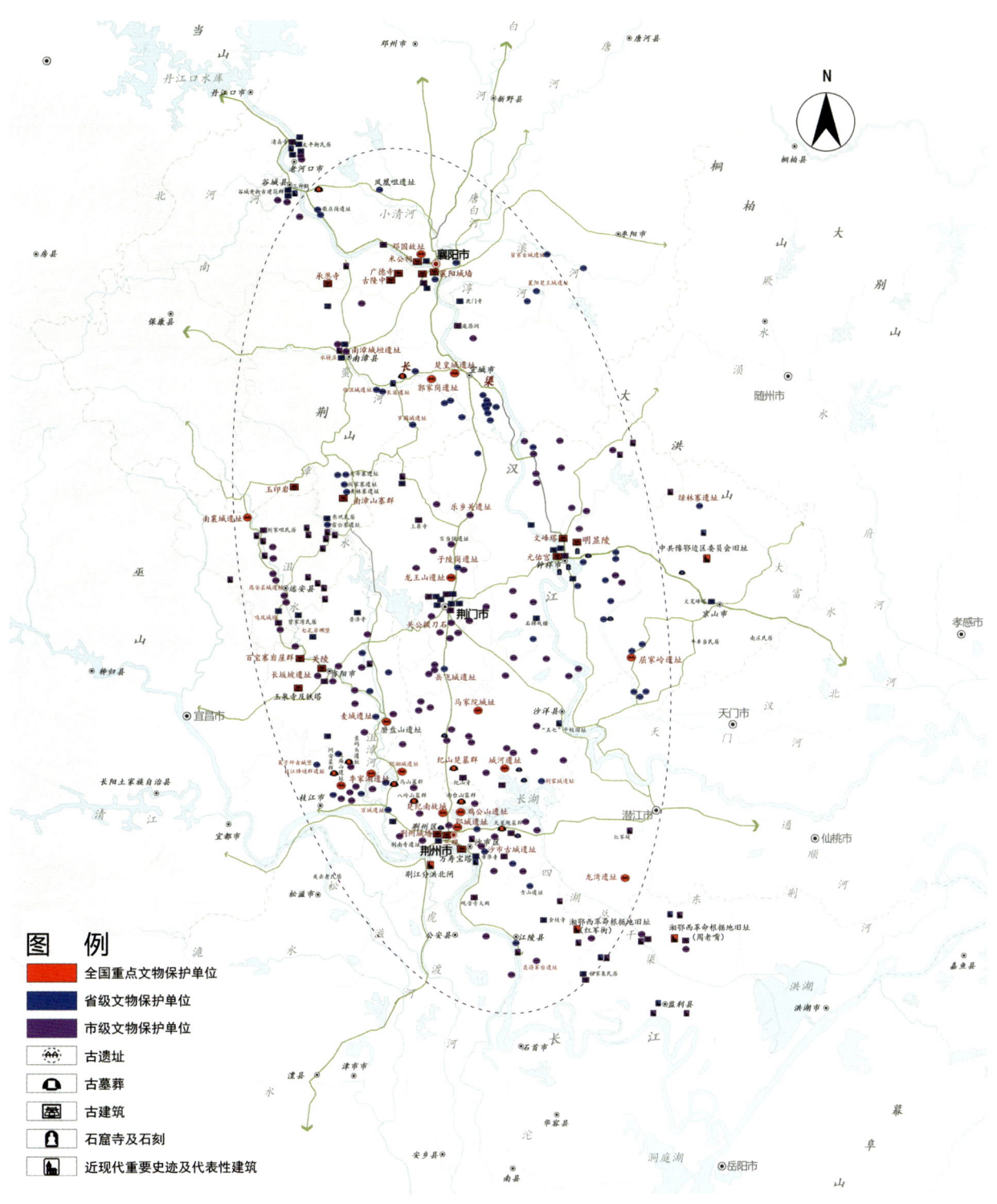

图6-4 荆襄历史廊道各级文物保护单位分布图
（图片来源：自绘）

契合，呈现出"南、中、北"纵向分段聚集的特征。其中，南段主要以荆州古城为中心沿长江两岸聚集分布，中段则以荆门古城、钟祥古城为中心集中分布于荆山与大洪山之间的谷地，北段则为以襄阳古城为中心的汉水沿线带状集中分布段，且每个段落内部基本涵括了四种要素的全部类别，风景名胜区多分布于外围地区，湿地公园则多分布于内部，森林公园与自然保护区则相间其中（图6-5）。

总体而言，荆襄历史廊道以城镇聚落为主导，以文物古迹与自然资源为重要补充，以水陆交通线路与设施节点为重要连接，共同锚定为区域历史文化空间的基本框架，蕴含着区域历史连续性、要素关联性、功能独特性和文化多元性。

3. 荆襄历史廊道聚落遗产的保护理念

以科学保护文化传统为目标的真实性、完整性和以合理更新利用为指引的可持续性是遗产保护的三大基本理念和准则，并在建筑遗产保护领域达成共识[1]。但区域聚落遗产的保护不同于单体要素的保护，它是一个不同要素相互联系的整体与持续演进的动态平衡，特定要素的演替通常会整合整体秩序的关系特征；而替换要素的落位也会携带既有要素的空间形式特点，其整体性与真实性特征则是复杂交织的空间现象。下面便结合关联形态的整体理念与方法，重新认识区域聚落遗产的保护原则，从而为荆襄历史廊道城乡遗产环境的保护、规划与管理提供针对性指引。

（1）本体要素的真实性保护理念

真实性原则强调应重视保护承载历史信息与文化意象的真实空间载体，保护真实的历史原物。但面对当前新旧交织、多元复杂的区域遗产环境时，真实性判断不能墨守成规甚至一概而论，而是需要将历史图文与实地考察进行反复印证，在多维度的历史信息中真实地延续区域聚落遗产的历史文脉与价值特色。例如，针对荆襄古驿道类连接要素，在本体要素多已被替换或局部关系断裂之后，历史秩序关系通过现代道路等替换要素得以维持并对一般要素继续发挥着定向与连接作用。这种以延续历史秩序关系为前提的要素替换，使得关联形态的整体秩序仍然以一种隐匿的虚体空间形式存在于区域环境中，不仅见证了本体要素的"存在真实"，也维持了本体要素的"布局真实"[2][3]，尽管物质遗存已所剩无几，但是这种空间关

---

[1] UNESCO-WHC. Operational Guidelines for the Implementation of the World Heritage Convention[S].2019.
[2] ICOMOS-CIIC.The Charter on Cultural Routes[S].2008.
[3] ZHOU Z J, ZHENG X. A Cultural Route Perspective on Rural Revitalization of Traditional Villages: A Case Study from Chishui, China[J]. Sustainability,2022,14(4).

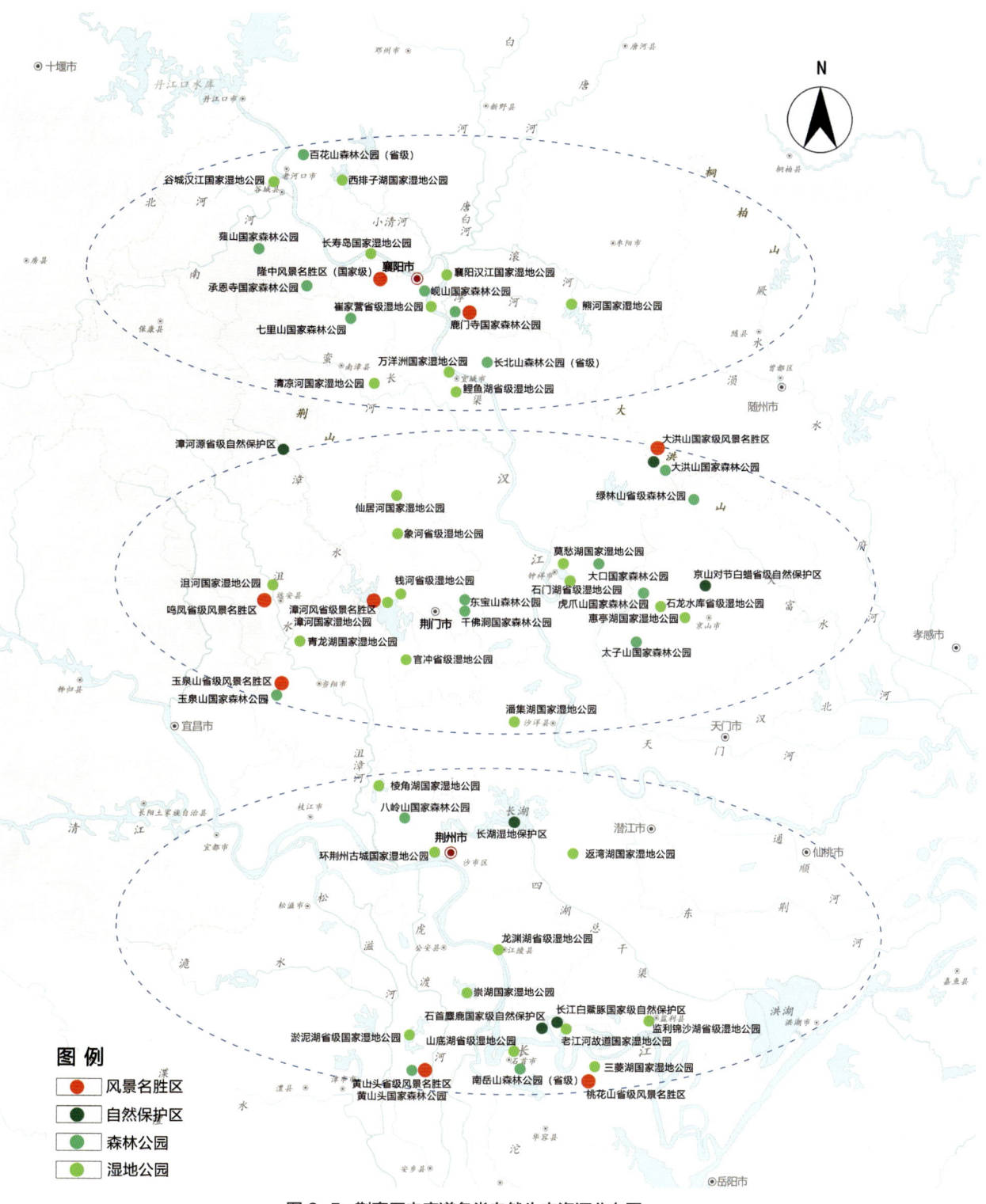

图6-5 荆襄历史廊道各类自然生态资源分布图
（图片来源：自绘）

第六章 荆襄历史廊道城镇聚落遗产整体保护策略

系却真实地存在于公众的集体记忆并代代相传，进而继续维系着物质空间的认同感，从而仍具有文脉的"在地"叙事价值[1]。因此，针对区域聚落遗产，尤其那种隐匿的秩序关系，真实保护不能简单囿于"原物"的初始状态或某一历史时期的静止状态，不能因为没有原物保存而肆意新建，而应充分尊重蕴含着多时段有序演进的过程真实与关系真实，并努力探索形态控制与创新设计等灵活方式，真实地保护遗存要素与延续这种历史关系，实现历史文脉的"在地"叙事，进而延续区域历史文化意象、居民集体记忆和文化认同。

（2）关联秩序的完整性保护理念

完整性是文化遗产保护的另一国际基本准则，强调保护遗存本体与周边环境的整体风貌。而区域聚落遗产的整体保护应以存续其内外一体、层级关联的空间秩序关系为前提。一方面，不同要素相互连接形成的秩序关系既是聚落遗产整体价值的重要体现，也为个体要素的存在和价值判断提供了时空参照，在区域遗产的保护与实践中，应特别关注这种多层次空间关系的揭示与强化；另一方面，遗产本体要素基于这种秩序关系同周围环境所形成的整体景观意象，也是整体特色的重要体现，同样应予以关注与保护。今天，即使很多要素已发生更替，但携带了整体秩序特征的替换要素与其他遗存要素，在由此及彼的关联中使得要素间的历史关系与组合特征依旧能够以"整体"呈现，这也为多元要素的差异共存与重新联结提供了一个区域性共享框架，使得那些看似零落的区域遗产资源仍具有整体保护的价值和可能。因此，区域文化遗产的整体保护不能囿于"全部"，不能因为没有连绵成片的遗存条件而放弃整体保护，更不能拆真建假，盲目追求个体要素简单拼贴或整齐划一的整体，而应选择性强化关键的场所节点与连接要素，在多元要素的差异共存中实现整体秩序关系的存续。

（3）聚落景观的可持续性保护理念

区域聚落遗产作为一种有机、动态且尚在使用的延续性文化景观，其保护不能简单地封闭于"历史"当中，也不能急功近利或一劳永逸。必须通过主动融入城市发展，持续激发其内在效益与活力，并不断采取适当的功能置换或空间调整来维持其生命力，以适应时代需求。因此，应遵循保护与发展平衡统一的可持续性理念，构建一个融合保护与发展的整体框架，实现区域聚落景观遗产的活态传承。首先，应突出保护的主动性。在维护与提升遗产价值的前提下，积极寻求遗产与社区营造、遗产与乡村振兴、遗产与城市更新、遗产与区域治理的融合对接，在城市的发展框架下，将文化资源作为推动城乡高质量发展与提升人居环境品质

---

[1] SABIR B. Developing a Multidisciplinary Tourism Planning Approach on Cultural Routes[J]. Journal of Multidisciplinary Academic Tourism,2019.

的驱动力，主动对多元要素和可能的变化因素进行有效管理，在发展中化解保护的困境，进而实现二者矛盾关系的平衡。其次，要强调保护的开放性与灵活性。封闭在保护区内单一模式化的发展模式难以适应区域聚落遗产的复杂性与多样性，应灵活采取开放的适应性保护与活化对策。最后，要认识到不同相关利益主体的诉求及其在保护中的作用，通过可持续的项目管理，鼓励各利益相关方共同参与到遗产保护工作中来，合力构建遗产保护的长效机制并挖掘内生动力，真正推动遗产资源的创造性转化与创新性发展，实现见人、见物、见生活、见产业的活态传承愿景。

因此，在一个新旧交织的区域遗产环境中，基于对关联形态的替换要素或隐匿秩序的保护，以及对真实性、完整性与可持续性保护理念的重新认识，可为荆襄历史廊道的保护实践提供基本遵循与针对性的指导。

第三节　荆襄历史廊道城镇聚落遗产的关联重构策略

今天，面对区域遗产环境日渐失序的荆襄历史廊道，亟须将关联形态作为不同要素汇聚共存的空间载体与结构基础，在非整体中建构连接秩序的"整体"关系，在非实体中延续空间界域的"层级"关系，在非重点中表达标识要素的"类型"关系。在新旧交织的遗存环境中结合相关发展契机，通过"乱中求序"的方式将现已零落的遗存要素重新整合到一个系统中，实现碎片化遗存环境的整体秩序重塑与文化价值再创。下面便以地域文化价值维护与提升为导向，以自然和文化资源为主要载体，以关联形态的隐匿秩序为连接线索，从廊道空间、市域空间与聚落空间三个层次，将历史资源的关联整合分别同区域协同、城乡一体与名城保护等战略契机相结合，通过标识构"形"、连接构"序"与界域构"境"等适应性建构策略，重构一个自然与文化融合、保护与发展互促、多元关系平衡的整体保护和发展框架，使得区域特色和文化意义得以整体呈现和系统叙事。

1. 区域协同与廊道空间的关联整合

从各自为政的分散保护走向区域协作的整体保护与体系建构，已成为当下城乡文化遗产保护领域的一个新趋势[1][2]。而在荆襄历史廊道的整体层面，城镇聚落节点与区域历史交通线

---

[1] JING H. Landscape Spatial Pattern of Industrial Heritage Area based on Artificial Intelligence and Airborne SAR Imaging Algorithm[J]. Journal of Ambient Intelligence and Humanized Computing,2021:1-12.
[2] ZHANG M H,LIU J Y. Does Agroforestry Correlate with the Sustainability of Agricultural Landscapes? Evidence from China's Nationally Important Agricultural Heritage Systems[J]. Sustainability,2022,14(12).

路共同锚定的区域网络是一个相对稳定的关系空间，对区域历史文化空间的历史连续性与空间整体性具有重要意义，也是关联廊道历史文化资源、展示荆楚历史文脉与推动区域经济发展的主要空间载体。因此，综合荆襄历史廊道内历史文化资源的整体价值、分布特征与发展条件，以城镇聚落为核心抓手，以荆襄古驿道、江汉古运河等历史文化线路为联系载体，以鄂中城市群的区域协同发展为政策契机和动力驱动，将各类文化与生态保护类资源重新关联整合为一个整体，并挖掘其他对区域历史文化空间格局稳定具有重要意义的相关要素，共同建构一个跨行政边界的区域历史文化空间网络。下面具体从集群关联与系统关联两大整合策略展开。

（1）廊道历史文化资源的集群关联

历史城市，尤其像荆州、襄阳这类遗存条件较好的府县同城而治的城池，既是区域历史文化空间格局的关键锚点与网络重心所在，也是区域网络秩序形成与拓展的历史原点。首先，以历史城市为切入，将其作为未来区域空间再组织的生长点，关联内外邻近的自然与文化资源，形成一系列自成一体的"子集群"；其次，根据历史渊源、空间关系与区域发展需求，联合周围旅游景区、世界遗产、运河古道等具有较强空间整合与经济带动作用的引擎资源，进一步形成更高维度关联的"大集群"，作为区域整体保护与联动发展的聚合管控单元。

荆襄历史廊道的各类遗存要素，根据文化主题特色与空间分布特点总体上可以形成八个关联集群。廊道北段：一是以襄阳古城为中心据点，以汉江水系为主要联系载体，联动周边古隆中、鹿门山等旅游景区，以及太平店、东津湾、茨河等市镇节点，形成一个上下游整体关联的"古城+汉水"集群；二是以世界灌溉工程遗产长渠和蛮河水系为线性载体，连接南漳古城、宜城古城、楚皇城遗址、武安镇等支撑节点，形成"双城+长渠"集群。廊道中段：一是以荆门、钟祥两座名城为中心，分别将其周边东宝山、西宝山与莫愁湖、明显陵等资源关联成"集"，进而通过古道线路等联系载体将二者结构成"群"，共同形成"双城+古道"集群；二是以玉泉寺、关陵、百宝寨等区域知名古迹为引擎，以当阳、远安、河溶、淯溪等城镇节点为重要支撑，以沮河为主要联系载体，共同形成"古迹+沮河"集群；三是以堡寨聚落群为文化主题特色，分别通过漳河源自然保护区与大洪山风景名胜区两大自然联系载体，将东西两大堡寨群关联为一个整体，形成"堡寨+漳河"与"大洪山+堡寨"集群。廊道南段：一是以荆州大遗址保护区为核心，以荆襄河、长湖水系、田关河等江汉运河故道及古道线路为联系载体，关联沙洋与潜江古城等城镇节点，共同形成江汉交汇处的一个特色集群——"古城+江汉运河"集群；二是以荆江大堤与河湖水系为联系载体，以各围垸堤市为支撑节点，形成一个独具地理景观特色的集群单元——"堤市+河湖"集群（图6-6）。

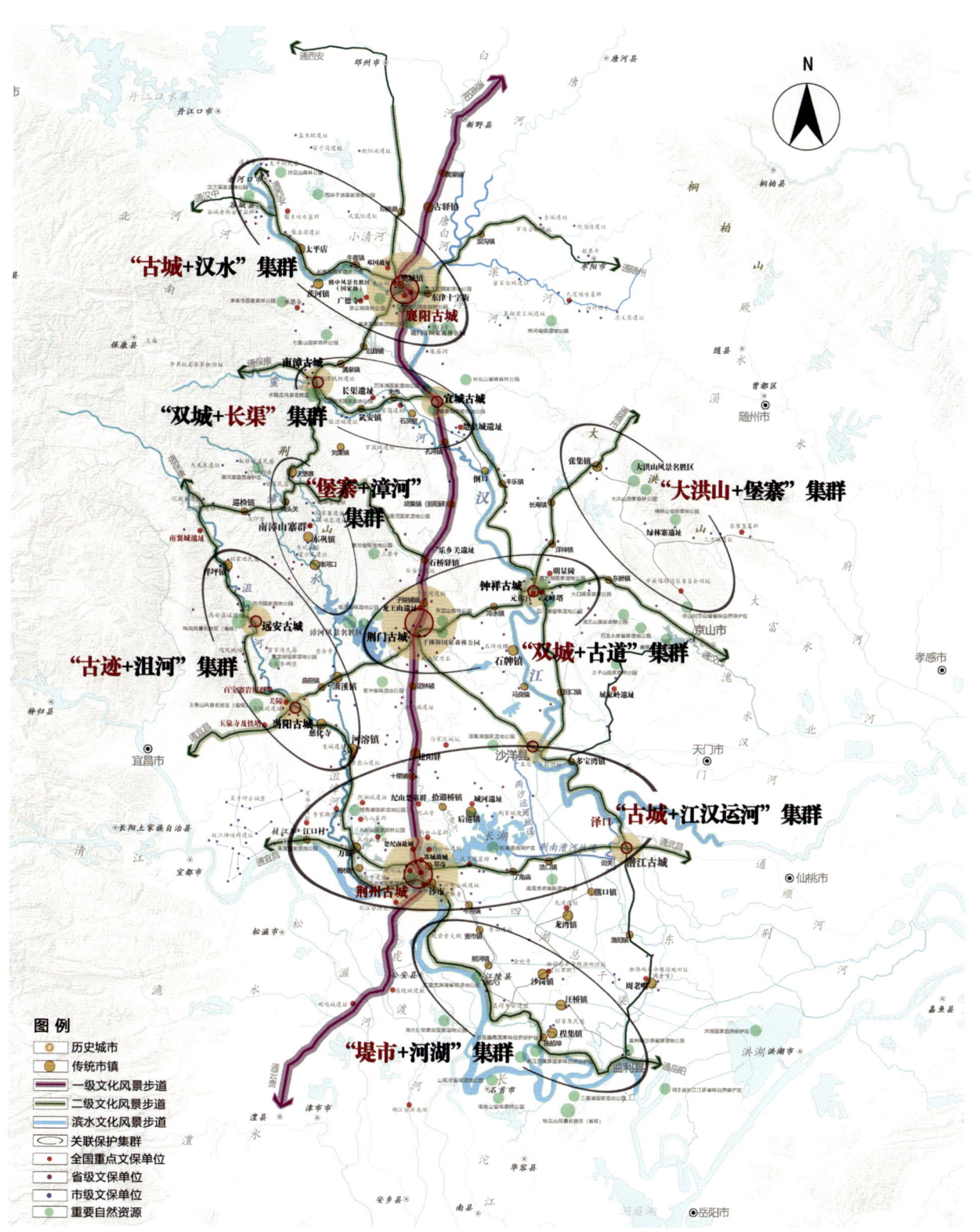

图 6-6 荆襄历史廊道区域文化空间的关联整合图
（图片来源：自绘）

第六章 荆襄历史廊道城镇聚落遗产整体保护策略

(2) 廊道历史文化资源的系统关联

集群关联是以自然与文化资源的邻近分布为前提条件，从"点"到"集"来强化区域历史文化空间的整体性；而系统关联则是以资源与资源之间的连接秩序为整体逻辑，从"点"到"线"在各要素节点或关联集群之间建立联系。二者相互配合、各有侧重，最终重构区域遗产环境的整体网络秩序。

根据荆襄历史廊道区域历史文化线路及其沿线自然与文化的实际情况，在上述关联集群建构的基础上，进一步将历史文化资源保护与区域风景步道建设相结合，作为区域历史文化展示与空间共同治理的"线性专项"。依托原荆襄古驿道、江汉古运河等南北水陆干路交通，东西两侧支路交通及横向连接线等线性历史线路为主要载体，通过路面提升、主题营造、景观设施完善、文化讲述系统构建等手段，分级打造交织成网的区域文化风景步道，形成一系列穿梭于现代环境中的历史体验之路，在文化与生态的交相辉映中系统展示区域历史文化特色。

最终，通过干预成"集"、结构成"群"、串接成"网"的区域空间关联整合策略，将地缘相近、文化相关、特征相似和发展相促的零散资源重新整合为一个整体，作为区域整体保护与协同发展的共同行动框架。进而顺应时代发展需求，构建区域历史文化资源保护与发展的"大联盟"，形成跨市县、跨部门的区域历史文化保护与发展的组织合力和良性机制。这也为特定聚落的保护活化创造了更为宏观的视野与条件。

2. 城乡一体与市域空间的体系建构

区域聚落遗产的关联整合与重构，不仅涉及同一尺度不同要素之间的横向关联，也需要不同尺度层级之间的纵向传导与支撑。市县范围作为区域整体与聚落个体之间的重要尺度层级，也是一个相对完整而稳定的管理单元，其相关主管部门更是未来落实廊道整体保护与协同发展要求的重要责任主体。根据前文提及的中共中央办公厅、国务院办公厅印发的《关于在城乡建设中加强历史文化保护传承的意见》要求，在国土、省域与市域等不同层级行政范围内凝练历史文化价值并构建历史文化保护传承体系，是当前城乡历史文化遗产保护实践的两项核心工作。荆门是荆襄历史廊道的中部区段和地市级行政管理单元，下面便以其为例，在市域空间层面以城乡一体化发展战略为政策契机，基于关联形态的整体逻辑探讨"全域一体、城乡融合"的市域历史文化保护传承体系构建方案，具体从价值凝练与体系构建两项主要工作内容展开。

（1）纵向明晰层级控引要求与价值凝练

市域历史文化保护传承体系的构建，既是对接并支撑区域整体层面的保护目标，也为市镇聚落等下一层级资源的精准保护和特色强化提供总体指导。对一座城市历史文化价值的深度挖掘与准确凝练，则是构建其保护传承体系的重要基础与科学保障。因此，在构建市域层面的体系之前，需要将其植入区域乃至更广的国土空间背景之下，理解其在区域关联网络与层积过程中的独特价值和丰富内涵，进而明晰其在纵向层级控引关系中的上下传导与支撑作用。

从荆门市绵延千年的历史脉络来看，其作为荆襄古驿道与汉江漕运道上的商驿重镇，在军事防御与古道商贸方面的职能尤为重要，相关文化遗存也非常丰富。从其现实发展条件来看，荆门古城与钟祥古城隔汉江而望，分别为湖北省级历史文化名城和国家级历史文化名城，具有协同发展的空间基础与现实条件，这也是廊道中间区段资源关联整合的重点所在。参照《全国历史文化名城保护与传承体系规划纲要研究报告》中所确立的统一价值体系，从政治、经济、社会、科技文化与地理五大价值类别和十五个价值主题挖掘荆门城市的价值特色，在区域纵横关联视野中明晰其主导价值特征与物质载体，为构建市域历史文化保护传承体系、讲好荆门故事提供重要基础（表6-6）。

表6-6 荆门历史文化名城价值体系构成一览表

价值类别	价值主题	价值特征	代表性遗存
政治类	国家政权	荆门——古权国都城所在地	沙洋权县遗址
		钟祥——楚都纪南城陪都"郊郢"所在地	钟祥古城（国家级历史文化名城）
		西汉末期绿林起义起兵地	京山绿林寨等兵寨遗址
		近代抗战时期红色文化基地	中共豫鄂边区委员会旧址
	制度文明	楚灭古权国，设权县，为中国古代第一县	沙洋权县遗址
	国家礼仪	纪山楚陵——大型楚国贵族墓葬群	纪山楚墓群（全国重点文物保护单位）
		钟祥帝陵——明代皇家陵寝，嘉靖皇帝父母合葬墓，"一陵双冢"	明显陵（世界文化遗产）

（续表）

价值类别	价值主题	价值特征	代表性遗存
经济类	农业经济	长江中游大型新石器聚落遗址与农耕文明发祥地	屈家岭文化遗址
	手工业与工业发展	荆门市为"三线建设"的代表性工业城市	焦柳铁路、荆门热电厂、荆门炼油厂（现荆门石化总厂）
	商贸交流	荆门是荆襄古道与汉水黄金水道的商驿重镇	汉水与荆襄古驿道、建阳驿、石桥驿、石牌镇等
社会类	社会组织与阶层	—	—
	民族融合与交流迁徙	荆襄历史廊道南北移民与文化交流大通道	荆襄古道、汉水
科技文化类	思想文化	心学鼻祖陆九渊（象山先生）知荆门军始筑古城，听讼讲学于此，而以"一座山、一个人、一座城"为内涵的象山文化也成为荆门城市文化的灵魂	象山（古城西侧）、陆夫子祠、象山书院、
	宗教信仰	道家文化盛行，代表人物老莱子隐居荆门蒙山（今象山），元佑宫——明显陵的配套宗教建筑、皇家道场、皇室及州府官员朝奉显陵的祭祀场所	老莱山庄、白云观、元佑宫
	文学艺术	郭店楚简被誉为"改写中国思想史"的典籍，是中国对世界文化重大贡献的见证；诞生了楚辞文化家宋玉与楚歌舞艺术家莫愁女	郭店楚墓、荆门博物馆、宋玉井、莫愁湖、阳春白雪碑
	科学技术	夏氏丹药制作技艺，国家级非物质文化遗产，在中医界享有盛誉	京山的骨病专科医院
	城市与建筑	荆门是荆襄腹地的营城重地，以唐关宋城（荆门城）与楚都明府（钟祥）为典型代表	荆门古城（省级历史文化名城）
地理类	自然地理	"楚北天空第一峰"——大洪山与荆山余脉形成了"楚塞三湘接"的防御与流通环境	东宝山、西宝山、大洪山、荆山、漳河、汉水
	人文地理	荆门西南江汉平原湖区独特的围垸景观	长湖北岸沙洋农场一带

表格来源：笔者根据相关资料整理绘制。

基于上述各维度分析，将荆门城市文化的核心价值与鲜明特色凝练为五点：①长江中游地区古文明的发祥地（屈家岭遗址）；②鄂中地区控扼四方的战略要地——绿林起义起兵地（绿林镇）、三国知名古战场（荆门关公掇刀石、钟祥牙门戍城）、宋金对峙交锋前沿（岳飞城遗址）等；③中国古代南北交通大走廊的重要组成部分——汉水黄金水道、荆襄古驿道及其沿线丰富的遗存；④荆襄腹地的营城重镇——唐关宋城（荆门）、楚都明府（钟祥）；⑤中国古代传统文化的历史结晶——郭店楚简、诗文乐舞，道学大家、心学鼻祖，纪山楚墓、钟祥帝陵。从而，以荆楚地域环境为依托，以屈家岭文化为主要根源，以楚文化、商贸文化、戍防文化及象山文化为主题标识，以多时段、多类型的自然人文要素为载体，以自然山水格局及荆襄古道、汉江水道等水陆交通线路为骨架，进行自然和文化资源的体系构建与特色彰显，便是市域历史文化保护传承的总体目标与工作重点所在。

（2）横向构建保护传承体系与特色塑造

从市域文化资源的横向联系秩序来看，自然地理格局、商贸流通网络等有形的空间框架，是城市历史文化层层积淀、代代承继的物质载体，也是联结自然与人文要素的重要媒介，是未来构建城市历史保护传承体系的整体结构基础与文化意义系统。因此，可以将其作为一种市域历史保护传承体系构建的空间线索，在区域历史文化网络保护要求的传导下，提升市域文化资源的整体性与关联性，同时彰显各群落片区或遗存要素的文化主题特色与空间类型特色。

在荆门市域范围内，以当前市县国土空间规划编制、城乡历史文化保护传承体系规划及城乡一体化发展为契机，通过关联形态的"总体框架+主题片区+特色节点+设施配套"等策略，构建体现荆门特色的全域遗产保护传承体系，最终形成七个文化与景观保护片区、三条文化与景观保护带和多个文化保护节点相互连接的整体保护格局。首先，从空间保护格局方面全面对接廊道整体层面的关联保护集群与文化风景步道等要求，基于前文梳理的城镇之间关联秩序与文化脉络，以城市历史文脉的系统叙事为导向，形成三条历史文化保护带——荆襄古道文化带、汉水文化带及荆山-大洪山景观文化带，强化沿线空间节点与秩序关系管控，并结合文化展示线路与景观步道建设，进一步增强文化空间的连续性与体验性，共同作为市域文化空间体系建构的总体框架。其次，以城市历史文化的特色延续为目标，基于各自然与人文要素分布特点及地方发展条件，进一步明晰遗存要素的文化主题与功能发展定位，形成七个文化保护片区——中心荆门—钟祥名城文化圈和周围的荆山堡寨文化片区、大洪山堡寨文化片区、纪山楚文化片区、屈家岭原始文化片区、京山红色文化片区与漳河景观片区，进一步落实区域集群关联的总体要求和主体责任。再次，以文化保护带与文化保护区为总体基础，加强对历史村镇、生态村镇、主要文物保护单位及其增补名录等文化节点的保护，形成一批极具文化魅力的城市人文景观坐标。最后，完善文化、交通与服务等相关设施配套，使得市域体系真正成为集中展示城市文化，推动城市发展，满足居民人文、生态与游憩需求的综合载体（图6-7）。

综合而言，荆门市域遗产保护传承体系的构建，一方面，超越了历史城区或街区的封闭保护视野，在全域视野下摸清历史遗存的家底；另一方面，跳出了单体要素的分级、分类保

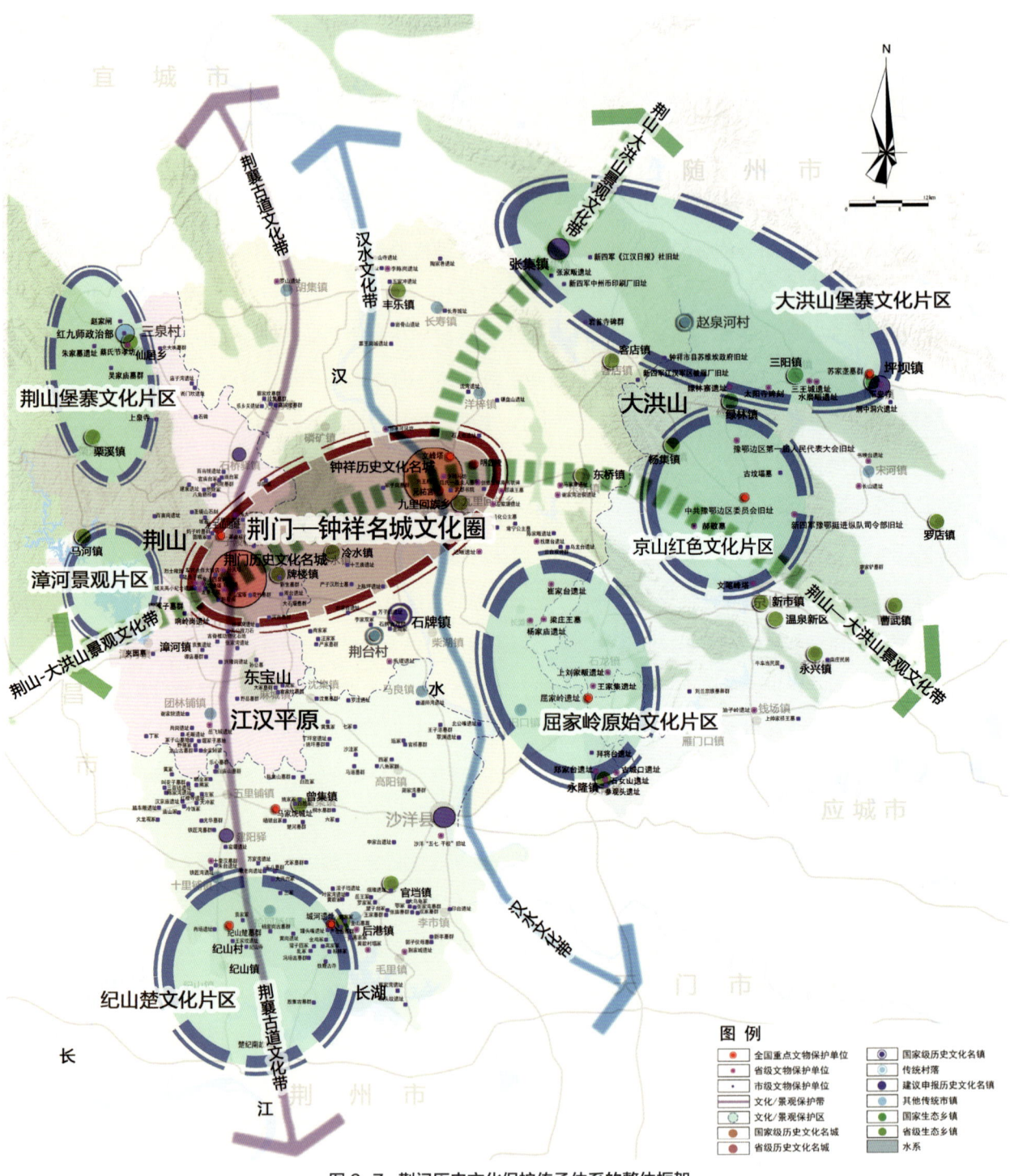

图 6-7 荆门历史文化保护传承体系的整体框架
（图片来源：自绘）

护方式,从共同价值出发构建全域整体保护格局,有效弥补本体要素无法覆盖的保护范畴,也自下而上为区域历史文化网络的完善与稳定提供了支撑。

3. 名城保护与聚落空间的织补修复

回到城镇聚落层面,关联形态为遗产环境的整体关系、新旧关系及保护与发展关系等多重二元复杂关系提供了平衡载体与统一逻辑。在历史文化名城保护制度框架下,针对聚落遗产内外一体与区域关联的历史秩序和类型特色,进一步将遗产保护与城市微更新、社区营造、"城市双修"等项目实践结合,在历史要素的被动管控基础上,进一步挖掘未来潜在的更新要素与机会用地,通过节点强化、片区修补及线路串接等适应性建构策略强化聚落整体空间关系,将零散化的历史要素重新连接为一个整体可感知、局部可体验的关联系统。进而,将历史关联形态主动对接城镇的整体发展框架,发挥遗产资源的文化"溢出"价值,驱动城镇高质量转型发展与人居环境品质提升。同时,顺应城镇发展接续新旧结构关系,在更为宏观的整体框架中实现保护与发展的平衡与互促。

(1)保护框架下的秩序重构与片区织补

历史文化遗存的价值特色与文化意义需要在整体的空间系统和关联的功能语境中去感知、体验与再现。关联形态的整体图式蕴含着不同遗存要素之间的逻辑关系,并为新旧等不同要素的差异共存提供了意义系统。同时,在关联形态的整体支配下,城镇空间经历过现代更新改造之后,多表征为历史秩序尚存而新旧要素却相互交叠的"表里"关系,亟须对碎片化的遗产环境进行秩序重构与片区织补,提升其空间整体性、关联性与体验性。

针对荆襄历史廊道内的城镇聚落现状,未来需转变传统的碎片化管控方式,在关联形态的整体联系秩序与意义系统中,根据各遗存特点与建设条件,通过历史之径、遗址公园、场所重塑、空间整治、景观化再现等方式进行适应性建构,重塑历史环境的整体秩序并弥合新旧环境之间的断裂感。例如,在荆州古城,首先结合城内单位腾退与环城棚户改造的更新契机,提出从边界到中心的关联重构策略,在现状对城池边界等要素本体保护的基础上,以城关老街为切入点进行碎片整合,形成内外关联的关厢型历史文化片区。其次,以各城门正街为线索,串接沿线的历史片区、特色建筑、工业遗存与开敞空间,构建城内历史文化线路,最终多路汇聚于大十字街历史片区。再次,通过景观化保护方法,选择性揭示强化古城中心和东城、西城中心,形成"三关聚十字"的整体空间格局与"西文旅、东商居"的差异化发展布局。最后,结合环荆州古城国家湿地公园建设进行蓝绿关联,以城外历史线路为媒介,串接三座关厢、沿线的寺观庙宇,以及城河水系、太晖水乡湿地、明月公园等蓝绿生态资源,形成城外关厢型景观文化线路,在自然与文化交相辉映中再现古城文化地景与意境特色(图6-8)。

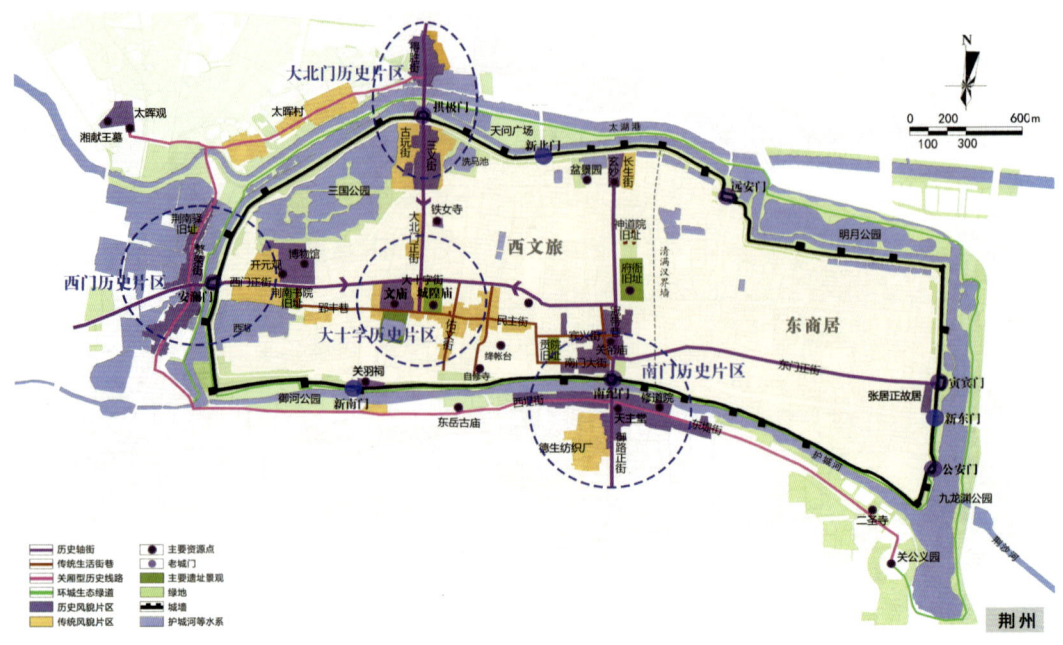

图6-8 荆州古城历史环境的秩序重构方案
（图片来源：自绘）

而针对襄阳古城的历史与现实特点,在已修复的中心昭明台与环城绿带基础上,进一步结合"背街小巷"等老城微改造项目,依据历史街巷的尺度与遗存特点,分主题进行街道品质提升并串接各历史文化节点,形成嵌套在古城中心与城池边界之间的"历史体验环"与"生活体验环",实现城市历史文化的连续体验与系统叙事。然后,通过提升各城门大街与环城绿道的品质,强化古城内外空间的相互联系。同样,针对荆门古城历史空间失序、要素零落等问题,将历史轴街、护城河景观文化步道与东宝山、象山两山登山游径相结合,挖掘沿线潜在更新用地与整治片区,有选择地揭示历史城区的整体秩序关系,使得南北两关、东西两山与各零散资源点在更新建设和关联修复中得以整体保护（图6-9）。

此外,针对城镇聚落关联秩序中历史街区或地段,其肌理的织补、建筑的修复、要素的介入及新旧关系的协调,同样需要植入聚落的整体保护框架中进行统筹考虑。以荆州古城西关繁荣街历史片区为例,该片区曾为区域性古道绕城而过的重要组成部分,是古城作为水陆商都的历史见证和价值承载,也是关厢型历史街区的典型样本。但在近期的城外旧城改造过程中,由于地方政府缺乏对片区的价值认识,将繁荣水街两侧的大批传统民居拆除,造成古城整体风貌与老街历史环境的严重破坏。在此背景下,基于古城内外关联的历史空间秩序,综合历史地图、航拍影像等文本资料,辅以现场田野调查,笔者厘清了南北主街、东西支巷与标识节点,以及周围城池水系等要素之间布局的整体逻辑关系,并梳理出街巷两侧民居院

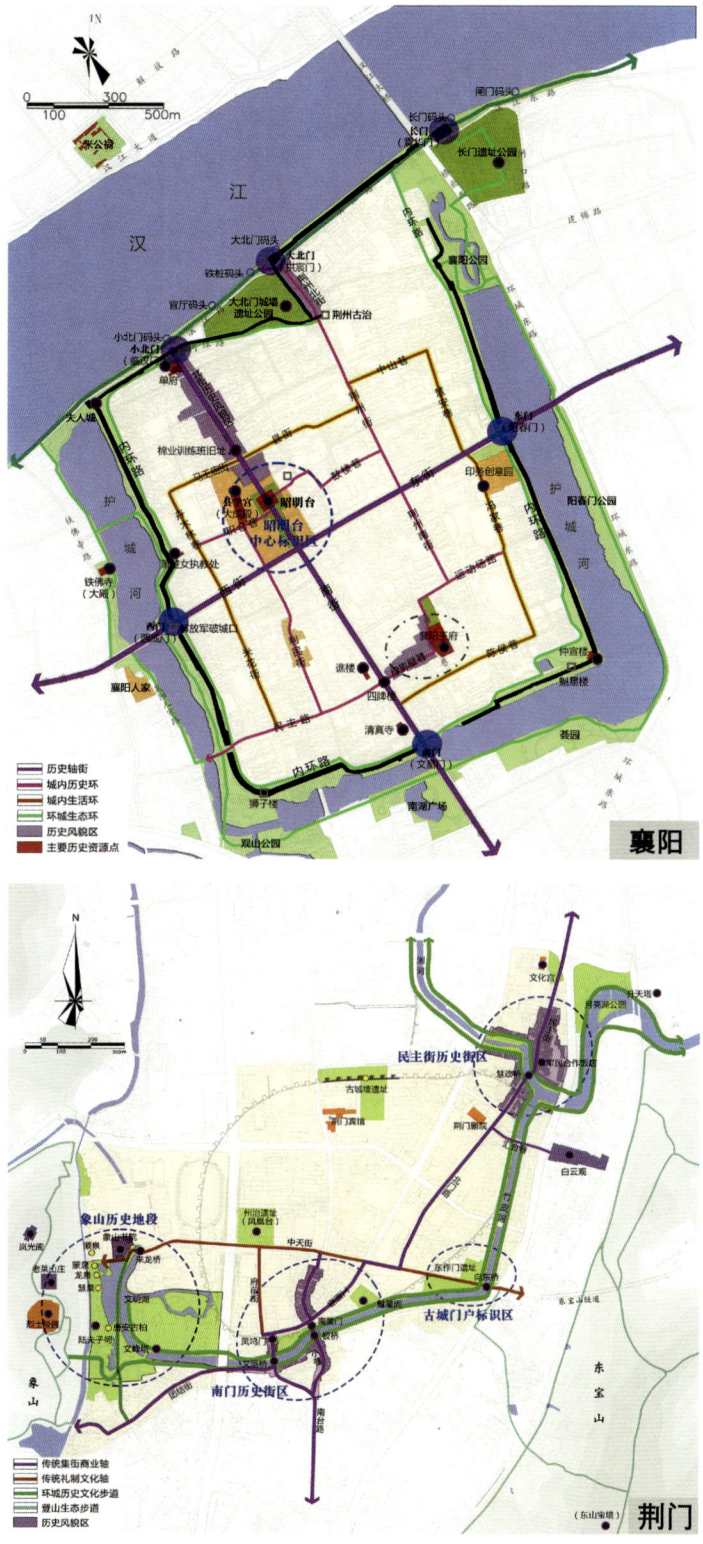

图 6-9 襄阳古城与荆门古城历史环境的秩序重构方案
（图片来源：自绘）

落单元的类型特色及组合关系,充分认识历史片区的空间组合框架及形态单元特点。进而,根据现状要素的遗存状况与地块建设条件,将片区细分为历史修复、类型织补、保留改造与公共开敞四类保护和更新建设单元,把历史建筑的保护、一般建筑的整治、拆除建筑的重建都限制在小尺度可控的单元内,既延续了片区历史环境的多样性特征,也避免了大规模重建对历史秩序的错接或覆盖。而这种在关联秩序中进行单元分类修复与建筑创新设计的织补策略,对其他历史城市与传统市镇聚落空间的整体保护同样有着普适的方法论意义(图6-10)。

(2)发展框架下的新旧接续与功能活化

当前的聚落遗产保护实践中普遍存在一个矛盾现象:一方面,在保护规划中所谈及的发展多拘泥于历史遗存自身的展示利用,视更新发展为历史保护的威胁,保护工作更多是围绕发展设置一系列被动的"禁止行为"清单,却鲜有在更高层面的城镇发展框架中,激发历史资源对城镇高质量发展的文化驱动价值,并顺应发展逻辑制定若干主动的"正面行为"项目来反哺历史保护;另一方面,在城镇发展规划中,又多以目标蓝图为导向推进新区建设与旧城更新,对文化资源缺乏专业且充分的认识并视历史保护为城市发展的包袱,最终造成保护

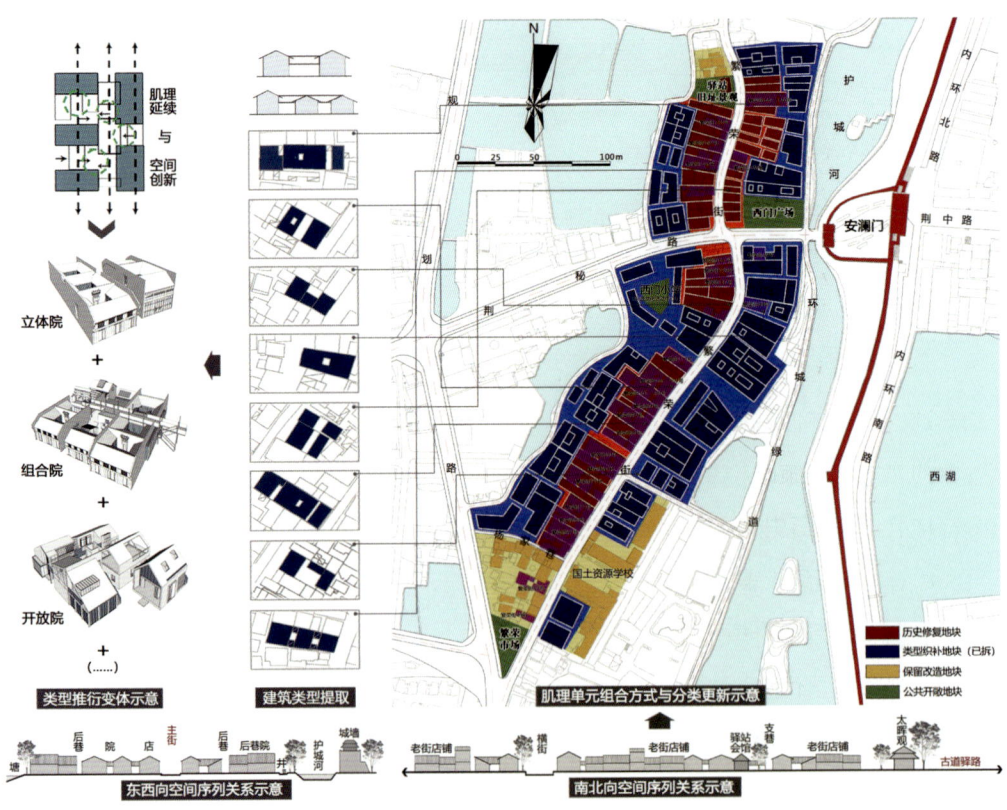

图6-10 基于秩序重构的荆州繁荣街空间织补修复方案
(图片来源:自绘)

与发展的二元对立、新旧空间结构的错位冲突、传统与现代关系的紧张矛盾等多重僵局。而特定对象内与外、新与旧、保护与发展等多重矛盾关系，需要在更高维度的整体秩序及统一框架中寻求化解思路。

针对荆襄历史廊道聚落保护中的类似僵局，未来的保护工作应主动对接城镇的整体发展框架与战略需求，在遵循历史要素联系秩序与顺应城市发展规律的基础上，形成融合保护与发展的统一框架，充分挖掘历史资源作为驱动城镇高质量转型发展的经济价值。同时，将更新建设视为反哺历史保护、连接新旧关系的重要补充手段，并在建设发展中争取更多的主动保护条件，从而在更高维度的统一框架中主动化解保护与发展等关系的矛盾困境并实现其平衡和互促。下面以荆州古城为例，从不同层面进行详细探讨。

首先，根据前文分析，在荆州今天"一城三区"的城区经济发展与产业布局框架下，城市历史环境其实是以荆州古城为中心，关联沙市老城、纪南城遗址、郢城遗址三座历史城池，它们共同锚定形成的一个关联集群，同时，它们之间此起彼伏的兴衰历程也是城市重心逐渐向长江南移的演进脉络。对接这种布局关系，荆州古城的保护与发展应在城区层面构建一个融合保护与发展的统一框架，实现"荆、沙、纪、郢"四城的联合保护与差异化发展。在整体层面适应城市经济发展布局，构建"一核两翼"的保护与发展格局，其中，荆州古城为中部核心，以"城景"相映的"大城池"为空间特色，完善其作为中心据点的职能。纪南城遗址与郢城遗址联合为一个自然和文化有机关联的板块，作为古城向北发展的伸展翼，以"郊墟"融合的"大遗址"为景观特点。沙市老城则作为荆州古城协同发展的南侧关联翼，强化其"港市"一体的"大港埠"空间意象。最终，这一整体保护与发展格局既促进了未来荆州城区的整体协调发展，也聚合了四座城池的整体文化价值特色，同时还为各城池的具体保护创造了宏观条件与外部缓冲空间（图6-11）。

其次，在上述四城的总体发展格局中，进一步探索荆州古城的新旧结构关系接续与各空间要素的功能活化策略和路径。在古城层面，以功能疏散为契机，根据各类资源的现状条件与分布特点，先以历史资源关联自然生态要素及潜在保护对象，形成以"玄妙观+盆景园""开元观+博物馆"等为代表的七个一级发展引擎点和以繁荣街等为代表的七个二级发展引擎点。接着通过引擎点辐射引领周边腾退单位与其他机会用地，形成若干功能组团区块。然后在各功能区块内通过"优势资源挖潜—触媒引擎区构建—赋能潜力发展空间—打通交通巷道微循环—完善开敞空间与停车等设施"这样一条历史文化驱动古城发展路径，优化各片区功能布局关系并盘活众要素功能。进而沿城墙推动各片区联动发展形成四大特色主题圈，再依托历史线路与新旧城门节点在各主题圈中形成内外关联的产业链接线路，并与古城内外交通功能

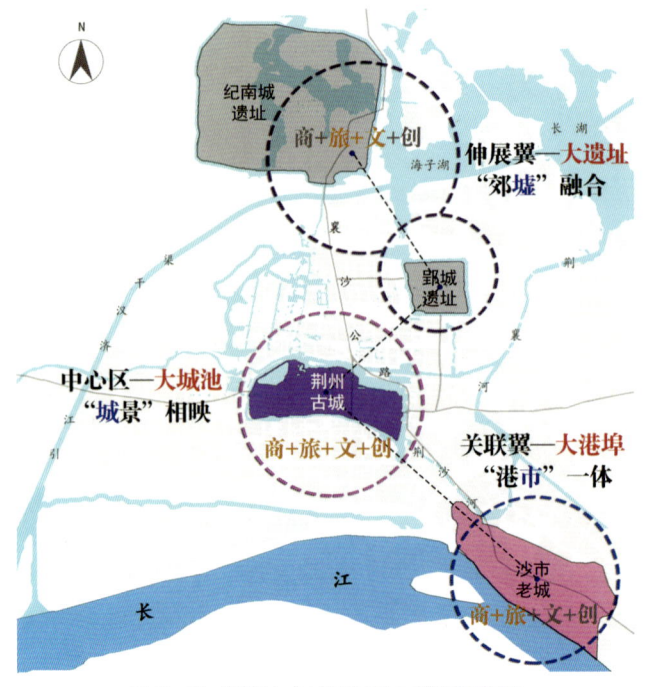

图 6-11 荆州中心城区保护与发展框架图
（图片来源：自绘）

环交织成网。最终构建起融合历史保护的整体发展框架，而其他未涉及地区便以传统生活为导向进行人居环境改善提质改造，代表了一种"旅-居"双系统协调发展的荆州模式（图6-12）。总体而言，以遵循历史关联秩序为前提，通过"引擎点—功能块—活力圈—连接环—交通网"的发展路径，将历史保护与城镇发展整合到统一的框架体系中，形成新旧相生、组团治理、线性生长、内外联动的保护与发展模式，并辅以实施项目库与设计指引等方式，将保护与发展思路进一步落到可操作的实践层面，对未来城镇聚落遗产的整体保护与可持续发展有着重要的现实指导意义。

经历了快速的城市空间蔓延与区域结构重组之后，区域遗产环境的碎片化与模糊化几乎已经成为一种普遍现象。同时，那些以延续历史秩序关系为前提的更新方式或替换要素，使得关联形态的整体图式仍以一种"隐匿"的形式存在于新旧交织的区域环境中，不仅见证了本体要素的"存在真实"，也维持了整体关系的"布局真实"，并承载着重要的集体记忆与文化认同，这也使得今天看似零落的区域遗产资源仍有整体保护的价值和可能。但如何在碎片新旧交织的遗产环境中重塑整体秩序关系，又如何在动态演进的过程中实现保护与发展的关系平衡，则是当前聚落遗产保护研究与实践无法回避的现实问题和紧迫任务。

鉴于此，首先，结合新时期城乡历史文化遗产的保护转向与关联形态研究启示，提出保

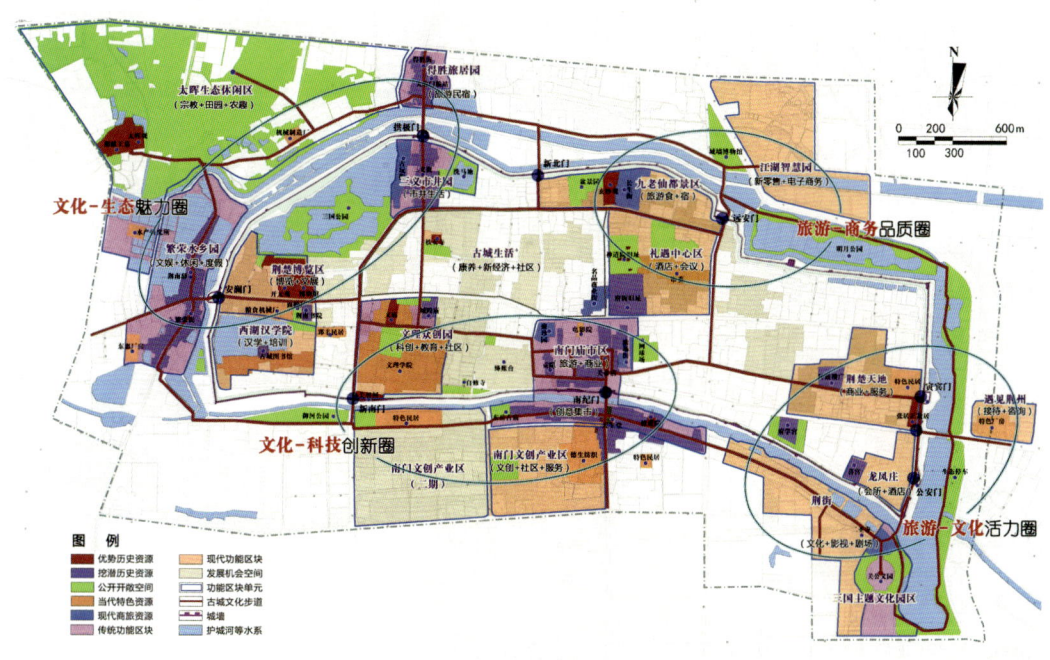

图 6-12 荆州古城保护与发展的统一框架图
（图片来源：自绘）

护范围从历史建城区到全域覆盖、保护对象从名录要素到非名录要素、保护重心从要素保存到关系存续及保护措施从底线管控到关联重构四个层面的应对思路。例如，面向保护制度建设，建议实行本体要素与关联形态共同划定保护底线的"双管控"模式；面向保护实践，在底线管控的基础上，探索将关联重构与更新补充作为重塑区域遗产整体关系的重要手段，在发展中化解当前被动式保护方式所面临的现实困境，并在更高维度的整体框架中实现保护与发展的平衡和互促。

其次，基于关联形态的整体逻辑对荆襄历史廊道的整体保护价值、各类保护要素的现存特征及保护理念进行了探讨。荆襄历史廊道曾为我国古代南北商贸、军事、文化与移民的中线通道和战略中枢，同时区域内历史秩序关系至今较为清晰，而且各类遗存丰富、价值较高，是今天支撑湖北省域与全国历史文化保护传承格局极为重要的一环，从而具有整体保护的价值和意义。

最后，针对地方保护实践的需求，基于关联形态分别从不同层面提出适应性的关联重构策略。在廊道空间层面，将区域协同发展作为资源关联整合的战略契机与动力机制，通过集群关联与系统关联两大整合策略，构建了区域历史文化空间协同保护格局。在市域空间层面，以历史文化保护传承体系构建的核心内容为导向，将市域保护传承体系构建融入城乡一体化发展的战略背景，在区域格局传导下构建了"全域一体、城乡融合"的保护框架，作为廊道整体空间与聚落个体空间秩序的中间区段。在聚落空间层面，则是在历史文化名城保护的制度框架下，结合城市更新与社区微改造等项目契机，以关联形态为线索，对历史环境进行秩序重构与肌理织补，并主动对接城镇发展框架，使得聚落内外关系、整体关系、新旧关系及保护与发展关系等多重复杂关系在关联形态维度实现了平衡与统一。而这种基于关联形态所探索的整体保护与关联重构策略，对其他区域遗产的整体保护、系统叙事与可持续发展同样具有理论指导与方法借鉴意义。

第七章 总结与讨论

城镇聚落景观是传统营建体系与区域地缘环境长期互动形成的关联有机体，具有内外一体、区域关联的整体特征。地理环境作为长时段自然力所奠定的空间基底，区域社会作为中时段内生力所驱动的秩序建构，以及历史事件作为短时段介入力所激发的关系调适，是聚落及要素本体之间建立形态关联的重要动力与机理，并表征为人地关系维度的自然与人工秩序的双向因应、社会关系维度的自存与共存秩序的内外平衡、时间关系维度的原生与次生秩序的新旧共生三种主要形式。而关联形态作为对聚落景观要素之间秩序关系的一种凝练与空间表达，是在历史层累过程中不断建构形成的整体稳定框架，蕴藏着聚落空间演进的来龙去脉。一方面，它作为一种聚落过去营建的智慧结晶与整体逻辑，是当下把握聚落形态价值特色的空间密码；另一方面，它也是人们今天体验地方聚落文化积淀的时空坐标，是未来进行聚落遗产秩序重构与文化叙事的意义系统。因此，关联形态在城镇聚落形态特色的认识与保护等方面有着重要的研究价值与探索意义。今天，尽管关联形态的可控要素多已从显性存在变为隐性存在，但潜藏在空间表象下的隐匿秩序依然是本体要素存在真实与布局真实的体现，并维系着特定空间的文化意义，使得今天看似零落的区域城乡遗产环境仍然具有重要历史见证；还维系着特定的历史记忆与文化认同，因此，仍然具有整体关联保护的价值和可能。

第一节 总结

本书以关联形态为逻辑主线，以区域城镇聚落景观关联形态的理论解析框架构建为基础，以荆襄历史廊道地区为典型区域，依次对区域整体层面城镇聚落联合体关联形态、聚落个体层面要素集合体关联形态、关联形态控制的城镇聚落景观演进特征及今天区域聚落遗产的整体保护策略进行了系统分析，得出如下主要结论。

第一，在认识论层面，区域城镇聚落景观关联形态是一种与本体形态相互依存的聚落空间组织范型，二者分别是关系思维与实体思维两种思维方式在空间上的直观反映，其中地理环境、区域社会与历史事件是把握城镇聚落景观形态关联的重要机理。在方法论层面，关联形态是一种聚落空间的重要分析方法。其中，标识要素、连接秩序与空间界域三大控制性要素共同构成的空间体系是关联形态整体图式特征的体现，它一方面作为聚落景观横向关联组合的整体框架，另一方面也是聚落景观纵向关联演进的稳定载体，成为把握聚落景观整体形态特色和回溯其演进规律的纵横分析理路。在实践操作层面，关联形态的整体意义、历史意义和文化意义，决定其可以作为一种聚落空间重构的逻辑，对今天城镇聚落遗产的整体保护与关联重构有着现实指导意义。

第二，荆襄历史廊道作为一个区域地理文化单元，因为独特的地理环境与战略中枢地位，其城镇聚落景观在历史上具有地缘相承、文化相似、经济交织与空间关联等多重特质。在区域整体层面，自然地理环境、军事防御环境、商贸流通环境与区域水利环境等地缘环境特色是塑城镇聚落整体关联的主要动力机制，而"图-底"群落关联、"极-域"圈层关联、"点-轴"位序关联与"亲-疏"耦合关联则分别是揭示它们各自所塑造的聚落关联形态的有效方法。

第三，廊道层面的聚落整体关联秩序对个体聚落形态的建构有着重要的传导作用，表征为"内外一体、区域关联"的整体结构性特征。同时，历史城市与传统市镇两类聚落在空间组织上有着明显的不同：历史城市因为所处的廊道战略区位不同，在城池制度空间格局的基础上，分别形成城池与港市双城并置、城池与街市一体共构和城池与附街边缘依存三种典型"城-市"关系模式；传统市镇依托区域交通网络节点生长，则分别形成了渡头水市、古道街市、围垸堤市与关隘寨市四种主要"街-市"关系类型。

第四，不同聚落景观空间要素有着自身的生命周期、演进速度与文化意义，故聚落形态变迁是一种稳固要素、半稳固要素与非稳固要素相互交织、有延有续的关联演进过程。关联形态作为城镇聚落景观中稳定的空间框架，对聚落形态整体变迁与一般要素更替有着重要的结构性控制作用，成为回溯聚落空间演进过程特征的整体时空参照，其中，标识要素、连接秩序与空间界域三大控制性要素为重要线索，并在区域与聚落两个层面表现出相似的控制作用与转化规律。

第五，荆襄历史廊道是楚文化重要发祥地，历史文化底蕴深厚。作为古代南北大通道的关键区段，荆襄古驿道与江汉水道并行其间，在军政经略与商贸流通层面都有着重要的战略中枢地位。同时，廊道内部有以城镇聚落为代表的丰富的文化遗产，具有较高的文化价值与整体保护意义，并可作为弥补全国历史文化保护传承体系中部联系断裂的重要一环。

第六，针对当前区域城乡文化遗产的碎片化问题与零散化保护困境，基于关联形态的整体逻辑与历史意义，本书提出针对实体要素与关联形态共同划定保护底线的"双管控"模式，是对当前聚落遗产保护管理方式的有效补充。在不同空间尺度层面，将历史文化的保护和传承与对应的发展战略和政策契机相结合，基于关联形态的秩序关系建构一个融合保护要求与发展诉求的整体框架，进而将多元复杂的要素或矛盾问题整合到该框架中进行统筹考虑，通过标识构"形"、连接构"序"与界域构"境"等关联重构策略，在廊道空间、市域空间与聚落空间层面探讨历史秩序关系重塑的针对性思路，并倡导将创新设计、景观化修复等建构性保护策略作为补充历史环境的重要手段，在整体发展语境中通过积极的主动式保护巧妙化解过去本体要素被动防御保护方式所面临的现实困境。

第二节 讨论与展望

本书涉及的时空跨度较大，样本类型丰富且数量较多，但由于笔者精力有限，无法做到对每一个城镇聚落都了然于心。同时，囿于荆襄历史廊道的地域性局限，本书的部分结论观点还需在后续的拓展研究及跟其他区域的比较研究中进行检验、完善与丰富。此外，荆襄历史廊道地区在历史上战争频发，同时受到现代化建设的冲击比较严重，城乡遗产环境碎片化问题较为普遍，成为本书整体保护与关联重构研究必须直面的一个现实挑战。

区域城镇聚落景观的关联形态，有着重要的理论探索意义与实践应用价值。未来，在本书研究的基础之上，笔者将继续围绕这一领域分阶段开展更为深入、系统的研究：近期，仍将继续以荆襄历史廊道地区作为主要研究基地，进一步深入研究并完善相关不足；中期，将研究范围拓展至整个湖北省境甚至两湖平原这样一个自然围合的地理单元，建构对省域范围或更广地理单元层面的系统认知，检验并丰富相关研究方法与结论观点，进而为相关尺度的城乡历史文化保护传承体系构建提供理论指导与方法支撑；远期，总结形成一套系统、可推广的研究方法，逐步对其他典型地区展开研究并形成系列专题成果。此外，区域层面聚落联合体关联形态的类型模式比较，以关联形态为背景参照和结构逻辑建立一套面向全域、全要素的遗产价值评估体系，以及针对关联形态本身遗存状态与价值的量化分析等，都是未来值得继续深化拓展的研究议题和方向。

参考文献

[1] 雷家宏, 王瑞明. 湖北通史：宋元卷 [M]. 武汉：华中师范大学出版社，2018.

[2] 刘炜, 王铭杰, 阮建, 等. 中国古代南北对峙区域城镇防御空间分析——以荆襄地区城镇为例 [J]. 城市规划,2018,42(04):65-74.

[3] 蔡运龙,WYCKOFF B. 地理学思想经典解读 [M]. 北京：商务印书馆，2011.

[4] 吴殿廷, 丛东来, 杜霞. 区域地理学原理 [M]. 南京：东南大学出版社，2016.

[5] 张弛, 吴敏. 中国区域社会史的重构与再现——20 世纪 90 年代以来人类学和社会学对社会史研究的影响 [J]. 云南师范大学学报 (哲学社会科学版),2018,50(03):110-119.

[6] 姚圣, 田银生, 陈锦棠. 城市形态区域化理论及其在遗产保护中的作用 [J]. 城市规划,2013(11):47-53+66.

[7] 布罗代尔. 法兰西的特性：空间和历史 [M]. 顾良，张泽乾，译. 北京：商务印书馆,1994.

[8] 段进, 季松, 王海宁. 城镇空间解析：太湖流域古镇空间结构与形态 [M]. 北京：中国建筑工业出版社，2002.

[9] 科瓦勒斯基, 沈辛成. 区域聚落形态研究 [J]. 南方文物,2009(04):150-164+172+149.

[10] 张兵. 城乡历史文化聚落——文化遗产区域整体保护的新类型 [J]. 城市规划学刊,2015(06):5-11.

[11] 贾艳飞, 李励, 何依. 区域历史文化聚落的保护研究——以宁波石浦区域历史文化聚落为例 [J]. 华中建筑,2019,37(10):141-144.

[12] 何依, 邓巍, 李锦生, 翟顺河. 山西古村镇区域类型与集群式保护策略 [J]. 城市规划,2016,40(02):85-93.

[13] 邵甬,胡力骏,赵洁.区域视角下历史文化资源整体保护与利用研究——以皖南地区为例[J].城市规划学刊,2016(03):98-105.

[14] 肖竞.文化景观视角下我国城乡历史聚落"景观－文化"构成关系解析——以西南地区历史聚落为例[J].建筑学报,2014(S2):89-97.

[15]MASSON É ,PRÉVOT M . Analysis of the Trail Markers of a Cultural Route of the Council of Europe: the Example of the Via Francigena on Four Sections in Switzerland and Italy[J]. Netcom,2018(32-3/4): 287-304.

[16]UNESCO-WHC. Routes as a Part of Our Cultural Heritage[C]. UNESCO WHC Publications,1994.

[17]MAJDOUB W. Analyzing Cultural Routes from a Multidimensional Perspective[J]. Almatourism,2011,1(2)：29-37.

[18]MARIA G,JAMIE V. Sustained Change: Design Speculations on the Performance of Fallow-Scapes in Time along the Erie Canal National Heritage Corridor, (ECNHC), New York[J]. Sustainability,2022,14(3)： 1675-1675.

[19] 林轶南,严国泰.线性文化景观的保护与发展研究——基于景观性格理论[M].上海:同济大学出版社,2017.

[20] 张玉坤,李松洋,李严.明长城内外三关军事聚落整体布局与联防机制[J].城市规划,2021,45(11):72-82.

[21] 朱雪梅.基于文化线路的南粤古道、古村、绿道联动发展研究[J].城市发展研究,2018,25(02):48-54.

[22] 刘沛林.中国传统聚落景观基因图谱的构建与应用研究[D].北京：北京大学,2011.

[23] 常青.我国风土建筑的谱系构成及传承前景概观——基于体系化的标本保存与整体再生目标[J].建筑学报,2016(10):1-9.

[24] 王伟,王建国,潘永询.空间隐含的秩序——土楼聚落形态与区域和民系的关联性研究[J].建筑师,2016(01):95-103.

[25] 兰伟杰,胡敏,赵中枢.历史文化名城保护制度的回顾、特征与展望[J].城市规划学刊,2019(2): 30-35.

[26]UNESCO. Recommendation on the Historic Urban Landscape[S].2011.

[27]ICOMOS-IFLA. Principles Concerning Rural Landscape as Heritage[S].2017.

[28] 屠李,赵鹏军,胡映洁,等.试论传统村落的层积认知与整体保护——历史性城镇景观方法的引入[J].城市发展研究,2021,28(11):92-97.

[29]PINTOSSI N, KAYA D I,RODERS A P.Identifying Challenges and Solutions in Cultural Heritage Adaptive Reuse through the Historic Urban Landscape Approach in Amsterdam[J]. Sustainability,2021,13(10): 5547.

[30] 王洲林,陈蔚镇.作为空间治理主体互动媒介的景观方法[J].风景园林,2022,29(03):92-97.

[31] 张文卓.城市遗产保护的景观方法——城市历史景观(HUL)发展回顾与反思[C]//中国风景园林学会.中国风景园林学会2018年会论文集.北京:中国建筑工业出版社,2018:438-445.

[32] 吴濯杭.历史性城市(镇)景观理论与方法研究述要[J].城市建筑,2021,18(07):188-193.

[33] 李和平,杨宁.城市历史景观的管理工具——城镇历史景观特征评估方法研究[J].中国园林,2019,35(05):54-58.

[34] 孔惟洁,林晓丹,戴方睿.关于建立中国传统聚落景观式保护体系的思考[J].建筑遗产,2021(03):47-55.

[35] 冯霁飞,杨一帆,李楠,等.城市铁路遗产的景观化保护——京张铁路遗产公园的规划设计[J].工业建筑,2021,51(03):15-21.

[36] 戴靓华,周典,卢李海.基于历史文化遗址保护的景观化模式研究[J].城市建筑,2022,19(03):175-180.

[37] 王钰凝.辽沈地区乡土建筑遗产的景观化保护[D].沈阳建筑大学,2013.

[38] 杨涛.国土空间规划视角下的国家文化遗产空间体系构建思考[J].城市规划学刊,2020(03):81-87.

[39]BANDARIN F, VAN OERS R. The Historic Urban Landscape. Managing Heritage in an Urban Century[M]. Chichester: Wiley-Blackwell, 2012.

[40] 李欣鹏,李锦生,侯伟.基于文化景观视角的区域历史遗产空间网络研究——以晋中盆地为例[J].城市发展研究,2020,27(05):101-108.

[41] 杨靓辰.关联理论下中国当代景观设计语用研究[D].中南大学,2013.

[42] 卢峰,刘亚之.连接理论的起源与发展脉络[J].国际城市规划,2016,31(03):29-34.

[43] 特兰西克.寻找失落的空间：城市设计的理论[M].朱子瑜,张播,鹿勤,译.北京：中国建筑工业出版社,2008.

[44] 李松霞,张军民.新疆丝绸之路沿线城市空间关联性测度[J].城市问题,2016(05):20-26.

[45] 张帆.区域建筑的关联性研究[D].哈尔滨：哈尔滨工业大学,2020.

[46] 齐昕,王立军,张家星,等.高铁影响下城市群空间关联形态与经济增长效应研究[J].地理科学,2021,41(03):416-427.

[47] 李博.流域空间关联结构研究——以石羊河流域聚落研究为例[D].兰州：西北师范大学,2013.

[48] 刘合林,聂晶鑫,罗梅,等.国土空间规划中的刚性管控与柔性治理——基于领地空间与关系空间双重视角的再审视[J].中国土地科学,2021,35(11):10-18.

[49] 何依.走向"后名城时代"——历史城区的建构性探索[J].建筑遗产,2017(03):24-33.

[50] 许广通,何依,孙亮.历史文化名村的非整体性问题与整体应对逻辑——基于宁波地区规划实践的启示[J].建筑学报,2020(02):9-15.

[51] 许广通,何依,王振宇.历史城区结构原型的辨识方法与保护策略——基于荆襄地区历史文化名城保护的相关研究[J].城市规划学刊,2021(01):111-118.

[52] 斯卡佐西,王溪,李璟昱.国际古迹遗址理事会《关于乡村景观遗产的准则》(2017)产生的语境与概念解读[J].中国园林,2018,34(11):5-9.

[53] 王昀.传统聚落结构中的空间概念[M].北京：中国建筑工业出版社,2009.

[54] 王鲁民,张帆.中国传统聚落极域研究[J].华中建筑,2003(04):98-99+109.

[55] 中华人民共和国建设部.城市规划基本术语标准:GB/T 50280—98[S].北京：中国建筑工业出版社,2008.

[56] 施坚雅.中国农村的市场和社会结构[M].史建云,徐秀丽,译.北京：中国社会科学出版社,1998.

[57] 任放.明清长江中游市镇经济研究[M].武汉：武汉大学出版社,2003.

[58] 宋峰,史艳慧,王博.关于景观的反思——从对象到方法论[J].风景园林,2021,28(03):25-28.

[59] 陶潇男.苏北地区历史城镇景观变迁研究[D].南京：南京师范大学,2015.

[60] 王建国, 杨俊宴. 历史廊道地区总体城市设计的基本原理与方法探索——京杭大运河杭州段案例[J]. 城市规划,2017,41(08):65-74.

[61] 刘东. 明代荆襄地区的流民问题与政府应对措施[J]. 宁夏师范学院学报,2016,37(04):74-77.

[62] 由迅. 南宋荆襄战区军事地理初探[D]. 武汉：华中师范大学,2011.

[63] 夏征农,陈至立. 辞海[M]. 上海：上海辞书出版社,2009.

[64] 沈克林. 建筑类型学与城市形态学[M]. 北京：建筑工业出版社,2010.

[65] 李晓峰,谭刚毅. 两湖民居[M]. 北京：中国建筑工业出版社,2009.

[66] 李元. 文化地理学视角下天津明清盐业文化景观研究[D]. 天津：天津大学,2018.

[67] 克朗. 文化地理学[M]. 杨淑华,朱慧敏,译. 南京：南京大学出版社,2003.

[68] 崔馨心. 文化地理学视角下东北传统村落布局形态区划研究[D]. 哈尔滨：哈尔滨工业大学,2019.

[69] 王恩涌. 文化地理学导论——人·地·文化[M]. 北京：高等教育出版社,1989.

[70] 周尚意,孔翔,朱竑. 文化地理学[M]. 北京：高等教育出版社,2004.

[71] 侯斌英. 绘制文化空间的新地图——读迈克·克朗《文化地理学》[J]. 中国图书评论,2007(02):114-115.

[72] 郭文. 西方社会文化地理学新范式的缘由、内涵及意义[J]. 地理研究,2020,39(03):508-526.

[73] 苏贾. 后现代地理学：重申批判社会理论中的空间[M]. 王文斌,译. 北京：商务印书馆,2004.

[74] 行龙. 区域社会史研究导论[M]. 北京：中国社会科学出版社,2018。

[75] 李二苓."新史学"之路：区域社会史研究的追溯与反思[J]. 首都师范大学学报(社会科学版),2009(S1):303-307.

[76] 赵世瑜. 在空间中理解时间：从区域社会史到历史人类学[M]. 北京：北京大学出版社,2017.

[77] 王作成. 试论布罗代尔对列维-斯特劳斯结构主义理论的借鉴[J]. 苏州大学学报(哲学社会科学版),2009,30(02):14-17.

[78] 行龙. 从社会史到区域社会史[M]. 北京：人民出版社,2008.

[79] 赵世瑜．小历史与大历史：区域社会史的理念、方法与实践 [M]．北京：生活·读书·新知三联书店，2006．

[80] 赵世瑜．多元的标识，层累的结构——以太原晋祠及周边地区的寺庙为例 [J]．首都师范大学学报 (社会科学版),2019(01):1-23．

[81] 霍克斯．结构主义和符号学 [M]．瞿铁鹏，译．上海：上海译文出版社，1997．

[82] 王伟涛．列维 - 斯特劳斯"结构人类学"研究理路探析 [J]．世界民族 ,2011(03):42-47．

[83] 张庆熊．语言与结构主义方法论：从索绪尔出发的考察 [J]．社会科学 ,2020(05):111-122．

[84] 安稳，张晓宇．结构主义人类学述评 [J]．黑龙江生态工程职业学院学报 ,2017,30(04):132-133+136．

[85] 葛恒云．结构主义人类学的哲学倾向 [J]．国外社会科学 ,1999(04):31-34．

[86] 巴纳德．人类学历史与理论 [M]．王建民，刘源，许丹，译．北京：华夏出版社，2006．

[87] 夏建中．文化人类学理论学派：文化研究的历史 [M]．北京：中国人民大学出版社，1997．

[88] 曲艳华．国内研究布迪厄语言学、人类学思想文献综述 [J]．农业图书情报学刊 ,2012,24(05):49-52．

[89] 哈里森．文化和自然遗产：批判性思路 [M]．范佳翎，王思渝，莫嘉靖，译．上海古籍出版社，2021．

[90] 张红，蓝天，李志林．分形城市研究进展：从几何形态到网络关联 [J]．地球信息科学学报 ,2020,22(04):827-841．

[91] 邓巍．明清时期山西古村镇形态特色解析 [M]．武汉：华中科技大学出版社，2019．

[92] 刘淑虎，冯曼玲，陈小辉，等．"海丝"城市的空间演化与规划经验探析——以古代福州城市为例 [J]．新建筑 ,2020(06):148-153．

[93] 奥托．占据与连接——对人居场所领域和范围的思考 [M]．武凤文，戴俭，译．北京：中国建筑工业出版社，2012．

[94] 龚晨曦．粘聚与连续性：城市历史景观物质要素有形元素及相关议题 [D]．北京：清华大学，2011．

[95] 何依．四维城市：城市历史环境研究的理论、方法与实践 [M]．北京：中国建筑工业出版社，2016．

[96] 梁鹤年, 沈迟, 杨保军, 等. 共享城市: 自存？共存？[J]. 城市规划,2019,43(01):25-30.

[97] 涂文学, 刘庆平. 图说武汉城市史 [M]. 武汉：武汉出版社，2010.

[98] 卡伦. 简明城镇景观设计 [M]. 王珏, 译. 北京：中国建筑工业出版社，2009.

[99]ICOMOS-IFLA. Principles Concerning Rural Landscape as Heritage[S].2017.

[100] 龙彬, 张菁. 乡村景观遗产构成与演化机制研究——以渝东南传统村落为例 [J]. 新建筑,2020(04):128-133.

[101] 萨林加罗斯. 城市结构原理 [M]. 阳建强, 程佳佳, 刘凌, 译. 北京：中国建筑工业出版社，2011.

[102] 杨昌新, 许为一, 李星鋆. 基于关联与层累效应理论对福建塔下古村风貌整体保护方法的研究 [J]. 建筑学报,2018(S1):99-104.

[103] 舒尔兹. 存在·空间·建筑 [M]. 尹培桐, 译. 北京：中国建筑工业出版社，1990.

[104] 金广君. 图解城市设计 [M]. 北京：中国建筑工业出版社，2010.

[105] 施坚雅, 新之. 中国历史的结构 [J]. 史林，1986(3):134-144.

[106] 朱渊. 现世的乌托邦："十次小组"城市建筑理论 [M]. 南京：东南大学出版社，2012.

[107] 库德斯. 城市结构与城市造型设计 [M]. 秦洛峰, 蔡永洁, 魏薇, 译. 北京：中国建筑工业出版社,2007.

[108] 卡莫纳, 蒂斯迪尔, 希斯, 等. 公共空间与城市空间——城市设计维度 [M]. 马航, 张昌娟, 刘堃, 等译. 北京：中国建筑工业出版社，2015.

[109] 陈芳惠. 历史地理学 [M]. 台湾：大中国图书公司,1966.

[110] 舒联节, 胡金城. 湖北航运史 [M]. 北京：人民交通出版社，1995.

[111] 鲁西奇, 潘晟. 汉水中下游河道变迁与堤防 [M]. 武汉：武汉大学出版社，2004.

[112]《湖北省湖泊志》编纂委员会. 湖北省湖泊志 [M]. 武汉：湖北科学技术出版社，2014.

[113] 鲁西奇, 韩轲轲. 散村的形成及其演变——以江汉平原腹地的乡村聚落形态及其演变为中心 [J]. 中国历史地理论丛,2011,26(04):77-91+104.

[114] 吕兴邦. 垸的生成——以清至民国时期的湖北省松滋县为例 [J]. 西华师范大学学报 (哲

学社会科学版),2019(04):38-44.

[115] 赵国华,郭俊然,张俊普.荆楚军事史话[M].武汉:武汉出版社,2013.

[116] 何玉红.整体防御视野下南宋川陕战区的战略地位[J].国际社会科学杂志(中文版),2009,26(03):57-65+6.

[117] 湖北省地方志编纂委员会.湖北省志·军事[M].武汉:湖北人民出版社,1996.

[118] 刘森淼.荆楚古城风貌[M].武汉:武汉出版社,2012.

[119] 王树声.中国城市人居环境历史图典:湖北卷[M].北京:科学出版社,2015.

[120] 本尼迪克特.文化模式[M].王炜,等译.北京:生活·读书·新知三联书店,1988.

[121] 李孝聪.中国区域历史地理[M].北京:北京大学出版社,2004.10.

[122] 何力.南襄隘道文化遗产廊道构建研究[D].武汉:武汉理工大学,2015.

[123] 赵逵.历史尘埃下的川盐古道[M].上海:东方出版中心,2016.

[124] 阮晶晶.明代湖北区域商业地理研究[D].武汉:华中师范大学,2016.

[125] 李先逵.风水观念更新与山水城市创造[J].建筑学报,1994(02):13-16.

[126] 湖北省水利志编纂委员会.湖北水利志[M].北京:中国水利水电出版社,2000.

[127] 黄建勋,丁昌金.沙市港史[M].武汉:武汉出版社,1991.

[128] 襄樊市城建档案馆.襄樊城市变迁[M].武汉:湖北人民出版社,2009.

[129] 李勋明,罗天福.荆门直隶州志(清同治版壬辰校勘本)[M].北京:中国文化出版社,2012.

[130] 鲁西奇.城墙内外:古代汉水流域城市的形态与空间结构[M].北京:中华书局,2011.

[131] 何依,程晓梅.宁波地区传统市镇空间的双重性及保护研究——以东钱湖韩岭村为例[J].城市规划,2018,42(07):93-101.

[132] 董乐义.古乌扶邑的变迁与河溶镇[J].中国方域,2004(1):27-28.

[133] 李百浩,刘炜.荆楚古镇沧桑[M].武汉:武汉出版社,2012.

[134] 覃俊东.古驿寻古[M].武汉:湖北科学技术出版社,2014.

[135] 周俭,张恺.在城市上建造城市:法国城市历史遗产保护实践[M].北京:中国建筑工业出版社,2003.

[136] 李欣鹏. 区域历史遗产网络的文化内涵和理论思考——基于中国传统人居思维的"整体性"和"关联性"[J]. 中国名城, 2021,35(08):68-73.

[137] 鲁西奇. 区域历史地理研究：对象与方法——汉水流域的个案考察 [M]. 南宁：广西人民出版社, 1999.

[138] 张正明. 湖北通史：先秦卷 [M]. 武汉：华中师范大学出版社, 1999.

[139] 吴成国, 张敏. 荆楚古代史话 [M]. 武汉：武汉出版社, 2013.

[140] 李伯武, 汪威, 李维鸿. 荆襄古道 [M]. 武汉：湖北人民出版社, 2011.

[141] 陈邵辉, 董元庆, 黄莹. 荆楚百件大事 [M]. 武汉：湖北教育出版社, 2007.

[142] 张建民. 湖北通史：明清卷 [M]. 武汉：华中师范大学出版社, 1998.

[143] 陈曦. 从江陵"金堤"的变迁看宋代以降江汉平原人地关系的演变 [J]. 江汉论坛, 2009(08):64-71.

[144] 贺杰. 古荆州城内部空间结构演变研究 [D]. 武汉：华中师范大学, 2009.

[145] 刘炜, 沈玮, 章微, 等. 荆州古城防御空间研究 [J]. 华中建筑, 2017,35(08):119-124.

[146] 张昀东. 荆襄古道的历史探寻 [J]. 中国民族博览, 2020(14):89-91+94.

[147] 徐俊辉. 明清时期汉水中游治所城市的空间形态研究 [D]. 武汉：华中科技大学, 2013.

[148] 严耕望. 唐代交通图考 [M]. 上海：上海古籍出版社, 2007.

[149] 杨正泰. 明代驿站考 [M]. 上海：上海古籍出版社, 1994.

[150] 刘文鹏. 清代驿站考 [M]. 北京：人民出版社, 2017.

[151] 陈松平. 百里长渠的两千年沧桑 [J]. 中国农村水利水电, 2015(12):12-13.

[152] 乔余堂. "华夏第一渠"长渠的前世今生 [J]. 湖北文史, 2020(01):72-84.

[153] 许杨帆. 水权与地方社会——明清时期湖北长渠水案研究 [D]. 北京：中国政法大学, 2007.

[154] 克里尔. 城镇空间：传统城市主义的当代诠释 [M]. 金秋野, 王又佳, 译. 南京：江苏凤凰科学技术出版社, 2016.

[155] 浦士培. 荆州钩沉 [M]. 北京：作家出版社, 2008.

[156] 郑浩, 邓耀华, 方莉. 襄阳城古街巷的前世今生 [M]. 北京：文化发展出版社, 2018.

[157] SALVADOR M V.Contemporary Theory of Conservation[M].Amsterdam: ELSEVIER,2004.

[158] 张兵. 历史城镇整体保护中的"关联性"与"系统方法"——对"历史性城市景观"概念的观察和思考 [J]. 城市规划 ,2014,38(S2):42-48+113.

[159]ICOMOS. The International Charter for the Conservation and Restoration of Monuments and Sites[S].1964.

[160]The Australia ICOMOS.The Burra Charter[S].1999.

[161]UNESCO.Hoi AN Protocols for Best Conservation of Historic Towns and Urban Areas[S].2005.

[162] 赵磊. 基于遗产价值评估的"茶马古道"沿线聚落保护研究——以滇西大理段为例 [D]. 昆明：云南大学 ,2019.

[163] 国际古迹遗址理事会中国国家委员会. 中国文物古迹保护准则 [S].2015.

[164]BYRNE D. The Heritage Corridor:A Transnational Approach to the Heritage of Chinese Migration[M].Oxfordshire：Taylor and Francis，2021.

[165] 陈曦. 建筑遗产保护思想的演变 [M]. 上海：同济大学出版社，2016.

[166]UNESCO-WHC. Operational Guidelines for the Implementation of the World Heritage Convention[S].2019.

[167]ICOMOS-CIIC.The Charter on Cultural Routes[S].2008.

[168]ZHOU Z J,ZHENG X. A Cultural Route Perspective on Rural Revitalization of Traditional Villages: A Case Study from Chishui, China[J]. Sustainability,2022,14(4).

[169]SABIR B. Developing a Multidisciplinary Tourism Planning Approach on Cultural Routes[J]. Journal of Multidisciplinary Academic Tourism,2019.

[170]JING H. Landscape Spatial Pattern of Industrial Heritage Area Based on Artificial Intelligence and Airborne Sar Imaging Algorithm[J]. Journal of Ambient Intelligence and Humanized Computing,2021：1-12.

[171]ZHANG M H,LIU J Y. Does Agroforestry Correlate with the Sustainability of Agricultural Landscapes? Evidence from China's Nationally Important Agricultural Heritage Systems[J]. Sustainability,2022,14(12).

后记

　　本书为笔者多年来从事区域城乡文化遗产研究成果与实践启发的一次系统梳理。一方面，综合了相关学科的理论启示，在历史关联层积与区域多层次联系中构建了区域城镇聚落景观关联形态的理论解析框架，将城乡聚落遗产保护研究领域中的问题讨论从过去本体要素的几何特征进一步导向要素之间的关联秩序上来，倡导在一个完整的关联域中，基于关联形态的空间整体性与时间连续性，在区域与聚落之间、聚落与要素之间及历史与当下之间都建立起联系媒介。进而在关联形态的整体时空参照中，揭示区域城镇聚落景观内外一体、结构关联的整体特色与文化价值，回溯聚落景观关联演进过程"变"与"不变"的内在规律特征并探寻区域聚落遗产空间整体保护与文化系统叙事的逻辑和方法。换言之，即通过关联形态的历史"在场"来认识本体要素的当下"缺场"，在新旧交织的现代建成环境中，揭示和重塑区域聚落遗产要素的整体关系、古今关系及表里关系。这对传统分级、分类与分区的"名录式"聚落保护方法有着补缺意义与创新价值，并为"空间全覆盖、要素全囊括、强调体系建构"的新时期城乡历史文化遗产保护转向提供了直接的理论与方法支撑。

　　另一方面，本书也是首次在城乡规划学的学科范畴内，从区域整体层面对荆襄历史廊道城镇聚落景观形态特色进行系统分析，并在对其整体价值挖掘与凝练的基础上探索了多层次的整体保护与关联重构策略，有效弥补了当前个体聚落"片面"保护研究之不足。针对地方遗产环境碎片化等现实问题与保护困境，在区域协同与城乡一体的发展语境中，基于关联形态的整体逻辑与建构意义，探索了融合历史保护要求与城镇发展诉求的统一框架，既充分激发历史资源对驱动城镇高质量发展的文化价值，又在城镇发展变化中主动协调各种潜在的矛盾关系，为历史文化创造更为全面、积极的保护条件，并在历史文脉规定下将更新建设作为补充历史环境、重塑整体秩序关系的重要举措。最终，在关联形态维度主动协调了保护与发展等多重矛盾关系，化解了聚落或要素本体保护方式在地方实践中所面临的现实困境，也为未来区域协同治理、地域文化叙事与可持续发展指明了方向。

本书的研究内容得到了国家自然科学基金项目"区域历史文化聚落的关联图式识别与遗产体系建构研究——以荆襄历史廊道地区为例（项目批准号：52308054）""基于社会-空间理论的宁绍地区传统村落空间形态及保护研究（项目批准号：52078228）"及武汉华中科大建筑规划设计研究院有限公司的资助。在田野调查、项目研究、学术访谈与成果整理等不同阶段，还得到了荆州、襄阳、荆门等地方规划局、规划院和文化学者及身边众多老师与同学的鼎力相助，借此机会向他们致以深深的谢意。

在国家空间规划改革背景下，在不同尺度层级的城乡历史文化保护传承体系规划实践中，城乡聚落遗产的区域化、景观化与体系化保护探索成为当前重要的研究议题，希望本书以关联形态为逻辑线索提出的一些理论方法和观点认识，对今后相关研究、规划实践与融合治理等方面都能有些许启发和参考价值，尤其是本书所倡导的从"本体要素"到"间性关系"保护重心的转变，希冀对完善和弥补我国城乡文化遗产理论体系的不足起到一定的推动作用。

许广通
甲辰龙年（2024年）仲秋